増訂版

日本統計学会公式認定

統計検定1級対応

統計学

日本統計

東京図書

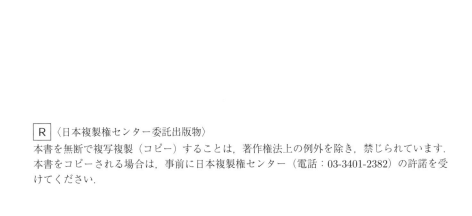

増訂版

日本統計学会公式認定
統計検定 1 級対応

統計学

日本統計学会 編

増訂にあたって

　統計検定は，2011 年 11 月の試験開始以来十年以上の歴史を持ち，社会での認知度も高まりを見せつつあります．検定開始時には 2 級，3 級，4 級，専門統計調査士，統計調査士の 5 種別の試験でしたが，その後，2012 年の 1 級の開始を含め，現在では別表のような 10 種目の試験を実施しています．

　統計検定は当初，試験会場での紙と鉛筆による試験でしたが，その後徐々にコンピュータ試験 CBT (Computer-Based Testing) に移行し，現在では，1 級以外の試験が CBT 化されました．CBT にはいつでもどこでも受験できるというメリットがあり，検定試験の受験人数を飛躍的に増加させてきました．社会のデジタル化が進む中，CBT による試験もすっかり市民権を得た感があります．

1 級試験の特徴　1 級試験は，検定開始以来これまで，統計検定のフラッグシップ試験として，試験会場での紙と鉛筆による論述式試験を続けています．論述式の試験にこだわるのはアナログ的な香りがしなくもありませんが，論述式試験には択一式や記入式の試験とは異なる大きなメリットがあります．正しい解答をロジカルに順序だてて導き，（少なくとも採点者に）分かりやすく記述する力は，社会における様々な問題解決に大いに資するものです．

　検定開始以来の十余年，データサイエンスという言葉が人口に膾炙し，統計の世界も様変わりしつつあるという感があります．しかし，そうであっても変わらない部分は確かにあり，1 級はそういう「変わらぬプリンシプル」を問う試験になっています．そのため，この増訂版では，本文はそのままに，受験者の便に供するため，統計応用の共通問題 5 問につき，そのねらいと正解及び詳細な解説を加えることにしました．

1 級試験の構成と増訂　1 級試験は，「統計数理」と「統計応用」の 2 つの試験から構成されて，両方に合格して初めて『1 級合格』となります．統計数理は 5 問出題され，そのうちの 3 問を選択解答します．統計応用は，「人文科学」，「社会科学」「理工学」，「医薬生物学」の 4 分野に分かれ，あらかじめ選

択した1つの分野につき解答します．それぞれの分野とも5問出題3問選択ですが，各分野の問5には同じ共通問題が出題されます．そのため共通問題は，分野を問わず重要と考えられる内容に関する試験問題となっています．

　この増訂版に加えた5問は5年分の共通問題です．これらは，応用の各分野に依らず1級レベルとして必要な知識を問うています．読者諸氏の統計の勉学そして1級合格に資するものとなることでしょう．

統計検定の趣旨　日本統計学会が2011年に開始した統計検定の目的の1つは，統計に関する知識や理解を評価し認定することを通じて，統計的な思考方法を学ぶ機会を提供することにあります．

統計検定の概要（2023年4月現在）　統計検定は以下の種別で構成されています．詳細は統計検定センターのウェブサイトで確認できます．

1級	実社会の様々な分野でのデータ解析を遂行する統計専門力
準1級	統計学の活用力－データサイエンスの基礎
2級	大学基礎統計学の知識と問題解決力
3級	データの分析において重要な概念を身につけ，身近な問題に活かす力
4級	データや表・グラフ，確率に関する基本的な知識と具体的な文脈中での活用力
専門統計調査士	調査の実施に関する専門的知識の修得とデータの利活用
統計調査士	経済統計に関する基本的知識の修得と利活用
データサイエンスエキスパート	計算，モデリング，領域専門知識に関する大学専門レベルの総合力
データサイエンス発展	数理，情報，統計，倫理・AIに関する大学教養レベルの力
データサイエンス基礎	問題解決のためのデータ処理結果の解釈

一般社団法人　日本統計学会

会　長　樋口知之

理事長　大森裕浩

一般財団法人　統計質保証推進協会

出版委員長　矢島美寛

まえがき（初版）

　本書は，統計的な思考能力がますます重要となる時代的な背景を踏まえて，特に日本統計学会が実施する「統計検定」のうち検定1級の内容に水準を合わせて執筆したものです．

　統計検定1級は，まず各種統計解析法の考え方および数理的側面を正しく理解しているかどうかを問い，次に各専門分野において，課題の定式化と仮説の設定に基づき適切なデータ収集法を計画・立案し，データの吟味を行ったうえで統計的推論を行い，さらに結果を正しく解釈し表現する，という総合的な能力を問うものです．

統計的思考の重要性　現代は，客観的な事実にもとづいて決定し，行動する姿勢が求められる時代です．セブンイレブンの創始者である鈴木敏文氏（セブン＆アイ・ホールディングス会長）は，日本経済新聞社の「私の履歴書」の中で，大学で勉強したことで最も役に立ったのは統計学と心理学であった旨を記しています．ともすればデータを自分の都合の良いように解釈しがちですが，「世間に出回るデータを見ても必ずしも鵜呑みにしない目が鍛えられ，ちょっとしたデータの変化にも突っ込んで考える習性を身に付けた」と述べています．統計学の精神をしっかりと身に付けていることがうかがわれます．またインターネット検索で知られる Google の チーフエコノミストであり，高名な経済学者でもある Hal Varian は「統計家は今後の最も魅力的な職業 (the sexy job) だ 」と表現して，統計学の知識をもつ社員を重点的に採用するといっています．このように，情報社会において統計学は真に役立つ知識であり，学生時代に身に付けておくべき学問であると，多くの企業のリーダーが考えています．

統計検定の趣旨　日本統計学会が2011年に開始した「統計検定」の一つの目的は，統計の専門的知識を評価し認定することを通じて，統計的な思考方法を学ぶ機会を提供することにあります．

　統計学の教育では，与えられたデータを適切に分析し，その結果を人々に提示するという訓練が必要であり，統計検定は大学教育を補完する意味をもちます．また海外，特にアメリカでは統計家 (statistician) は社会的に高い評価を受け，所得も高いことが指摘されてきましたが，統計検定で認定される資格を通して，この面でも国際的な標準に近づくことが期待されます．

統計検定の概要　統計検定は以下の種別で構成されています．詳細は日本統計学会および統計検定センターのウェブサイトで確認できます．

国際資格	英国王立統計学会との共同認定
統計調査士	統計調査実務に関連する基本的知識
専門統計調査士	統計調査全般に関わる高度な専門的知識
1 級	実社会の様々な分野でデータ解析を遂行する能力
2 級	大学基礎科目としての統計学の知識と問題解決能力
3 級	データ分析の手法を身に付け，身近な問題に活かす力
4 級	データ分析の基本と具体的な文脈での活用力

執筆者について　本書は，統計検定1級の出題範囲にそって日本統計学会が編集したものです．各章の執筆を奥付にある10名で行い，全員による点検作業を通じて修正を施し，最終的には学会の責任で編集しました．保科架風氏には実質的な編集作業を担当いただきました．7章から10章は，統計応用の4分野である「人文科学」「社会科学」「理工学」「医薬生物学」に対応する内容ですが，それぞれの分野が豊富な内容を含むために，出題範囲のキーワード解説のみにとどめています．これらの章については巻末に参考文献を示しています．

　本書は統計検定2級までの基礎知識を基に，それらをさらに発展させ，実社会における様々な分野におけるデータ解析のニーズに応えるための総合的な能力の習得を目的に執筆しました．学校教育の場に限らず，統計的な分析手法を実際の仕事に活かしている人々の指針となることをめざしました．本書に対するご意見を頂ければ幸いです．

一般社団法人　日本統計学会

会　長　竹村彰通

理事長　岩崎　学

本書で用いる記号について

　統計的手法は様々な分野で応用されていることもあって，用いられる記号も，必ずしも統一されているとは限らない．本書ではある程度記号の統一を図っているが，他の書物を読む場合を考慮すると，実際に利用されている記号を紹介する方が教育効果が高いと判断した．そのため，誤解を生じない範囲で，異なる記号を用いた個所がある．また記号によっては大文字と小文字，ハイフンの有無，イタリック体か立体（ローマン）か，かっこの種類などに違いがあっても同じ意味に使われる場合がある．記法は分野による慣習が異なることも多く，特に 7 章から 10 章の各分野の応用においては記法の違いを許容している．

　分野による記法の違いの例としては，ベクトルや行列の転置の記号がある．ベクトルは通常は列ベクトルと理解される．x を列ベクトルとして，x の転置は x', x^t, x^T などと表される．また積分や微分で現れる dx の d や自然対数の底 e も分野によっては立体（ローマン）で $\mathrm{d}x, \mathrm{e}$ のように記される．これらも分野及び各著者の記法を尊重している．

　統計学で使われる主要な記号表およびギリシャ文字の表については，本書と同じシリーズの 2 級対応『統計学基礎』の冒頭に示している．以下の表は『統計学基礎』の表を本書のために補完するものである．p.20 にも基本的な記号の表がある．

代表的な記号	意味
$B(n,p)$, $\mathrm{B}(n,p)$	試行回数 n，成功確率 p の二項分布
$\mathrm{Cov}(X,Y)$, σ_{xy}	X と Y の共分散，他に $Cov(X,Y)$, $\mathrm{cov}(X,Y)$
$E[X]$, $E(X)$, μ	確率変数 X の期待値，他に $\mathrm{E}(X)$, $\mathrm{E}\,X$ など
$E_\theta[X]$, $V_\theta[X]$	パラメータが θ の時の確率変数 X の期待値，分散
F_{ν_1,ν_2}, $F_{(\nu_1,\nu_2)}$, $F(\nu_1,\nu_2)$	自由度 (ν_1,ν_2) の F 分布
$I(\theta), i(\theta), J(\theta)$	フィッシャー情報量．標本サイズ n の時は $I_n(\theta)$
$\mathbb{R}$, $\mathbb{R}^d$	実数の集合，d 次元実ベクトルの集合
t_ν, $t(\nu)$	自由度 ν の t 分布
$V[X]$, σ_x^2, σ_{xx}	X の分散，他に $\mathrm{var}(X)$, $V(X)$ など
ρ, ρ_{XY}	X と Y の母相関係数, 他に $\rho(X,Y)$, $\mathrm{corr}(\mathrm{X,Y})$
χ_ν^2, $\chi^2(\nu)$	自由度 ν のカイ二乗分布
Ω, Θ	標本空間，英米では S も使われる
$\xrightarrow{p}$, $\xrightarrow{d}$	確率収束と分布収束（法則収束 $\xrightarrow{L}$ もある）

目　次

第 I 部

統計数理

第1章

確率と確率変数

この章での目標

本書に必要な基本的な確率と確率変数について理解する

■ 種々の確率の計算ができる
■ 確率変数の概念を理解し，確率（密度）関数を操れる
■ 複数の確率変数に対する分布を扱える
■ 確率変数の期待値，分散，モーメントを求められる
■ 分布の特性値の定義およびその意味を理解する
■ 変数変換してできる確率変数の分布を求められる
■ 確率変数の和に関する極限定理の定義およびその意味を理解する
■ 中心極限定理を利用して分布を正規近似できる

■■■ Key Words

- 確率関数，確率密度関数
- 同時分布，周辺分布，条件付き分布
- 期待値，分散，モーメント
- 母関数
- パーセント点
- 変数変換
- 大数の弱法則
- 中心極限定理

■■■■ 適用場面

> (1) 機械 a, b, c で 60%, 30%, 10% の割合で作られている製品があり，各機械から 2%, 3%, 5% の不良品が出ることが経験的にわかっているとする．今，製品全体から無作為に取り出した 1 個が不良品であるとき，それが機械 a で作られている確率を求めたい．
>
> (2) 確率 1/4 で当たるルーレットを 100 回行うとき，当たる回数として期待される値やその散らばり具合を測る値を求めたい．
>
> (3) ある原始的な生物種の大きさと体重を測って得られたデータがあったとき，その代表的な値や散らばり具合を測る値を求めたい．また，大きさと体重の相関関係を数値で測りたい．
>
> (4) ある機械に対して平均 60 分使える電池があったとする．この電池を 2 個持っていたとき，使える時間の分布を知りたい．また，電池を 100 個持っていたとき，使える時間のおおよその分布を知りたい．

§ 1.1 事象と確率

1.1.1 確率の計算

「くじを引く」や「サイコロを投げる」などのように，その結果が偶然に左右される実験や観測を**試行**という．そして，試行に対する一つ一つの結果を**根元事象**あるいは**標本点**，その集合を**事象**という．

例 サイコロを 1 回投げるという試行を考える．目 i が出るという結果（標本点）を ω_i と書けば $(i = 1, 2, \ldots, 6)$，偶数の目が出るという事象 A は $\{\omega_2, \omega_4, \omega_6\}$，1 か 5 の目が出るという事象 B は $\{\omega_1, \omega_5\}$，1 から 6 までのどれかが出るという事象 Ω は $\{\omega_1, \omega_2, \ldots, \omega_6\}$ などと表すことができる．

集合である事象には次のような用語がある．

全事象 Ω	結果全体の集合
空事象 ϕ	標本点をもたない空集合
A の余事象 A^c	A が起きないという事象
A と B の和事象 $A \cup B$	A または B が起きるという事象
A と B の積事象 $A \cap B$	A かつ B が起きるという事象
A と B が排反	$A \cap B = \phi$ であること

確率 $\mathrm{P}(\cdot)$ はサイコロの例などでは次のように自然に考えられる.

> **例** さきほどの例の続きを考える. それぞれの事象の確率は $\mathrm{P}(A) = 1/2$, $\mathrm{P}(B) = 1/3$, $\mathrm{P}(\Omega) = 1$ であり, また $A \cup B$ の確率については $\mathrm{P}(A \cup B) = 5/6 = \mathrm{P}(A) + \mathrm{P}(B)$ が成り立っている.

一般に確率はこの例のような性質をもつ関数として定義される. 具体的には, 以下の3つを満たす $\mathrm{P}(\cdot)$ を**確率**という.

1. 任意の事象 A に対して $0 \le \mathrm{P}(A) \le 1$.
2. 全事象 Ω に対して $\mathrm{P}(\Omega) = 1$.
3. $A_1, A_2, \ldots$ が互いに排反な事象ならば $\mathrm{P}(\bigcup_{i=1}^{\infty} A_i) = \sum_{i=1}^{\infty} \mathrm{P}(A_i)$.

この確率の定義を用いれば, 次のような確率の性質も得ることができる. サイコロの例での確率も当然この性質を満たしている.

> **定理** 確率 $\mathrm{P}(\cdot)$ は以下を満たす.
> (1) 空事象 ϕ に対して $\mathrm{P}(\phi) = 0$.
> (2) $A_1, A_2, \ldots, A_n$ が互いに排反な事象ならば
> $\quad \mathrm{P}(A_1 \cup A_2 \cup \cdots \cup A_n) = \mathrm{P}(A_1) + \mathrm{P}(A_2) + \cdots + \mathrm{P}(A_n)$.
> (3) 任意の事象 A に対して $\mathrm{P}(A^c) = 1 - \mathrm{P}(A)$.
> (4) 任意の事象 A と B に対して $\mathrm{P}(A \cup B) = \mathrm{P}(A) + \mathrm{P}(B) - \mathrm{P}(A \cap B)$.

略証:(1) $\mathrm{P}(\phi) = \mathrm{P}(\phi \cup \phi \cup \cdots) = \mathrm{P}(\phi) + \mathrm{P}(\phi) + \cdots$ より. (2) $A_{n+1} = A_{n+2} = \cdots = \phi$ として確率の定義 3 と $\mathrm{P}(\phi) = 0$ を使うことより. (3) $1 = \mathrm{P}(\Omega) = \mathrm{P}(A \cup A^c) = \mathrm{P}(A) + \mathrm{P}(A^c)$ より. (4) $\mathrm{P}(A \cup B) = \mathrm{P}(A) + \mathrm{P}(A^c \cap B)$

と $\mathrm{P}(B) = \mathrm{P}(A \cap B) + \mathrm{P}(A^c \cap B)$ より.

1.1.2　統計的独立

サイコロを 2 回投げたときの 1 回目の目に関する事象と 2 回目の目に関する事象のように，2 つの事象 A と B が $\mathrm{P}(A \cap B) = \mathrm{P}(A)\mathrm{P}(B)$ を満たすとき，この A と B は（**統計的**）**独立**であるという．このとき，例えば次のように余事象が独立であることも示すことができる.

定理　事象 A と B が独立ならば以下が成立する.
(1) 事象 A と B^c は独立.
(2) 事象 A^c と B^c は独立.

略証：(1) $\mathrm{P}(A \cap B^c) = \mathrm{P}(A) - \mathrm{P}(A \cap B) = \mathrm{P}(A) - \mathrm{P}(A)\mathrm{P}(B) = \mathrm{P}(A)\{1 - \mathrm{P}(B)\} = \mathrm{P}(A)\mathrm{P}(B^c)$. (2) (1) と同様.

　事象が $A_1, A_2, \ldots, A_n$ と n 個あるときは，その中の任意の m 個の事象 $A_{i_1}, A_{i_2}, \ldots, A_{i_m}$ $(1 \leq i_1 < i_2 < \cdots < i_m \leq n)$ に対して

$$\mathrm{P}(A_{i_1} \cap A_{i_2} \cap \cdots \cap A_{i_m}) = \mathrm{P}(A_{i_1})\mathrm{P}(A_{i_2}) \cdots \mathrm{P}(A_{i_m})$$

が成立するならば $A_1, A_2, \ldots, A_n$ は**互いに独立**であるという.

1.1.3　条件付き確率

$\mathrm{P}(A) > 0$ なる事象 A と事象 B に対し，A が起こったという条件のもとで B が起こる確率を A を与えたときの B の**条件付き確率**といい，

$$\mathrm{P}(B|A) = \frac{\mathrm{P}(A \cap B)}{\mathrm{P}(A)}$$

で与えられる．条件付き確率には次のような性質がある.

定理　$\mathrm{P}(A) > 0$ であるとき，$\mathrm{P}(\cdot|A)$ について以下が成り立つ.
(1) $\mathrm{P}(\cdot|A)$ は確率の定義を満たす.
(2) $\mathrm{P}(B|A) = \mathrm{P}(B)$ ならば A と B は独立であり，また逆も成り立つ.

略証：(1) $P(\phi|A) = 0$, $P(\Omega|A) = P(A)/P(A) = 1$, B と C が排反なら $P(B \cup C|A) = \{P(A \cap B) + P(A \cap C)\}/P(A) = P(B|A) + P(C|A)$ より.
(2) $P(A \cap B)/P(A) = P(B)$ より.

条件付き確率の計算において次がしばしば有用になる.

ベイズの定理　$A_1, A_2, \ldots, A_n$ が $\bigcup_{i=1}^{n} A_i = \Omega$ を満たす互いに排反な事象ならば, 任意の事象 B に対して次が成立する.

$$P(A_i|B) = \frac{P(B|A_i)P(A_i)}{\sum_{i=1}^{n} P(B|A_i)P(A_i)}$$

略証：右辺 $= \dfrac{P(A_i \cap B)}{\sum_{i=1}^{n} P(A_i \cap B)} = \dfrac{P(A_i \cap B)}{P(\bigcup_{i=1}^{n}\{A_i \cap B\})} = \dfrac{P(A_i \cap B)}{P(\Omega \cap B)} = $ 左辺.

例　機械 a, b, c で 60%, 30%, 10% の割合で作られている製品があり, 各機械から 2%, 3%, 5% の不良品が出ることが経験的にわかっているとする. 今, 製品全体から適当に取り出した 1 個が不良品であるとき, それが機械 a で作られている確率を求めたいとする. その 1 個が機械 a, b, c で作られているという事象を A, B, C, 不良品であるという事象を F とすると, 仮定より

$$P(A) = 0.6, \quad P(B) = 0.3, \quad P(C) = 0.1,$$
$$P(F|A) = 0.02, \quad P(F|B) = 0.03, \quad P(F|C) = 0.05$$

である. よって, 求めたい確率はベイズの定理より次である.

$$\begin{aligned}
P(A|F) &= \frac{P(F|A)P(A)}{P(F|A)P(A) + P(F|B)P(B) + P(F|C)P(C)} \\
&= \frac{0.02 \times 0.6}{0.02 \times 0.6 + 0.03 \times 0.3 + 0.05 \times 0.1} = \frac{6}{13}.
\end{aligned}$$

§ 1.2 確率分布と母関数

1.2.1 離散型確率変数

サイコロを 1 回投げるという試行に対し，出る目の値を X とすると，X は 1 から 6 までの整数値を 1/6 ずつの確率でとる変数である．このような，ある確率に基づいた試行の結果により値が定まるような変数を**確率変数**という．特に，この X のように，とりうる値がとびとびであるような確率変数を**離散型確率変数**と呼ぶ．そして

$$f_X(x) = P(X = x) \tag{1.2.1}$$

で定義される関数 $f_X(\cdot)$ を X の**確率関数**という．$f_X(\cdot)$ のとりうる値が $x_1, x_2, \ldots$ のとき $f_X(x) = 0$ $(x \notin \{x_1, x_2, \ldots\})$ である．また，全確率が 1 であることより，$f_X(\cdot)$ は

$$\sum_{k=1}^{\infty} f_X(x_k) = 1 \tag{1.2.2}$$

を満たす．この $f_X(\cdot)$ で規定されるような，確率変数のとりうる値と確率との対応関係を，その確率変数の**確率分布**という．

例 確率 p で当たるルーレットを n 回行うときに当たる回数を X とすると，これはとりうる値が $0, 1, \ldots, n$ である離散型確率変数である．その確率関数は

$$f_X(x) = \begin{cases} \dfrac{n!}{x!(n-x)!} p^x (1-p)^{n-x} & (x \in \{0, 1, \ldots, n\}) \\ 0 & (x \notin \{0, 1, \ldots, n\}) \end{cases}$$

で与えられる．このような X が従う分布を**二項分布**といい，$B(n, p)$ と表す．$B(1, p)$ は特に**ベルヌーイ分布**とも呼ばれる．

以降，確率変数が離散型のときは，上記のように確率変数を表すアルファベットの小文字に添え字を付ける形でとりうる値を表し，また f は確率関数を意味するものとする．

1.2.2　連続型確率変数

生徒の身長や電球の寿命のように，とりうる値がとびとびではなく連続的なものとなる確率変数を**連続型確率変数**という．連続型確率変数においては，とりうる値すべてに正の確率を与えると確率の総和が無限大となってしまうので，確率は区間に対して与えられる．具体的には，a と b を定数としたときの $a \leq X \leq b$ という事象の確率が，非負関数 $f_X(\cdot)$ を用いて

$$P(a \leq X \leq b) = \int_a^b f_X(x)\mathrm{d}x \tag{1.2.3}$$

で与えられるとき，この $f_X(\cdot)$ を X の**確率密度関数**という．全確率が 1 であることより，$f_X(\cdot)$ は

$$\int_{-\infty}^{\infty} f_X(x)\mathrm{d}x = 1 \tag{1.2.4}$$

を満たす．(1.2.3) より X が連続型のときは $P(X = a) = P(a \leq X \leq a) = 0$ であり，例えば $P(a \leq X \leq b) = P(a < X < b)$ であることもわかる．

例　ある原始的な生物種を 1 つもってきて測ることを想定し，その大きさを X と表すことにする．同じ生物種でも個体差をともなうが故に様々な値をとりうる連続型確率変数といえ，このようなときは μ と $\sigma\,(>0)$ を定数として

$$f_X(x) = \frac{1}{\sqrt{2\pi\sigma^2}} \exp\left\{ -\frac{(x-\mu)^2}{2\sigma^2} \right\} \quad (-\infty < x < \infty)$$

なる確率密度関数をもつ分布を X の分布として考えることが多い．これを**正規分布**といい，$\mathrm{N}(\mu, \sigma^2)$ と表す．$\mathrm{N}(0, 1)$ は特に**標準正規分布**と呼ばれる．

以降，確率変数が連続型のときは，f は確率密度関数を意味するものとする．

1.2.3　分布関数

X を確率変数とするとき，

$$F_X(x) = P(X \leq x)$$

で定義される関数 $F_X(\cdot)$ を X の（累積）**分布関数**という．X が離散型であるときは確率関数 $f_X(\cdot)$ を用いて (1.2.1) より

$$F_X(x) = \sum_{k:x_k \leq x} f_X(x_k)$$

となる．ここで $\sum_{k:x_k \leq x}$ は $x_k \leq x$ なる k で和をとるという意味である．X が連続型のときは確率密度関数 $f_X(\cdot)$ を用いて (1.2.3) より

$$F_X(x) = \int_{-\infty}^{x} f_X(t)\mathrm{d}t$$

となる．また，これより $f_X(\cdot)$ が連続な点で

$$f_X(x) = \frac{\mathrm{d}}{\mathrm{d}x} F_X(x) \tag{1.2.5}$$

が成り立つ．

例　1.2.2 項の例のつづきを考える．$\mathrm{N}(0,1)$ の分布関数を $\Phi(\cdot)$ とすれば，$\mathrm{N}(\mu,\sigma^2)$ に従う X の分布関数が

$$F_X(x) = \mathrm{P}(X \leq x) = \int_{-\infty}^{x} \frac{1}{\sqrt{2\pi\sigma^2}} \exp\left\{ -\frac{(t-\mu)^2}{2\sigma^2} \right\}\mathrm{d}t$$

$$= \int_{-\infty}^{(x-\mu)/\sigma} \frac{1}{\sqrt{2\pi}} \exp\left(-\frac{t'^2}{2} \right)\mathrm{d}t' = \Phi\left(\frac{x-\mu}{\sigma} \right)$$

と書ける．これより，例えば $a \leq X \leq b$ の確率は $\Phi\{(b-\mu)/\sigma\} - \Phi\{(a-\mu)/\sigma\}$ であり，$\Phi(\cdot)$ がわかっていれば X に関する事象の確率を求めることができる．

1.2.4　同時分布

複数の確率変数に対しても，ここまでの話を同様に進めることができる．例えば，とりうる値がそれぞれ $x_1, x_2, \ldots$ と $y_1, y_2, \ldots$ である離散型確率変数 X と Y に対し，

$$f_{XY}(x,y) = \mathrm{P}(X = x, Y = y)$$

で定義される関数を確率関数ということができ，

$$\sum_{k=1}^{\infty} \sum_{l=1}^{\infty} f_{XY}(x_k, y_l) = 1$$

という性質を導くことができる．ただし，複数の確率変数を考えるとき，それらに対する用語には「同時」を付けるのが通常である．例えば上記の二変数関数 $f_{XY}(\cdot,\cdot)$ を X と Y の**同時確率関数**という．また，このとき一部の確率変数に対する用語には「周辺」を付けるのが通常であり，例えば $f_X(\cdot)$ を X の**周辺確率関数**という．

X と Y が連続型確率変数であるときの例でも同様である．a, b, c, d を定数としたとき，$a \leq X \leq b$ かつ $c \leq Y \leq d$ となる確率が，非負の二変数関数 $f_{XY}(\cdot,\cdot)$ を用いて

$$\mathrm{P}(a \leq X \leq b,\ c \leq Y \leq d) = \int_a^b \int_c^d f_{XY}(x,y)\mathrm{d}x\mathrm{d}y$$

で与えられるとき，$f_{XY}(\cdot,\cdot)$ を X と Y の**同時確率密度関数**という．$f_{XY}(\cdot,\cdot)$ は

$$\int_{-\infty}^{\infty} \int_{-\infty}^{\infty} f_{XY}(x,y)\mathrm{d}x\mathrm{d}y = 1$$

を満たす．そして $f_X(\cdot)$ を X の**周辺確率密度関数**という．

同様に，$F_{XY}(x,y) = \mathrm{P}(X \leq x,\ Y \leq y)$ で定義される $F_{XY}(\cdot,\cdot)$ を X と Y の**同時分布関数**，このときの $F_X(x)$ を X の**周辺分布関数**という．X と Y が連続型であるときは $f_{XY}(\cdot,\cdot)$ が連続な点で

$$f_{XY}(x,y) = \frac{\partial^2}{\partial x \partial y} F_{XY}(x,y) \tag{1.2.6}$$

が成り立っている．また，X と Y の分布をそれらの**同時分布**，このときの X の分布をその**周辺分布**という．

周辺分布は同時分布から求めることができる．例えば X と Y が離散型確率変数であるときは

$$\mathrm{P}(X = x) = \mathrm{P}(X = x, Y \in \{y_1, y_2, \dots\}) = \sum_{l=1}^{\infty} \mathrm{P}(X = x, Y = y_l)$$

より

$$f_X(x) = \sum_{l=1}^{\infty} f_{XY}(x, y_l) \tag{1.2.7}$$

が得られ，X と Y が連続型確率変数であるときは

$$\mathrm{P}(X \leq x) = \mathrm{P}(X \leq x, -\infty < Y < \infty) = \int_{-\infty}^{x} \left\{ \int_{-\infty}^{\infty} f_{XY}(s,t)\mathrm{d}t \right\}\mathrm{d}s$$

より (1.2.5) を用いて

$$f_X(x) = \int_{-\infty}^{\infty} f_{XY}(x,y)\mathrm{d}y \tag{1.2.8}$$

が得られる．

1.2.5 確率変数の独立

離散型確率変数 X, Y に関する事象 $X \in A, Y \in B$ が独立であれば

$$\sum_{k:x_k \in A} \sum_{l:y_l \in B} f_{XY}(x_k, y_l) = \mathrm{P}(X \in A, \ Y \in B)$$
$$= \mathrm{P}(X \in A)\mathrm{P}(Y \in B) = \sum_{k:x_k \in A} \sum_{l:y_l \in B} f_X(x_k) f_Y(y_l)$$

と書けることからわかるように，確率関数が任意の x, y について

$$f_{XY}(x,y) = f_X(x) f_Y(y) \tag{1.2.9}$$

と書けることは，X と Y に関する任意の事象が独立であることの必要十分条件である．X と Y が連続型であるときは (1.2.9) は確率密度関数に関する式であるとし，この (1.2.9) が成り立つときに確率変数 X と Y は**独立**であるという．X と Y が独立ならば，適当な関数 $g(\cdot)$ に対して $g(X)$ と Y も独立である．なぜなら，$g(X)$ に関する事象は X に関する事象でもあるからである．

X, Y, Z が独立であることの定義は，任意の x, y, z について

$$f_{XYZ}(x,y,z) = f_X(x) f_Y(y) f_Z(z)$$

で与えられるなど，確率変数が3つ以上あるときも同様に話がすすめられる．また，このとき，適当な二変数関数 $g(\cdot,\cdot)$ に対して $g(X,Y)$ と Z が独立であることを，上と同様に示すこともできる．

1.2.6　条件付き分布

離散型確率変数 X と Y に対し，$X = x$ という事象を与えたときの $Y = y$ という事象の条件付き確率を $f_{Y|X}(y|x)$ と書き，これを確率関数 $f_{XY}(\cdot,\cdot)$ や $f_X(\cdot)$ を用いて表すと

$$f_{Y|X}(y|x) = \frac{f_{XY}(x,y)}{f_X(x)} \quad (f_X(x) > 0 \text{ のとき}) \tag{1.2.10}$$

となる．この y を変数とみたときの関数，つまり $f_{Y|X}(\cdot|x)$ を $X = x$ を与えたときの Y の**条件付き確率関数**という．(1.2.7) より

$$\sum_{l=1}^{\infty} f_{Y|X}(y_l|x) = \frac{\sum_{l=1}^{\infty} f_{XY}(x,y_l)}{f_X(x)} = 1$$

であり，条件付き確率関数は性質 (1.2.2) を満たすことが確認できる．また，X と Y が連続型確率変数であるとき，$f_{XY}(\cdot,\cdot)$ や $f_Y(\cdot)$ を確率密度関数として (1.2.10) で定義した $f_{X|Y}(\cdot|y)$ を $Y = y$ を与えたときの X の**条件付き確率密度関数**という．(1.2.8) より

$$\int_{-\infty}^{\infty} f_{Y|X}(y|x)\mathrm{d}y = \frac{\int_{-\infty}^{\infty} f_{XY}(x,y)\mathrm{d}y}{f_X(x)} = 1$$

であり，条件付き確率密度関数は性質 (1.2.4) を満たすことが確認できる．

1.2.7　確率変数の期待値

サイコロの出る目 X の2倍だけアメ玉がもらえるとしたとき，

$$2 \times \frac{1}{6} + 4 \times \frac{1}{6} + 6 \times \frac{1}{6} + 8 \times \frac{1}{6} + 10 \times \frac{1}{6} + 12 \times \frac{1}{6} = 7$$

という値をもらえる個数として期待することができる．これは $2X$ の**期待値（平均）**と呼ばれる値であり，一般に X が離散型のときに $g(X)$ の期待値は

$$\mathrm{E}\{g(X)\} \equiv \sum_{k=1}^{\infty} g(x_k)f_X(x_k) \tag{1.2.11}$$

で定義される．ここで，$g(\cdot)$ は適当な関数である．X が連続型のときには，それは

$$\mathrm{E}\{g(X)\} \equiv \int_{-\infty}^{\infty} g(x)f_X(x)\mathrm{d}x \tag{1.2.12}$$

で定義される．例えば $\mathrm{E}(X^m)$ は上式で $g(x_k) = x_k^m$ あるいは $g(x) = x^m$ とすれば求められるわけだが，m を自然数としたときのこの期待値は，特に X の m 次モーメントといわれる．

　確率変数が複数あるときも同様である．例えば，確率変数 X, Y と二変数関数 $h(\cdot, \cdot)$ に対し，$h(X, Y)$ の期待値は，離散型のときには

$$\mathrm{E}\{h(X, Y)\} \equiv \sum_{k=1}^{\infty} \sum_{l=1}^{\infty} h(x_k, y_l) f_{XY}(x_k, y_l)$$

と，連続型のときには

$$\mathrm{E}\{h(X, Y)\} \equiv \int_{-\infty}^{\infty} \int_{-\infty}^{\infty} h(x, y) f_{XY}(x, y) \mathrm{d}x \mathrm{d}y$$

と定義される．そして $\mathrm{E}(X^m Y^n)$ を X, Y のモーメントという．

　期待値には次のような性質がある．

定理　確率変数 X, Y と定数 a, b, c に対して次が成り立つ．

(1) $\mathrm{E}(aX + bY + c) = a\mathrm{E}(X) + b\mathrm{E}(Y) + c$.

(2) X と Y が独立ならば $\mathrm{E}(XY) = \mathrm{E}(X)\mathrm{E}(Y)$.

略証：連続型のときで証明する（離散型のときも同様）．(1) 左辺 $= \int_{-\infty}^{\infty} \int_{-\infty}^{\infty}(ax + by + c)f_{XY}(x, y)\mathrm{d}x\mathrm{d}y = a\int_{-\infty}^{\infty} x\{\int_{-\infty}^{\infty} f_{XY}(x, y)\mathrm{d}y\}\mathrm{d}x + b\int_{-\infty}^{\infty} y\{\int_{-\infty}^{\infty} f_{XY}(x, y)\mathrm{d}x\}\mathrm{d}y + c\int_{-\infty}^{\infty} \int_{-\infty}^{\infty} f_{XY}(x, y)\mathrm{d}x\mathrm{d}y = a\int_{-\infty}^{\infty} xf_X(x)\mathrm{d}x + b\int_{-\infty}^{\infty} yf_Y(y)\mathrm{d}y + c = $ 右辺．(2) 左辺 $= \int_{-\infty}^{\infty} \int_{-\infty}^{\infty} xyf_{XY}(x, y)\mathrm{d}x\mathrm{d}y = \int_{-\infty}^{\infty} \int_{-\infty}^{\infty} xyf_X(x)f_Y(y)\mathrm{d}x\mathrm{d}y = \{\int_{-\infty}^{\infty} xf_X(x)\mathrm{d}x\}\{\int_{-\infty}^{\infty} yf_Y(y)\mathrm{d}y\} = $ 右辺．

例　X が 1.2.1 項の例であげた二項分布 $\mathrm{B}(n, p)$ に従っているとする．X は離散型でとりうる値は $\{0, 1, \ldots, n\}$ であり，その期待値は (1.2.11) で $g(x) = x$ とすることにより

$$\mathrm{E}(X) = \sum_{x=0}^{n} x \frac{n!}{x!(n-x)!} p^x (1-p)^{n-x}$$

$$= np \sum_{x=1}^{n} \frac{(n-1)!}{(x-1)!(n-x)!} p^{x-1} (1-p)^{n-x}$$

$$= np \sum_{x'=0}^{n-1} \frac{(n-1)!}{x'!(n-1-x')!} p^{x'} (1-p)^{n-1-x'}$$

$$= np \tag{1.2.13}$$

と評価される. ここで, 3つめの等式では $x' = x - 1$ という変換を, 4つめの等式では $\mathrm{B}(n-1, p)$ の確率の総和が 1 であることを用いている. 同様に, 例えば $X(X-1)$ の期待値は (1.2.11) で $g(x) = x(x-1)$ とすることにより次のように評価される.

$$\mathrm{E}\{X(X-1)\} = n(n-1)p^2. \tag{1.2.14}$$

例 X が 1.2.2 項の例であげた正規分布 $\mathrm{N}(\mu, \sigma^2)$ に従っているとする. X は連続型であり, その期待値は (1.2.12) で $g(x) = x$ とすることにより

$$
\begin{aligned}
\mathrm{E}(X) &= \int_{-\infty}^{\infty} x \frac{1}{\sqrt{2\pi\sigma^2}} \exp\left\{ -\frac{(x-\mu)^2}{2\sigma^2} \right\} \mathrm{d}x \\
&= \int_{-\infty}^{\infty} (\sigma x' + \mu) \frac{1}{\sqrt{2\pi}} \exp\left(-\frac{x'^2}{2} \right) \mathrm{d}x' \\
&= \left[-\frac{\sigma}{\sqrt{2\pi}} \exp\left(-\frac{x'^2}{2} \right) \right]_{-\infty}^{\infty} + \mu \int_{-\infty}^{\infty} \frac{1}{\sqrt{2\pi}} \exp\left(-\frac{x'^2}{2} \right) \mathrm{d}x' \\
&= \mu
\end{aligned}
\tag{1.2.15}
$$

と評価される. ここで, 2つめの等式では $x' = (x-\mu)/\sigma$ という変換を, 4つめの等式では $\mathrm{N}(0,1)$ の確率密度関数を全範囲で積分したものが 1 であることを用いている. 同様に, 例えば X^2 の期待値は (1.2.12) で $g(x) = x^2$ とすることにより次のように評価される.

$$\mathrm{E}(X^2) = \sigma^2 + \mu^2. \tag{1.2.16}$$

1.2.8 確率母関数とモーメント母関数

モーメントの計算は母関数を用いると楽になることがある. X をとりうる値が非負の整数値である離散型確率変数とするとき,

$$G_X(t) \equiv \mathrm{E}(t^X) = \sum_{x=0}^{\infty} t^x f_X(x)$$

は $|t| \leq 1$ で存在し，$G_X(\cdot)$ は関数とみなせる．

$$G_X^{(m)}(t) \equiv \frac{\mathrm{d}^m}{\mathrm{d}t^m} G_X(t) = \mathrm{E}\{X(X-1)\cdots(X-m+1)t^{X-m}\} \quad (1.2.17)$$

より確率 $\mathrm{P}(X=x)$ は $G_X^{(x)}(0)/x!$ で求められ $(x=0,1,2,\ldots)$，このことより $G_X(\cdot)$ は X の**確率母関数**と呼ばれる．また，(1.2.17) より $\mathrm{E}\{X(X-1)\cdots(X-m+1)\} = G_X^{(m)}(1)$ であり，これより X のモーメントを求めることもできる．

　一般の確率変数 X に対しては

$$M_X(t) \equiv \mathrm{E}(\mathrm{e}^{tX})$$

を考えることができる．これは $t=0$ 以外で存在するとは限らないが，$t=0$ の適当な近傍で存在するとき $M_X(\cdot)$ を X の**モーメント母関数**あるいは**積率母関数**という．

例　X が正規分布 $\mathrm{N}(\mu,\sigma^2)$ に従うならば，

$$\begin{aligned}
M_X(t) &= \int_{-\infty}^{\infty} \mathrm{e}^{tx} \frac{1}{\sqrt{2\pi\sigma^2}} \exp\left\{-\frac{(x-\mu)^2}{2\sigma^2}\right\}\mathrm{d}x \\
&= \int_{-\infty}^{\infty} \frac{1}{\sqrt{2\pi\sigma^2}} \exp\left\{-\frac{(x-\mu-\sigma^2 t)^2}{2\sigma^2} + \mu t + \frac{\sigma^2 t^2}{2}\right\}\mathrm{d}x \\
&= \exp\left\{\mu t + \frac{\sigma^2 t^2}{2}\right\} \qquad\qquad (1.2.18)
\end{aligned}$$

と評価できる．

$$M_X^{(m)}(0) \equiv \left.\frac{\mathrm{d}^m}{\mathrm{d}t^m} M_X(t)\right|_{t=0} = \mathrm{E}(X^m \mathrm{e}^{tX})|_{t=0} = \mathrm{E}(X^m) \quad (1.2.19)$$

より，$M_X(\cdot)$ から X のモーメントを求めることができる．

　確率変数が複数あるときも同様である．例えば確率変数 X, Y に対し，

$$M_{XY}(s,t) \equiv \mathrm{E}(\mathrm{e}^{sX+tY})$$

が $(s,t) = (0,0)$ の適当な近傍で存在するとき，この $M_{XY}(\cdot,\cdot)$ を X, Y の
モーメント母関数という．やはり

$$M_{XY}^{(m,n)}(0,0) \equiv \frac{\partial^{m+n}}{\partial s^m \partial t^n} M_{XY}(s,t)\bigg|_{(s,t)=(0,0)} = \mathrm{E}(X^m Y^n)$$

より，$M_{XY}(\cdot,\cdot)$ から X, Y のモーメントを求めることができる．

§ 1.3 分布の特性値

1.3.1 確率変数の分布の特性値

1.2.7 項で定義した期待値 $\mathrm{E}(X)$ は確率変数 X の代表値を意味する 1 つ
の特性値とみなすことができるわけだが，このような確率変数の分布の特徴
をとらえる指標をここでは紹介していく．まず，X の**分散**という値につい
て，これは X の散らばり具合を測る重要な特性値であり，

$$\mathrm{V}(X) \equiv \mathrm{E}[\{X - \mathrm{E}(X)\}^2] = \mathrm{E}(X^2) - \mathrm{E}(X)^2$$

で定義される．ここで $\mathrm{E}(X)^2$ は $[\mathrm{E}(X)]^2$ を表す．また，2 つの確率変数 X, Y
の関数 $h(X,Y)$ の分散は次で与えられる．

$$\mathrm{V}\{h(X,Y)\} \equiv \mathrm{E}([h(X,Y) - \mathrm{E}\{h(X,Y)\}]^2) = \mathrm{E}\{h(X,Y)^2\} - \mathrm{E}\{h(X,Y)\}^2.$$

分散の性質については次の項で定理を与える．ちなみに，分散の正の平方根
$\sqrt{V(X)}$ は X の**標準偏差**といわれる．

例 X が二項分布 $\mathrm{B}(n,p)$ に従うならば，(1.2.13) と (1.2.14) より

$$\begin{aligned}
\mathrm{V}(X) &= \mathrm{E}\{X(X-1)\} + \mathrm{E}(X) - \mathrm{E}(X)^2 \\
&= n(n-1)p^2 + np - (np)^2 = np(1-p). \quad (1.3.1)
\end{aligned}$$

例 X が正規分布 $\mathrm{N}(\mu, \sigma^2)$ に従うならば，(1.2.15) と (1.2.16) より

$$\mathrm{V}(X) = \mathrm{E}(X^2) - \mathrm{E}(X)^2 = (\sigma^2 + \mu^2) - \mu^2 = \sigma^2.$$

　期待値と分散がモーメントの関数であることはすぐに確認できるわけだが，この 2 つの特性値以外では

$$\frac{\mathrm{E}\left[\{X - \mathrm{E}(X)\}^3\right]}{\{\mathrm{V}(X)\}^{3/2}}, \quad \frac{\mathrm{E}\left[\{X - \mathrm{E}(X)\}^4\right]}{\{\mathrm{V}(X)\}^2}$$

といったモーメントの関数がしばしば用いられ，それぞれ X の**歪度**，**尖度**と呼ばれる．正規分布の歪度と尖度はそれぞれ 0 と 3 であることから，尖度は上の定義式から 3 を引いたもので定義されることもある．歪度，尖度は X の分布の歪み具合，尖り具合をみる指標として用いられる．

　確率変数が極端に離れた値をとるといった可能性があるとき，期待値はその影響を強く受ける傾向がある．このようなとき，X の代表値として，それ以上（以下）となる確率が 1/2 となるような値，正確には $\mathrm{P}(X \geq a) \geq 1/2$ かつ $\mathrm{P}(X \leq a) \geq 1/2$ を満たす a を用いることがある．この a を X の**中央値**という．X の分布関数 $F_X(\cdot)$ が連続かつ単調強増加（狭義単調増加）であるとき，逆関数 $F^{-1}(\cdot)$ を用いて中央値は $F^{-1}(1/2)$ と表すことができる．$F_X(\cdot)$ が連続かつ単調強増加でないときも考慮して $F^{-1}(\alpha) = \inf\{x \mid F(x) \geq \alpha\}$ $(0 \leq \alpha \leq 1)$ で定義された $F^{-1}(\cdot)$ を X の**分位点関数**といい，$F^{-1}(\alpha)$ を 100α **パーセント点**と呼ぶ．ただし F が連続かつ単調強増加でない場合には $F^{-1}(\cdot)$ やパーセント点の定義はいくつか考えられる．その他，X の代表値としては**最頻値**を用いることがある．これは X の確率関数あるいは確率密度関数の最大値を与える値のことである．

1.3.2　同時分布の特性値

　複数の確率変数の分布，つまり同時分布に固有の特性値としては，それら確率変数間の相関を測る指標がよく用いられる．指標の定義を与える前に，この相関という用語の使い方を説明する．確率変数 X と Y に対し，X が大きくなると Y も大きくなる傾向があるとき，X と Y には**正の相関**があるといい，逆に X が大きくなると Y が小さくなるという傾向があるとき，X と Y には**負の相関**があるという．そして，その傾向が強いときに**相関が強い**，たいして強くないときに**相関が弱い**，ほとんどないときに**相関がない**という．

　この相関を測る基本的な指標としては

$$\mathrm{Cov}(X, Y) \equiv \mathrm{E}[\{X - \mathrm{E}(X)\}\{Y - \mathrm{E}(Y)\}] = \mathrm{E}(XY) - \mathrm{E}(X)\mathrm{E}(Y)$$

がまず挙げられる．これを X と Y の**共分散**という．これは，X と Y に正の相関があるとき正の値をとり，負の相関があるとき負の値をとる．そして相関がないときは 0 に近い値をとるようになる．また，

$$\rho(X,Y) \equiv \frac{\text{Cov}(X,Y)}{\sqrt{V(X)}\sqrt{V(Y)}}$$

で与えられる値を X と Y の**相関係数**という．$\rho(X,Y)$ は $\text{Cov}(X,Y)$ を正の値で割ったものなので，X と Y の分散を与えたとき共分散と相関係数の値は比例するが，さらにどんな X と Y に対しても $-1 \leq \rho(X,Y) \leq 1$ であるという性質をもつ．これより相関の強弱をこの値で測ることができ，例えば $\rho(X,Y)$ が 1 に近ければ「正の相関が強い」，-1 に近ければ「負の相関が強い」，0 に近ければ「相関が弱い」などということができる．

　さて，ここで確率変数が X, Y, Z と 3 つあるとする．もし X と Z に正の相関があり，また Y と Z にも正の相関があるとすると，X と Y に直接的な関係がなくても，X と Y の相関係数が正になることがある．そこで，Z の影響を除いた上で X と Y の相関の強弱を測りたいことがある．

$$\rho(X,Y|Z) \equiv \frac{\rho(X,Y) - \rho(X,Z)\rho(Y,Z)}{\sqrt{1-\rho(X,Z)^2}\sqrt{1-\rho(Y,Z)^2}}$$

はそのような指標であり，Z を与えたときの X と Y の**偏相関係数**と呼ばれる．

　共分散を導入したこの段階で，分散の性質をあげておく．

定理　確率変数 X, Y と定数 a, b, c に対して次が成り立つ．
(1) $V(aX + bY + c) = a^2 V(X) + b^2 V(Y) + 2ab\,\text{Cov}(X,Y)$．
(2) X と Y が独立ならば $V(aX + bY + c) = a^2 V(X) + b^2 V(Y)$．

略証：(1) 左辺 $= \text{E}\{(aX+bY+c)^2\} - \{\text{E}(aX+bY+c)\}^2 = a^2\text{E}(X^2) + 2ab\text{E}(XY) + b^2\text{E}(Y^2) - a^2\text{E}(X)^2 - 2ab\text{E}(X)\text{E}(Y) - b^2\text{E}(Y)^2 = $ 右辺．(2) $\text{E}(XY) = \text{E}(X)\text{E}(Y)$ より $\text{Cov}(X,Y) = 0$ となるから．

1.3.3　データの分布の特性値

1.2 節ではルーレットの当たる回数やある生物の大きさを確率変数として

扱ったが，そのような変量に対し，実際に値がいくつか観測されてデータが
得られたとする．具体的には，変量 x, y, z に対し，n 個ずつの観測値が得
られたとし，これを $\{x_1, x_2, \ldots, x_n\}$, $\{y_1, y_2, \ldots, y_n\}$, $\{z_1, z_2, \ldots, z_n\}$ と表
すことにする．ここではこのようなデータのばらつきの状態（データの分
布）の特性値を扱う．

　基本的に，確率変数の分布の特性値とデータの分布の特性値とで同じ
名前が付いたものが存在し，両者は同じ特徴をもつ．例えば X の分散と
$\{x_1, x_2, \ldots, x_n\}$ の分散があり，どちらもそれぞれの散らばり具合を測る特
性値となっている．また，2 級のテキストでこれらの多くが説明されている
ことを鑑み，以下では定義を列挙していくことにする．ちなみに，両者を区
別したいときは，母分散と標本分散のように，それぞれの頭に「母」と「標
本」を付ける．

x の平均	$\bar{x} \equiv \sum_{i=1}^{n} x_i / n$
x の分散	$s_{xx} \equiv \sum_{i=1}^{n}(x_i - \bar{x})^2 / (n-1)$
x の標準偏差	$\sqrt{s_{xx}}$
x の m 次モーメント	$\sum_{i=1}^{n} x_i^m / n$
x の変動係数	$\sqrt{s_{xx}} / \bar{x}$
x の歪度	$\{\sum_{i=1}^{n}(x_i - \bar{x})^3\} / \{s_{xx}^{3/2} \cdot (n-1)\}$
x の尖度	$\{\sum_{i=1}^{n}(x_i - \bar{x})^4\} / \{s_{xx}^{2} \cdot (n-1)\}$
x の中央値	$x_1, x_2, \ldots, x_n$ を小さい順に並べた時の中央の
（第 2 四分位数）	位置の値（n が偶数の時は中央の 2 つの値の平均）
x の第 1 四分位数	中央値より小さい $\{x_1, x_2, \ldots, x_n\}$ の中央値
x の第 3 四分位数	中央値より大きい $\{x_1, x_2, \ldots, x_n\}$ の中央値
x の四分位範囲	x の第 3 四分位数と第 1 四分位数の差
x の 100α パーセント点	それ以下となる $\{x_1, x_2, \ldots, x_n\}$ の割合が
	100α パーセントとなる値
x の最頻値	$\{x_1, x_2, \ldots, x_n\}$ において最も個数の多い値
x の範囲	$\{x_1, x_2, \ldots, x_n\}$ の最大値と最小値の差
x と y の共分散	$s_{xy} \equiv \sum_{i=1}^{n}(x_i - \bar{x})(y_i - \bar{y}) / (n-1)$
x と y の相関係数	$r_{xy} \equiv s_{xy} / (\sqrt{s_{xx}}\sqrt{s_{yy}})$
z を与えたときの	$r_{xy \cdot z} \equiv (r_{xy} - r_{xz}r_{yz}) / (\sqrt{1 - r_{xz}^2}\sqrt{1 - r_{yz}^2})$
x と y の偏相関係数	

　一覧表の中の変動係数，四分位範囲，範囲は，確率変数の特性値としても定義できるが，これらはいずれもデータの分布の散らばり具合を測る指標でもある．変動係数はデータをすべて正の定数倍しても値が変わらないため，単位の異なるデータを比較するときに用いられ，四分位範囲はデータに極端に離れた値があるときに，分散ほど値が影響を受けないために用いられる．

§ **1.4** 変数変換

1.4.1 確率関数・確率密度関数の導出

　本節では，確率変数をある関数で変換して作った新しい確率変数に対し，その確率関数あるいは確率密度関数を，元の確率変数の確率関数あるいは確率密度関数から求める．多次元の確率変数に対する結果を与えるため，しばらく確率変数の次元は 1 ではなく 2 として話を進める．具体的には，$f_{XY}(\cdot,\cdot)$ という同時確率関数あるいは同時確率密度関数をもつ分布に従う X と Y に対し，2 次元の実数値関数 $\boldsymbol{g}(\cdot,\cdot) = (g_1(\cdot,\cdot), g_2(\cdot,\cdot))$ を考え，$(U,V) = \boldsymbol{g}(X,Y) = (g_1(X,Y), g_2(X,Y))$ と変換する．そして U と V の同時確率関数あるいは同時確率密度関数 $f_{UV}(\cdot,\cdot)$ を評価していく．ただし，簡単のため $\boldsymbol{g}(\cdot,\cdot)$ は 1 対 1 の関数であり，つまり逆関数 $\boldsymbol{h}(\cdot,\cdot) = (h_1(\cdot,\cdot), h_2(\cdot,\cdot))$ が存在して $(X,Y) = \boldsymbol{h}(U,V) = (h_1(U,V), h_2(U,V))$ が成り立つとする．

　X と Y が離散型ならば U と V も離散型であり，その同時確率関数は

$$f_{UV}(u,v) = \mathrm{P}\{\boldsymbol{g}(X,Y) = (u,v)\}$$
$$= \mathrm{P}\{(X,Y) = \boldsymbol{h}(u,v)\} = f_{XY}\{\boldsymbol{h}(u,v)\} \qquad (1.4.1)$$

であることがわかる．

　X と Y が連続型ならば U と V も連続型となるが，その同時確率密度関数を求めることは，離散型の場合に同時確率関数を求めることほど簡単ではない．今，以下に現れる導関数が存在して連続であるとし，以下の行列式で表されるヤコビアン

$$J(u,v) \equiv \frac{\partial(h_1(u,v), h_2(u,v))}{\partial(u,v)} = \begin{vmatrix} \partial h_1(u,v)/\partial u & \partial h_1(u,v)/\partial v \\ \partial h_2(u,v)/\partial u & \partial h_2(u,v)/\partial v \end{vmatrix}$$

は各点 (u,v) で 0 にならないものとする. このとき, 任意の $(u,v) \in \mathbb{R}^2$ に対し, $A = (-\infty, u] \times (-\infty, v]$ とすると

$$F_{UV}(u,v) = \mathrm{P}(U \leq u,\ V \leq v) = \mathrm{P}\{(U,V) \in A\} = \mathrm{P}\{(X,Y) \in \boldsymbol{h}(A)\}$$
$$= \int\!\!\int_{\boldsymbol{h}(A)} f_{XY}(x,y)\mathrm{d}x\mathrm{d}y = \int\!\!\int_{A} f_{XY}\{h_1(u,v), h_2(u,v)\}|J(u,v)|\mathrm{d}u\mathrm{d}v$$
$$= \int_{-\infty}^{u}\int_{-\infty}^{v} f_{XY}\{\boldsymbol{h}(u,v)\}|J(u,v)|\mathrm{d}u\mathrm{d}v$$

が得られる. よって U と V の同時確率密度関数は (1.2.6) より

$$f_{UV}(u,v) = \frac{\partial^2 F_{UV}(u,v)}{\partial u \partial v} = f_{XY}\{\boldsymbol{h}(u,v)\}|J(u,v)| \tag{1.4.2}$$

であることがわかる.

1.4.2 確率変数の線形結合

1.4.1 項の結果を用いれば, 確率変数の線形結合の確率関数あるいは確率密度関数を求めることができる. 例として, a と b を 0 でない定数, X と Y を確率変数とし, $U = aX + bY$ の確率関数あるいは確率密度関数を考える. 今, $V = Y$ とすれば, $\boldsymbol{g}(x,y) = (ax+by, y)$ で定義される 1 対 1 の関数を用いて $(U,V) = \boldsymbol{g}(X,Y)$ と表現できる. そしてこのとき, $\boldsymbol{h}(u,v) = (u/a - bv/a, v)$ で定義される関数を用いれば $(X,Y) = \boldsymbol{h}(U,V)$ と書ける. つまり $\boldsymbol{g}(\cdot, \cdot)$ の逆関数は $\boldsymbol{h}(\cdot, \cdot)$ である.

以上より, X と Y が離散型のとき, (1.4.1) より U と V の同時確率関数は

$$f_{UV}(u,v) = f_{XY}\left(\frac{u}{a} - \frac{bv}{a}, v\right)$$

と求まる. また, $U = aX + bY$ の確率関数は, V のとりうる値を $\{v_1, v_2, \ldots\}$ とすればこれはもちろん Y のとりうる値 $\{y_1, y_2, \ldots\}$ のことであり,

$$f_U(u) = \sum_{l=1}^{\infty} f_{UV}(u, v_l) = \sum_{l=1}^{\infty} f_{XY}\left(\frac{u}{a} - \frac{by_l}{a}, y_l\right) \tag{1.4.3}$$

と書けることがわかる. $\boldsymbol{g}(\cdot, \cdot)$ は 1 対 1 であれば何でもいいので, 例えば $V = X$ として $f_U(\cdot)$ を求めてもよい. このときは, X のとりうる値を

$\{x_1, x_2, \ldots\}$ として

$$f_U(u) = \sum_{k=1}^{\infty} f_{XY}\left(x_k, \frac{u}{b} - \frac{ax_k}{b}\right)$$

と書けることがわかる. このように, $f_U(\cdot)$ には様々な表現がある.

例 X, Y が独立でそれぞれ二項分布 $\mathrm{B}(m,p)$, ベルヌーイ分布 $\mathrm{B}(1,p)$ に従っているとき, $U = X + Y$ の分布を調べてみる. Y のとりうる値は 0 か 1 であり, (1.4.3) で $a = b = 1$ とすることにより $f_U(u) = \sum_{y=0}^{1} f_{XY}(u-y, y)$ となるが, これは $u \in \{1, \ldots, m\}$ のとき

$$f_U(u) = \sum_{y=0}^{1} \frac{m!}{(u-y)!(m-u+y)!} p^{u-y}(1-p)^{m-u+y} p^y (1-p)^{1-y}$$

$$= \left\{\frac{m!}{u!(m-u)!} + \frac{m!}{(u-1)!(m+1-u)!}\right\} p^u (1-p)^{m+1-u}$$

$$= \frac{(m+1)!}{u!(m+1-u)!} p^u (1-p)^{m+1-u} \tag{1.4.4}$$

と書ける. $u = 0$ や $u = m+1$ でも (1.4.4) が得られ, 一方 $u \notin \{0, 1, \ldots, m+1\}$ のときは 0 となる. つまり U は二項分布 $\mathrm{B}(m+1, p)$ に従うことがわかる.

X と Y が連続型のときは $\boldsymbol{h}(\cdot, \cdot)$ に関するヤコビアンを求める必要があり, それは

$$J(u,v) = \begin{vmatrix} 1/a & -b/a \\ 0 & 1 \end{vmatrix} = \frac{1}{a}$$

である. したがって (1.4.2) より U と V の同時確率密度関数は

$$f_{UV}(u,v) = \frac{1}{|a|} f_{XY}\left(\frac{u}{a} - \frac{bv}{a}, v\right)$$

と求まる. これより, $U = aX + bY$ の確率密度関数は

$$f_U(u) = \int_{-\infty}^{\infty} f_{UV}(u,v) \mathrm{d}v = \int_{-\infty}^{\infty} \frac{1}{|a|} f_{XY}\left(\frac{u}{a} - \frac{by}{a}, y\right) \mathrm{d}y$$

であることがわかる.

　U が X と Y の線形結合でなくても，V を適切に選んで $g(\cdot,\cdot)$ を 1 対 1 の関数にできれば，同様の計算で U の確率関数あるいは確率密度関数を求めることができる．例えば，$U = X/Y$ のときは $V = Y$ とするなどして 1 対 1 の関数を作ればよい．

§ 1.5　極限定理と確率分布の近似

　この節では確率変数の極限に関する定理を扱う．つまり無数の確率変数が現れるため，これまでと違い，確率変数を $X_1, X_2, \dots$ と表すことにする．そして，最も基本的な極限定理として，同じ分布に独立に従う確率変数 $X_1, X_2, \dots$ に対し，和 $\sum_{i=1}^{n} X_i$ に関するものを考える．今，X_i の共通の期待値を μ, 分散を σ^2 と表しておくことにする．

1.5.1　大数の弱法則

　まずは $\lim_{n\to\infty} \sum_{i=1}^{n} X_i/n$ を対象とするが，その前に準備として次の不等式をあげておく．

> **チェビシェフの不等式**　任意の確率変数 Z と正の実数 ϵ に対して
> $$P\{|Z - E(Z)| \geq \epsilon\} \leq \frac{V(Z)}{\epsilon^2}.$$

略証：$|Z - E(Z)| \geq \epsilon$ が成り立っていれば 1, 成り立っていなければ 0 を返す関数を $1_{\{|Z-E(Z)|\geq\epsilon\}}$ と書けば

$$\epsilon^2 1_{\{|Z-E(Z)|\geq\epsilon\}} \leq |Z - E(Z)|^2 1_{\{|Z-E(Z)|\geq\epsilon\}} \leq |Z - E(Z)|^2$$

が明らかに成り立ち，この両辺の期待値をとれば不等式が得られる．

　チェビシェフの不等式において，Z を $\sum_{i=1}^{n} X_i/n$ と考えれば，1.2.7 項と 1.3.2 項の定理よりその期待値は μ, 分散は σ^2/n であり，

$$P\left(\left|\frac{1}{n}\sum_{i=1}^{n} X_i - \mu\right| \geq \epsilon\right) \leq \frac{\sigma^2}{n\epsilon^2}$$

が得られる. これより以下の定理が得られる.

大数の弱法則 任意の正の実数 ϵ に対して

$$\mathrm{P}\left(\left|\frac{1}{n}\sum_{i=1}^{n}X_i - \mu\right| \geq \epsilon\right) \to 0 \quad (n \to \infty).$$

これは $\sum_{i=1}^{n} X_i/n$ が X_i の期待値 μ に近づいていくことを意味している.

1.5.2 中心極限定理

$\sum_{i=1}^{n} X_i/n$ と μ の差は 0 に近づくとして, 次にその差を $\sqrt{n}$ 倍したものが n を大きくするとどうなるか, 具体的には

$$S_n \equiv \sqrt{\frac{n}{\sigma^2}}\left(\frac{1}{n}\sum_{i=1}^{n}X_i - \mu\right) = \frac{1}{\sqrt{n}}\sum_{i=1}^{n}\frac{X_i - \mu}{\sqrt{\sigma^2}}$$

の極限を扱う. 今, $Z_i \equiv (X_i - \mu)/\sqrt{\sigma^2}$ とすると, これはすべて独立であり, その期待値は 0, 分散は 1 である. これより, Z_i のモーメント母関数が $t = 0$ の近傍で $M_Z(t)$ と書けるならば, S_n のモーメント母関数は

$$M_{S_n}(t) = \mathrm{E}(e^{t\sum_{i=1}^{n}Z_i/\sqrt{n}})$$
$$= \mathrm{E}(e^{Z_1 t/\sqrt{n}})\mathrm{E}(e^{Z_2 t/\sqrt{n}})\cdots\mathrm{E}(e^{Z_n t/\sqrt{n}}) = M_Z\left(\frac{t}{\sqrt{n}}\right)^n \quad (1.5.1)$$

と書ける. この $M_Z(\cdot)$ が適当に微分可能であるとすれば, $(1.2.19)$ より $M_Z^{(1)}(0) = 0, M_Z^{(2)}(0) = 1$ であり, $M_Z(t/\sqrt{n})$ を $t = 0$ のまわりでテイラー展開すれば

$$M_Z\left(\frac{t}{\sqrt{n}}\right) = M_Z(0) + M_Z^{(1)}(0)\frac{t}{\sqrt{n}} + M_Z^{(2)}(0)\frac{t^2}{2n} + \mathrm{o}\left(\frac{1}{n}\right)$$
$$= 1 + \frac{t^2}{2n} + \mathrm{o}\left(\frac{1}{n}\right)$$

が得られる. ここで, $\mathrm{o}(1/n)$ は $n \times \mathrm{o}(1/n) \to 0 \ (n \to \infty)$ を満たす項という意味である. これを $(1.5.1)$ で用いれば

$$M_{S_n}(t) = \left\{1 + \frac{t^2}{2n} + \mathrm{o}\left(\frac{1}{n}\right)\right\}^n$$

$$= \left(1 + \frac{t^2}{2n}\right)^n + n \times \mathrm{o}\left(\frac{1}{n}\right) \to \mathrm{e}^{t^2/2} \quad (n \to \infty)$$

が得られる. これは (1.2.18) より正規分布 $N(0,1)$ のモーメント母関数であり, S_n のモーメント母関数は基本的にはこれに近づいていくことがわかる. そしてこれは次の定理を示唆する.

中心極限定理 任意の実数 x に対して

$$\mathrm{P}\left(\frac{1}{\sqrt{n}} \sum_{i=1}^{n} \frac{X_i - \mu}{\sqrt{\sigma^2}} \le x\right) \to \int_{-\infty}^{x} \frac{1}{\sqrt{2\pi}} \mathrm{e}^{-t^2/2} \mathrm{d}t \quad (n \to \infty).$$

右辺の被積分関数は正規分布 $N(0,1)$ の確率密度関数であり, X_i の分布が何であれ, n が大きければ S_n の分布を正規分布で近似できることを意味している. つまり, n が大きければ, $N(0,1)$ の分布関数 $\Phi(\cdot)$ を用いて

$$\mathrm{P}\left(\frac{1}{\sqrt{n}} \sum_{i=1}^{n} \frac{X_i - \mu}{\sqrt{\sigma^2}} \le x\right) \approx \Phi(x)$$

と書けることがわかる. 具体的な使い方の例は次項で与える.

1.5.3 二項分布の近似

1.2.1項の例で定義した二項分布 $B(n,p)$ に Z が従うとき, n が大きいと Z に関する確率を手計算で求めることは面倒になる. そこで, 本項ではそのような確率を別の分布を用いて近似する話を扱う. Z に関する確率は Z の分布関数や確率関数がわかっていれば求められるので, 具体的には x を実数として $\mathrm{P}(Z \le x)$ あるいは $\mathrm{P}(Z = x)$ を近似していく.

まずは中心極限定理の利用を考える. $X_1, X_2, \ldots, X_n$ をベルヌーイ分布 $B(1,p)$ に独立に従う確率変数とすると, 1.2.5項の終わりで述べたように $X_1 + X_2 + \cdots + X_m$ と X_{m+1} は独立である. そして 1.4.2項の例を繰り返し用いると, 結局 $X_1 + X_2 + \cdots + X_n$ の分布が $B(n,p)$ となり,

$$\mathrm{P}(Z \le x) = \mathrm{P}\left(\sum_{i=1}^{n} X_i \le x\right) = \mathrm{P}\left(\frac{1}{\sqrt{n}} \sum_{i=1}^{n} \frac{X_i - p}{\sqrt{p(1-p)}} \le \frac{x - np}{\sqrt{np(1-p)}}\right)$$

がいえる. 2つめの等式の右辺は, 左辺の不等式を単に変形しただけである. (1.2.13) と (1.3.1) より, $B(1,p)$ に従う X_i の期待値は p, 分散は $p(1-p)$

なので，最後の確率は中心極限定理に現れる形であり，結果として n が大きいときは

$$\mathrm{P}(Z \le x) \approx \Phi\left(\frac{x - np}{\sqrt{np(1-p)}}\right) \quad (x \in \mathbb{R}) \tag{1.5.2}$$

と書けることがわかる．これを二項分布の**正規近似**という．

　これを用いれば，$x \in \{0, 1, \ldots, n\}$ のときも，つまり x が Z のとりうる値であるときも $\Phi\{(x-np)/\sqrt{np(1-p)}\}$ で近似できるわけだが，このときはある修正がよく用いられる．なぜならば，このときは任意の $x' \in (x, x+1)$ に対して $\mathrm{P}(Z \le x) = \mathrm{P}(Z \le x')$ であり，したがって $\mathrm{P}(Z \le x)$ は $\Phi\{(x'-np)/\sqrt{np(1-p)}\}$ とも近似できるからである．つまり，$Z \le x$ という事象の確率の (1.5.2) による近似として，一番小さいものを使っていることになるのである．そこで，その中間をとり，

$$\mathrm{P}(Z \le x) \approx \Phi\left(\frac{x + 1/2 - np}{\sqrt{np(1-p)}}\right) \quad (x \in \{0, 1, \ldots, n\})$$

とすることが多く，実際に近似の精度をあげることが確認されている．これを二項分布の正規近似における**連続修正**という．x にいつも $1/2$ を足して修正すればいい，というわけではなく，例えば $Z \ge x \ (x \in \{0, 1, \ldots, n\})$ という事象に対しては

$$\mathrm{P}(Z \ge x) = 1 - \mathrm{P}(Z \le x-1) \approx 1 - \Phi\left(\frac{x - 1/2 - np}{\sqrt{np(1-p)}}\right)$$

という近似をすることになる．

　n が大きくても，p が非常に小さいときは近似の精度が低くなることがある．このような場合には $np = \theta$ を定数としたまま $n \to \infty$ とする，つまり同時に $p \to 0$ とすることを考える．このとき，

$$\mathrm{P}(Z = x) = \frac{n!}{x!(n-x)!}p^x(1-p)^{n-x} = \frac{n!}{x!(n-x)!}\frac{\theta^x}{n^x}\left(1 - \frac{\theta}{n}\right)^{n-x}$$

$$= \frac{n!}{n^x(n-x)!}\left(1 - \frac{\theta}{n}\right)^{-x}\frac{\theta^x}{x!}\left(1 - \frac{\theta}{n}\right)^{\frac{n}{\theta}\theta} \to \frac{\theta^x}{x!}e^{-\theta} \quad (n \to \infty)$$

が得られる．これより，n が大きくて p が小さいときは

$$\mathrm{P}(Z = x) \approx \frac{(np)^x}{x!}e^{-np} \quad (x \in \{0, 1, \ldots, n\})$$

と書けることがわかる．これを二項分布の**ポアソン近似**という．

■■▨　**練習問題**

問 1.1　U と V を互いに独立に区間 $(0, 1)$ 上の一様分布に従う確率変数とし，$X = \max(U, V)$, $Y = \min(U, V)$ とする．このとき以下の設問に答えよ．

〔1〕　X の累積分布関数 $G_1(x) = \mathrm{P}(X \leq x)$ と Y の累積分布関数 $G_2(y) = \mathrm{P}(Y \leq y)$ をそれぞれ求めよ．また，それらの累積分布関数の概形を描け．

〔2〕　X の確率密度関数 $g_1(x)$ と Y の確率密度関数 $g_2(y)$ をそれぞれ求めよ．また，それらの確率密度関数の概形を描け．

〔3〕　X と Y の同時確率密度関数 $g(x, y)$ を求めよ．

〔4〕　X と Y の相関係数を求めよ．

問 1.2　以下の各問に答えよ．

〔1〕　X を，確率密度関数 $f_X(x) = \dfrac{1}{\pi(1 + x^2)}$ をもつコーシー分布に従う確率変数とする．$Y = \dfrac{1}{X}$ の確率密度関数 $f_Y(y)$ を求めよ．

〔2〕　X と Y を互いに独立に標準正規分布に従う確率変数とする．$V = Y/X$ の確率密度関数 $f_V(v)$ を求めよ．

問 1.3　以下の各問に答えよ．

〔1〕　連続型確率変数 Z の累積分布関数 $F(z) = \mathrm{P}(Z \leq z)$ が狭義単調増加であるとき，$U = F(Z)$ は区間 $(0, 1)$ 上の一様分布に従うことを示せ．

〔2〕　U_1, U_2 および U_3 を互いに独立に区間 $(0, 1)$ 上の一様分布に従う確率変数とし，X_1 をそれらのうち最も小さいもの，X_2 を 2 番目に小さいもの，そして X_3 を最も大きいものとする．このとき，$j = 1, 2, 3$ に対し，X_j の確率密度関数 $g_j(x)$ を求め，それらのグラフを描け．

〔3〕　$j = 1, 2, 3$ に対し，上問〔2〕の確率変数 X_j の期待値 $E[X_j]$ を求めよ．

■■■□　チェックシート

- [ ] 種々の確率の計算ができるようになったか
    - [ ] 確率の定義や性質，統計的独立の利用
    - [ ] 条件付き確率の計算とベイズの定理の利用

- [ ] 確率変数の概念を理解し，確率（密度）関数を操れるようになったか
    - [ ] 確率変数に関する事象の確率の計算
    - [ ] 連続型確率変数の分布関数からの確率密度関数の導出

- [ ] 複数の確率変数に対する分布を扱えるようになったか
    - [ ] 同時分布からの周辺分布，条件付き分布の導出
    - [ ] 確率変数が独立であるときの同時分布の表現

- [ ] 確率変数の期待値，分散，モーメントを求められるようになったか
    - [ ] 期待値や分散の性質の利用
    - [ ] 確率母関数やモーメント母関数の利用

- [ ] データの分布の特性値の定義およびその意味を理解したか
    - [ ] データのモーメントやパーセント点の算出
    - [ ] 多次元データの相関係数や偏相関係数の算出

- [ ] 変数変換してできる確率変数の分布を求められるようになったか
    - [ ] 確率関数や確率密度関数の導出
    - [ ] 確率変数の線形結合の分布の導出

- [ ] 確率変数の和に関する極限定理の定義およびその意味を理解したか
    - [ ] 大数の弱法則の習得
    - [ ] 中心極限定理の習得

- [ ] 中心極限定理を利用して分布を正規近似できるようになったか
    - [ ] 二項分布の分布関数の正規近似
    - [ ] 二項分布の確率関数のポアソン近似

第 2 章

種々の確率分布

―― この章での目標 ――――

　　　統計学でよく使われる基本的な確率分布に習熟する

■　基本的な離散型分布を理解すると共に，各種の確率計算ができる
　　　　離散一様分布，ベルヌーイ分布，二項分布，超幾何分布，
　　　　ポアソン分布，幾何分布，負の二項分布，多項分布
■　基本的な連続型分布を理解すると共に，各種の確率計算ができる
　　　　連続一様分布，正規分布，指数分布，ガンマ分布，ベータ分布，
　　　　コーシー分布，対数正規分布，ワイブル分布，ロジスティック分布
■　標本分布を理解し，応用に用いることができる
　　　　t 分布，χ^2 分布，F 分布

■■■　　**Key Words**

・母関数の一意性
・確率分布の再生性
・確率分布の変換
・確率分布の混合
・危険率

■■■ 適用場面

(1) ある銘柄の株価データ $x_1, \ldots, x_T$ から対数収益率 $\log(x_{t+1}/x_t)$ を計算しヒストグラムを作成すると，ベル型をしていたとする．このとき，ベル型のヒストグラムを生み出す何らかのメカニズムがあると考えるのは自然であろう．対数収益率を確率変数と考え，各々独立に正規分布に従っていると仮定するのがモデリングの一例である．

(2) 別の銘柄の株価データ $y_1, \ldots, y_T$ について対数収益率のヒストグラムを描いたとする．これが上の例と違ってはずれ値を多く含むような場合，正規分布ではなく例えばコーシー分布を仮定することが考えられる．

§ **2.1** 離散型の確率分布

2.1.1 離散一様分布

確率変数 X は $1, 2, \ldots, n$ をとるとする．確率関数

$$P(X = x) = \frac{1}{n} \quad (x = 1, \ldots, n)$$

をもつ分布を**離散一様分布** (discrete uniform distribution) という．べき乗和の公式を用いると，平均および分散はそれぞれ $(n+1)/2$ および $(n^2-1)/12$ となることがわかる．

2.1.2 ベルヌーイ分布

二項分布およびその特殊ケースであるベルヌーイ分布については1章で取り上げたが，ここで改めて整理しておく．$p \in (0, 1)$ とし，確率変数 X は 0 または 1 をとるとする．確率関数

$$P(X = x) = p^x (1-p)^{1-x} \quad (x = 0, 1)$$

をもつ分布を**ベルヌーイ分布** (Bernoulli distribution) という．平均および分散はそれぞれ p および $p(1-p)$ であり，確率母関数は次のようになる．

$$G(s;\, p) = ps + 1 - p. \tag{2.1.1}$$

成功と失敗のように結果が 2 つのうちのいずれか 1 つであるような試行を**ベルヌーイ試行** (Bernoulli trial) という．

2.1.3　二項分布

$Y_1, \ldots, Y_n$ が独立に，同一の $p \in (0, 1)$ で指定されるベルヌーイ分布に従っているとする．1.5.3 項で述べたとおり，$X = Y_1 + \cdots + Y_n$ の従う分布が**二項分布** (binomial distribution) であり，$\mathrm{B}(n, p)$ と表される．ベルヌーイ分布は $\mathrm{B}(1, p)$ である．

1.2.1 項で与えた $\mathrm{B}(n, p)$ の確率関数は，二項係数 ${}_nC_x$ を用いて

$$P(X = x) = {}_nC_x\, p^x (1-p)^{n-x} \quad (x = 0, 1, \ldots, n) \tag{2.1.2}$$

と書ける．二項係数は $\dbinom{n}{x}$ とも記す．(2.1.1) に注意すると，確率母関数は

$$G(s;\, n,\, p) = (ps + 1 - p)^n \tag{2.1.3}$$

であることがわかる．

(1.2.13) および (1.3.1) で求めたように平均は np であり，分散は $np(1-p)$ である．n が十分大きいとき $\mathrm{B}(n, p)$ は正規分布 $\mathrm{N}\big(np, np(1-p)\big)$ で近似できる．これは，1.5.3 項で述べた二項分布の正規近似である．

次の定理 2.1.1 は二項分布の**再生性**と呼ばれる．確率母関数と確率分布は 1 対 1 に対応すること（**確率母関数の一意性**）が知られており，定理は (2.1.3) の関数形から従う．

定理 2.1.1　X_1 と X_2 が独立かつ $X_i \sim \mathrm{B}(n_i, p)$ $(i = 1, 2)$ とする．このとき，$X_1 + X_2 \sim \mathrm{B}(n_1 + n_2, p)$ である．

2.1.4　ポアソン分布

1.5.3 項で述べたように，**ポアソン分布** (Poisson distribution) は二項分布 $\mathrm{B}(n, p)$ において np を一定値 λ (> 0) に保った状態で n を非常に大きくすると導かれる．このポアソン分布は $\mathrm{Po}(\lambda)$ と表され，確率関数は次式で与

えられる.

$$P(X = x) = \exp(-\lambda) \frac{\lambda^x}{x!} \quad (x = 0, 1, \ldots).$$

ポアソン分布に関して重要な等式は指数関数 $\exp(\lambda)$ のテイラー級数である. このテイラー級数を用いて確率母関数が求められる.

$$G(s; \lambda) = \exp\{\lambda(s - 1)\}. \tag{2.1.4}$$

ポアソン分布では期待値および分散が等しくなる $(\mathrm{E}[X] = \mathrm{Var}[X] = \lambda)$. また,(2.1.4) から明らかなようにポアソン分布も再生性をもつ.

定理 2.1.2　X_1 と X_2 は独立かつ $X_i \sim \mathrm{Po}(\lambda_i)$ $(i = 1, 2)$ とする. このとき,$X_1 + X_2 \sim \mathrm{Po}(\lambda_1 + \lambda_2)$ である.

2.1.5　超幾何分布

例として壺の中から非復元抽出で玉を取り出すことを考える. 壺の中には赤玉が M 個,白玉が $(N - M)$ 個あるとし,合計 N 個の中から n 個を取り出すとする. N 個の中から n 個を取り出す場合の数は二項係数 ${}_N C_n$ で与えられる. これを別の方法 – 赤玉の個数 x による場合分け – でカウントしてみよう. ここで二項係数を拡張して次のような記号を定義しておくと表記が簡単になる.

$$
{}_n \tilde{C}_x = \begin{cases} {}_n C_x & (x = 0, 1, \ldots, n), \\ 0 & (その他). \end{cases}
$$

赤玉の個数が x のとき,場合の数は ${}_M \tilde{C}_x \times {}_{N-M} \tilde{C}_{n-x}$ である. したがって,

$$
{}_N C_n = \sum_{x=0}^{n} {}_M \tilde{C}_x \times {}_{N-M} \tilde{C}_{n-x} \tag{2.1.5}
$$

であることがわかる.

上記の設定で赤玉の個数 X を確率変数と考えると,確率関数は

$$
P(X = x) = \frac{{}_M \tilde{C}_x \times {}_{N-M} \tilde{C}_{n-x}}{{}_N C_n} \quad (x = 0, 1, \ldots, n) \tag{2.1.6}
$$

となる. この確率関数をもつ分布を**超幾何分布** (hypergeometric distribution) という. 期待値 $\mathrm{E}[X]$ を求めるには次の等式に注意する.

$$x \times {}_M\tilde{C}_x = M \times {}_{M-1}\tilde{C}_{x-1},$$
$$ {}_{N-M}\tilde{C}_{n-x} = {}_{N-M}\tilde{C}_{(n-1)-(x-1)},$$
$$ {}_N C_n = \frac{N}{n} \times {}_{N-1}C_{n-1}.$$

また，(2.1.5) から次の等式が成り立つ．

$$_{N-1}C_{n-1} = \sum_{x=1}^{n} {}_{M-1}\tilde{C}_{x-1} \times {}_{N-M}\tilde{C}_{(n-1)-(x-1)}.$$

したがって，$\mathrm{E}[X] = nM/N$ となることがわかる．分散 $\mathrm{Var}[X]$ は

$$\mathrm{Var}[X] = n\frac{M}{N}\left(1 - \frac{M}{N}\right)\frac{N-n}{N-1} \qquad (2.1.7)$$

となる（問 2.1）．因子 $(N-n)/(N-1)$ は**有限母集団修正**と呼ばれる．M/N を一定値 p に保ちながら $N \to \infty$ の極限をとると，(2.1.6) が二項分布の確率関数 (2.1.2) に収束することがわかる．

2.1.6　幾何分布

　無限に続く独立なベルヌーイ試行を考える．成功の確率は $p \in (0, 1)$ とする．X を初めて成功するまでの失敗の回数とすると

$$P(X = x) = p(1-p)^x \quad (x = 0, 1, \dots)$$

となる．この確率関数をもつ分布を**幾何分布** (geometric distribution) という（**注意**：初めて成功するまでの試行回数で定義する教科書もある）．

　等比級数の公式を用いて確率母関数を求めることができる．

$$G(s; p) = \frac{p}{1 - (1-p)s}.$$

幾何分布は次に述べる負の二項分布の特殊ケースであり，平均および分散は (2.1.10) において $r = 1$ としたものになる．

等比級数の計算により, $P(X \geq x) = (1-p)^x$ である. したがって

$$P(X \geq x_1 + x_2 \mid X \geq x_1) = P(X \geq x_2) \quad (x_1, x_2 \geq 0)$$

となり, 左辺が x_1 に依存しない. この性質は**無記憶性** (memoryless property) と呼ばれる.

2.1.7 負の二項分布

幾何分布の場合と同様に無限に続く独立なベルヌーイ試行を考える. r をある自然数とする. X を r 回成功するまでの失敗の回数とすると

$$P(X = x) = {}_{x+r-1}C_x \, p^r (1-p)^x \quad (x = 0, 1, \dots) \tag{2.1.8}$$

となる. この確率関数をもつ分布を**負の二項分布** (negative binomial distribution) といい, $\mathrm{NB}(r, p)$ と表す. 幾何分布は $\mathrm{NB}(1, p)$ である. また, 負の二項分布はポアソン分布の**混合分布** (mixture distribution) になっている (問 2.2).

一般二項定理として知られている, 次のテイラー級数が重要な役割を果たす.

$$(1 - t)^{-\alpha} = \sum_{x=0}^{\infty} \frac{(\alpha)_x}{x!} \, t^x. \tag{2.1.9}$$

ただし, $(\alpha)_0 = 1$ および $x = 1, 2, \dots$ のとき $(\alpha)_x = \alpha(\alpha+1) \cdots (\alpha+x-1)$ である. (2.1.9) を用いると確率母関数は

$$G(s; r, p) = \left\{ \frac{p}{1 - (1-p)s} \right\}^r$$

となる. 平均および分散は次のとおり.

$$\mathrm{E}[X] = r \frac{1-p}{p}, \quad \mathrm{Var}[X] = r \frac{1-p}{p^2}. \tag{2.1.10}$$

確率母関数の関数形から負の二項分布も再生性をもつことがわかる.

定理 2.1.3 X_1 と X_2 は独立かつ $X_i \sim \mathrm{NB}(r_i, p)$ $(i = 1, 2)$ とする. このとき, $X_1 + X_2 \sim \mathrm{NB}(r_1 + r_2, p)$ である.

2.1.8　多項分布

　二項分布は次のように拡張することができる．ベルヌーイ試行の代わり
に，結果が K 個のカテゴリーに分類される試行を考える．毎回の試行におい
て各カテゴリーの発生確率を $p_1, \ldots, p_K$ とする．ただし，$p_1 + \cdots + p_K = 1$
である．独立な試行を n 回繰り返したとき，各カテゴリーの発生回数を
$X_1, \ldots, X_K$ とする．もちろん，$X_1 + \cdots + X_K = n$ である．対応する実現
値を $x_1, \ldots, x_K$ とし，$\boldsymbol{X} = (X_1, \ldots, X_{K-1})$, $\boldsymbol{x} = (x_1, \ldots, x_{K-1})$ および

$$D = \{(x_1, \ldots, x_{K-1}) \mid x_1 \geq 0, \ldots, x_K \geq 0\}$$

とおく．確率関数

$$P(\boldsymbol{X} = \boldsymbol{x}) = \frac{n!}{x_1! \cdots x_K!} p_1^{x_1} \ldots p_K^{x_K} \quad (\boldsymbol{x} \in D) \tag{2.1.11}$$

をもつ分布を**多項分布** (multinomial distribution) という．

　多項分布は周辺分布も多項分布になり，また，条件付き確率も多項分布に
なる．簡単のために三項分布 $(K = 3)$ で証明してみよう．多項定理を用い
て確率母関数 $G(s_1, s_2; n, p_1, p_2) = \mathrm{E}\left[s_1^{X_1} s_2^{X_2}\right]$ を計算すると，

$$G(s_1, s_2; n, p_1, p_2) = (p_1 s_1 + p_2 s_2 + p_3)^n \tag{2.1.12}$$

となる．$G(1, s_2; n, p_1, p_2)$ は $\mathrm{B}(n, p_2)$ の確率母関数 (2.1.3) と一致する．
つまり，三項分布の周辺分布は二項分布となる．$X_2 = x_2$ という条件の下で
の X_1 の確率関数を求めると

$$P(X_1 = x_1 \mid X_2 = x_2) = \frac{n!}{x_1! x_2! x_3!} p_1^{x_1} p_2^{x_2} p_3^{x_3} \bigg/ \frac{n!}{x_2!(n - x_2)!} p_2^{x_2}(1 - p_2)^{n - x_2}$$

$$= {}_{n-x_2}C_{x_1} \left(\frac{p_1}{1 - p_2}\right)^{x_1} \left(1 - \frac{p_1}{1 - p_2}\right)^{n - x_2 - x_1}$$

となり，$\mathrm{B}\left(n - x_2, p_1/(1 - p_2)\right)$ の確率関数 (2.1.2) が得られる．

　上で示した性質により，$\boldsymbol{X}$ が (2.1.11) の多項分布に従うとき，$X_i \sim$
$\mathrm{B}(n, p_i)$, $X_j \sim \mathrm{B}(n, p_j)$ および $X_i + X_j \sim \mathrm{B}(n, p_i + p_j)$ である．ただし，
$i \neq j$ とする．これと $\mathrm{Var}[X_i + X_j] = \mathrm{Var}[X_i] + \mathrm{Var}[X_j] + 2\,\mathrm{Cov}[X_i, X_j]$
を用いて期待値，分散および共分散を求めることができる．

$$\mathrm{E}[X_i] = np_i, \quad \mathrm{Var}[X_i] = np_i(1 - p_i), \quad \mathrm{Cov}[X_i, X_j] = -np_i p_j.$$

§ **2.2** 連続型の確率分布

2.2.1 連続一様分布

a および b を $a < b$ なる定数とする. 確率密度関数

$$f(x; a, b) = \begin{cases} (b-a)^{-1} & (a \leq x \leq b), \\ 0 & (その他) \end{cases}$$

をもつ分布を**連続一様分布** (continuous uniform distribution) といい, U(a, b) と表す. U(0, 1) に従う一様乱数から所与の確率分布に従う乱数を発生させることができる (問 2.3). 簡単な積分計算により, 平均および分散はそれぞれ $(a+b)/2$ および $(b-a)^2/12$ であることがわかる.

2.2.2 正規分布（ガウス分布）

1.5.2 項で学んだ中心極限定理からわかるとおり, **正規分布** (normal distribution) は非常に重要な確率分布である. **ガウス分布** (Gaussian distribution) と呼ばれることもある. 1.2 節で取り上げたが, ここで改めて整理しておく. 確率密度関数は

$$f(x; \mu, \sigma^2) = \frac{1}{\sqrt{2\pi\sigma^2}} \exp\left\{ -\frac{1}{2\sigma^2}(x-\mu)^2 \right\} \quad (x \in \mathbb{R}) \tag{2.2.1}$$

で与えられる. (1.2.15) および 1.3.1 項で計算したように μ は平均であり, σ^2 は分散である. 確率密度関数 (2.2.1) をもつ正規分布を N(μ, σ^2) で表す. 特に, N(0, 1) を**標準正規分布**という.

$X \sim$ N(μ, σ^2) のとき $(X - \mu)/\sigma \sim$ N(0, 1) なので, $P(X \leq x) = \Phi\big((x-\mu)/\sigma\big)$ である. ただし, $\Phi(z)$ は標準正規分布の累積分布関数である. 上記の変数変換は標準化と呼ばれる.

1.2.8 項で求めたように, N(μ, σ^2) のモーメント母関数は次のようになる.

$$M(t; \mu, \sigma^2) = \exp\left(\mu t + \frac{1}{2}\sigma^2 t^2 \right) \quad (t \in \mathbb{R}). \tag{2.2.2}$$

モーメント母関数も確率分布と 1 対 1 に対応することが知られている（**モーメント母関数の一意性**）．(2.2.2) から，正規分布は再生性をもつことがわかる．

> **定理 2.2.1**　X_1 と X_2 は独立かつ $X_i \sim \mathrm{N}(\mu_i, \sigma_i^2)$ $(i = 1, 2)$ とする．このとき，$X_1 + X_2 \sim \mathrm{N}(\mu_1 + \mu_2, \sigma_1^2 + \sigma_2^2)$ である．

2.2.3　指数分布

λ を正定数とする．確率密度関数

$$f(x; \lambda) = \lambda \exp(-\lambda x) \quad (x \geq 0)$$

をもつ分布を**指数分布** (exponential distribution) といい，$\mathrm{Exp}(\lambda)$ と表す．指数分布は次に述べるガンマ分布の特殊ケースであり，モーメント母関数および平均・分散は (2.2.6) および (2.2.7) において $\alpha = 1$, $\beta = \lambda$ としたものになる．

確率密度関数 $f(x)$ および累積分布関数 $F(x)$ をもつ分布において，$r(x) = f(x)/\{1 - F(x)\}$ は**危険率** (hazard rate) と呼ばれる．時刻 x まで '生存' し，かつ，時刻 $x \sim x + \Delta x$ に '死亡' する確率が $r(x)\Delta x$ で与えられるからである．指数分布 $\mathrm{Exp}(\lambda)$ は，危険率が λ で一定の確率分布として特徴づけられる．実際，微分方程式

$$\frac{d}{dx} \log\{1 - F(x)\} = -\lambda$$

を初期条件 $F(0) = 0$ の下で解くと，$\mathrm{Exp}(\lambda)$ の累積分布関数 $F(x; \lambda) = 1 - \exp(-\lambda x)$ が得られる．

◤◢◤ **コラム ▸▸ Column** ◢◤◢　‧‧‧‧‧‧‧‧‧‧‧‧‧‧‧‧‧‧‧‧‧‧‧‧‧‧‧‧‧‧‧‧‧ ● 無記憶性

幾何分布と同様に指数分布も無記憶性をもつ．積分計算により $P(X \geq x) = \exp(-\lambda x)$ であるから，$x_1, x_2 \geq 0$ のとき次式が成り立つ．

$$P(X \geq x_1 + x_2 \mid X \geq x_1) = P(X \geq x_2).$$

2.2.4 ガンマ分布

非負の値をとる確率変数 X が次の確率密度関数をもつとする.

$$f(x;\, \alpha,\, \beta) = \frac{\beta^\alpha}{\Gamma(\alpha)}\, x^{\alpha-1} \exp(-\beta x) \quad (x > 0). \tag{2.2.3}$$

ただし, α および β は正定数であり,

$$\Gamma(\alpha) = \int_0^\infty t^{\alpha-1} \exp(-t)\, dt \tag{2.2.4}$$

はガンマ関数である. 確率密度関数 (2.2.3) をもつ分布を**ガンマ分布** (gamma distribution) といい, $\mathrm{Ga}(\alpha,\, \beta)$ で表す. $\mathrm{Ga}(1,\, \beta)$ は指数分布 $\mathrm{Exp}(\beta)$ に一致する.

ガンマ分布において基本的な役割を果たす等式は

$$\int_0^\infty x^{\alpha-1} \exp(-\beta x)\, dx = \frac{\Gamma(\alpha)}{\beta^\alpha} \tag{2.2.5}$$

である. これは (2.2.4) において変数変換 $t = \beta x \ (\beta > 0)$ を行うことで得られる. (2.2.5) を用いると, $\mathrm{Ga}(\alpha,\, \beta)$ のモーメント母関数が

$$M(t;\, \alpha,\, \beta) = \left(\frac{\beta}{\beta - t}\right)^\alpha \quad (t < \beta) \tag{2.2.6}$$

となることがわかる. また, 平均および分散は次のようになる.

$$\mathrm{E}[X] = \frac{\alpha}{\beta}, \quad \mathrm{Var}[X] = \frac{\alpha}{\beta^2}. \tag{2.2.7}$$

関数形 (2.2.6) はガンマ分布が再生性をもつことを示している.

定理 2.2.2 X_1 と X_2 は独立かつ $X_i \sim \mathrm{Ga}(\alpha_i,\, \beta)$ $(i = 1,\, 2)$ とする. このとき, $X_1 + X_2 \sim \mathrm{Ga}(\alpha_1 + \alpha_2,\, \beta)$ である.

ガンマ分布とポアソン分布には密接な関係がある. k を 2 以上の自然数としたとき, 部分積分により,

$$\int_w^\infty \frac{\lambda^k}{\Gamma(k)}\, t^{k-1} \exp(-\lambda t)\, dt$$

$$= \exp(-\lambda w) \frac{(\lambda w)^{k-1}}{(k-1)!} + \int_w^\infty \frac{\lambda^{k-1}}{\Gamma(k-1)} t^{k-2} \exp(-\lambda t) \, dt$$

であることがわかる. ここで, $\Gamma(k) = (k-1)!$ を用いている. また, $k = 1$ のとき,

$$\int_w^\infty \lambda \exp(-\lambda t) \, dt = \exp(-\lambda w)$$

である. したがって, $k \geq 1$ について

$$\int_w^\infty \frac{\lambda^k}{\Gamma(k)} t^{k-1} \exp(-\lambda t) \, dt = \sum_{x=0}^{k-1} \exp(-\lambda w) \frac{(\lambda w)^x}{x!} \tag{2.2.8}$$

が成り立つ. これは次のように解釈できる. 自然数 k および正の実数 w が与えられているとする. 危険率が λ の製品を多数用意し, 故障するたびに新しい製品に交換して使うとする. $Y_1, \ldots, Y_k$ が独立に $\mathrm{Exp}(\lambda)$ に従うとし, $W = Y_1 + \cdots + Y_k$ とおくと, W は k 個の製品が故障するまでの時間である. 定理 2.2.2 により $W \sim \mathrm{Ga}(k, \lambda)$ である. w の間に故障する製品の個数を X とすると, $X \sim \mathrm{Po}(\lambda w)$ である. (2.2.8) は $P(W > w) = P(X \leq k-1)$ を意味している. 9 章の**ポアソン過程** (Poisson process) を参照されたい.

2.2.5 ベータ分布

確率変数 $X \in (0, 1)$ が次の確率密度関数をもつとする.

$$f(x; \alpha, \beta) = \frac{1}{B(\alpha, \beta)} x^{\alpha-1} (1-x)^{\beta-1} \quad (0 < x < 1). \tag{2.2.9}$$

ただし, α および β は正定数であり,

$$B(\alpha, \beta) = \int_0^1 x^{\alpha-1} (1-x)^{\beta-1} \, dx$$

はベータ関数である. 確率密度関数 (2.2.9) をもつ分布を**ベータ分布** (beta distribution) といい, $\mathrm{Be}(\alpha, \beta)$ で表す. 平均および分散は次のとおり.

$$\mathrm{E}[X] = \frac{\alpha}{\alpha + \beta}, \quad \mathrm{Var}[X] = \frac{\alpha\beta}{(\alpha + \beta)^2 (\alpha + \beta + 1)}.$$

これらはガンマ関数とベータ関数の関係

$$\Gamma(\alpha)\Gamma(\beta) = \Gamma(\alpha + \beta) B(\alpha, \beta) \tag{2.2.10}$$

を用いて計算できる.

ベータ分布と二項分布の間には密接な関係がある. $k = 2, \dots, n$ のとき, 部分積分により,

$$\int_p^1 \frac{z^{k-1}(1-z)^{n-k}}{B(k,\, n-k+1)}\, dz$$

$$= {}_nC_{k-1}\, p^{k-1}(1-p)^{n-k+1} + \int_p^1 \frac{z^{k-2}(1-z)^{n-k+1}}{B(k-1,\, n-k+2)}\, dz$$

であることがわかる. また, $k = 1$ のとき,

$$\int_p^1 \frac{(1-z)^{n-1}}{B(1,\, n)}\, dz = {}_nC_0(1-p)^n$$

である. したがって, $k = 1, \dots, n$ のとき,

$$\int_p^1 \frac{z^{k-1}(1-z)^{n-k}}{B(k,\, n-k+1)}\, dz = \sum_{x=0}^{k-1} {}_nC_x\, p^x(1-p)^{n-x}$$

となり, 二項分布の確率関数の部分和はベータ分布を使って計算できることがわかる.

ベータ分布はガンマ分布から導くことができる. U と V が独立かつ $U \sim \mathrm{Ga}(\alpha, \gamma)$, $V \sim \mathrm{Ga}(\beta, \gamma)$ とする. (X, Y) を $X = U/(U+V)$ および $Y = U + V$ によって定義すると, 同時確率密度関数 $f(x, y)$ は次のように求められる. 逆変換 $u = xy$, $v = (1-x)y$ のヤコビアンは y であるから,

$$f(x,\, y) = \frac{\Gamma(\alpha+\beta)}{\Gamma(\alpha)\Gamma(\beta)}\, x^{\alpha-1}(1-x)^{\beta-1} \times \frac{\gamma^{\alpha+\beta}}{\Gamma(\alpha+\beta)}\, y^{\alpha+\beta-1} \exp(-\gamma y)$$

である. これは, X と Y が独立かつ $X \sim \mathrm{Be}(\alpha, \beta)$, $Y \sim \mathrm{Ga}(\alpha+\beta, \gamma)$ であることを意味している. 後者は, (2.2.10) および定理 2.2.2 を意味している. このようなベータ分布の導出方法を拡張し, **ディリクレ分布** (Dirichlet distribution) を導くことができる (問 2.4).

2.2.6 コーシー分布

連続一様分布 $\mathrm{U}(-\pi/2, \pi/2)$ に従う確率変数 Y に対して変数変換 $X = \tan Y$ を考える. 逆変換 $y = \arctan x$ のヤコビアンは $dy/dx = 1/(x^2+1)$ であるので, X に対する確率密度関数は次のようになる.

$$f(x) = \frac{1}{\pi}\frac{1}{x^2+1} \quad (x \in \mathbb{R}). \tag{2.2.11}$$

この確率密度関数をもつ分布を**コーシー分布** (Cauchy distribution) という.
$\arctan X$ の平均および分散は存在するが, X の平均および分散は存在し
ない.

　コーシー分布は 2.3.2 項で学ぶ t 分布の特殊ケースである. 正規分布に比
べて中心付近からはずれた値が発生する確率が高く, **裾が重い** (fat-tailed)
分布といわれる. 位置パラメータ分布族 $f(x - \mu)$ や位置尺度パラメータ分
布族 $f\big((x - \mu)/\sigma\big)/\sigma$ の形で用いる.

2.2.7　対数正規分布

　$Y \sim \mathrm{N}(\mu, \sigma^2)$ のとき, $X = \exp(Y)$ が従う確率分布を**対数正規分布**
(log-normal distribution) という. $\log X$ が正規分布 $\mathrm{N}(\mu, \sigma^2)$ に従うこと
が名前の由来である. 確率密度関数は

$$f(x; \mu, \sigma^2) = \frac{1}{\sqrt{2\pi\sigma^2}} \frac{1}{x} \exp\left\{ -\frac{1}{2\sigma^2} (\log x - \mu)^2 \right\} \quad (x > 0)$$

で与えられる. 平均および分散は (2.2.2) を利用して求めることができる.
(2.2.2) において $t = 1, 2$ とすることにより次を得る.

$$\mathrm{E}[X] = \exp\left(\mu + \frac{1}{2}\sigma^2 \right), \quad \mathrm{Var}[X] = \exp\left(2\mu + \sigma^2 \right) \left\{ \exp\left(\sigma^2 \right) - 1 \right\}.$$

2.2.8　ワイブル分布

　2.2.3 項で指数分布が危険率一定の確率分布として特徴づけられることを
みた. ここでは危険率が $r(x) = cx^b$ の確率分布を考えてみよう. ただし, b
および c は正定数である. 微分方程式

$$\frac{d}{dx} \log\{1 - F(x)\} = -cx^b$$

を初期条件 $F(0) = 0$ の下で解き, 微分すると

$$f(x; b, c) = cx^b \exp\left(-\frac{cx^{b+1}}{b+1} \right) \quad (x > 0) \tag{2.2.12}$$

が得られる. この確率密度関数をもつ分布を**ワイブル分布** (Weibull distri-
bution) という. (2.2.12) からわかるように, $Y = X^{b+1}/(b+1)$ が指数分

布 $\mathrm{Exp}(c)$ に従うときに X が従う確率分布ということもできる. このこと
を用いて X の平均および分散を求めてみよう. $\kappa = (b+1)^{-1}$ とおくと
$X = \{(b+1)Y\}^{\kappa}$ であることに注意する. (2.2.5) において $\alpha = 1+\kappa,\ 1+2\kappa$
および $\beta = c$ とすることにより, 次を得る.

$$\mathrm{E}[X] = m\Gamma(1 + \kappa), \quad \mathrm{Var}[X] = m^2\big\{\Gamma(1 + 2\kappa) - \Gamma^2(1 + \kappa)\big\}.$$

ここで, 式を簡単にするために $m = \{(b+1)/c\}^{\kappa}$ とおいている.

コラム ▸▸ Column　· ●**Gompertz 分布**

　生命保険数理では Gompertz 分布と呼ばれる確率分布がしばしば使われる. こ
れは危険率 $r(x) = c\exp(bx)$ として導かれる. ただし, b および c は正定数であ
る. 累積分布関数は次のようになる.

$$F(x;\, b,\, c) = 1 - \exp\left[\frac{c}{b}\{1 - \exp(bx)\}\right] \quad (x > 0).$$

2.2.9　ロジスティック分布

　累積分布関数

$$F(x) = \frac{1}{1 + \exp(-x)} \quad (x \in \mathbb{R})$$

をもつ分布を**ロジスティック分布** (logistic distribution) という. 確率密度
関数は

$$f(x) = \frac{\exp(-x)}{\{1 + \exp(-x)\}^2} \quad (x \in \mathbb{R})$$

となる. モーメント母関数の計算には変数変換 $y = F(x)$ を行う. さらに
(2.2.10) および $\Gamma(2) = 1$ を用いると,

$$M(t) = \int_0^1 y^t (1 - y)^{-t}\, dy = \Gamma(1 + t)\Gamma(1 - t) \quad (|t| < 1)$$

を得る. 平均は $\mathrm{E}[X] = 0$ であることがわかる. ディガンマ関数 $\psi(s) = \Gamma'(s)/\Gamma(s)$ の性質 $\psi'(1) = \pi^2/6$ を用いて分散を計算することができる.

$$\mathrm{Var}[X] = 2\Gamma^2(1)\psi'(1) = \frac{\pi^2}{3}.$$

　モデリングのときには位置パラメータ分布族 $f(x - \mu)$ または位置尺度パラメータ分布族 $f\big((x - \mu)/\sigma\big)/\sigma$ の形で用いる.

2.2.10 多変量正規分布

　p 次元確率ベクトル $\boldsymbol{X}$ が平均ベクトル $\boldsymbol{\mu}$ および分散共分散行列 Σ の p 変量正規分布 (p-variate normal distribution) に従うとは,モーメント母関数 $\mathrm{E}[\exp(\boldsymbol{t}^T \boldsymbol{X})]$ (ただし $\boldsymbol{t}^T$ はベクトル $\boldsymbol{t}$ の転置) が

$$M(\boldsymbol{t}; \boldsymbol{\mu}, \Sigma) = \exp\left(\boldsymbol{\mu}^T \boldsymbol{t} + \frac{1}{2}\boldsymbol{t}^T \Sigma \boldsymbol{t}\right) \quad (\boldsymbol{t} \in \mathbb{R}^p) \tag{2.2.13}$$

であることと定義され,$\boldsymbol{X} \sim \mathrm{N}(\boldsymbol{\mu}, \Sigma)$ と表される.ここで,$\boldsymbol{\mu} \in \mathbb{R}^p$ であり,Σ は非負定値 p 次対称行列である.(2.2.13) のテイラー展開を求めると

$$M(\boldsymbol{t}; \boldsymbol{\mu}, \Sigma) = 1 + \boldsymbol{\mu}^T \boldsymbol{t} + \frac{1}{2}\boldsymbol{t}^T\left(\Sigma + \boldsymbol{\mu}\boldsymbol{\mu}^T\right)\boldsymbol{t} + \cdots$$

であり,$\boldsymbol{\mu}$ および Σ がそれぞれ平均ベクトルおよび分散共分散行列であることが確認できる.

　特に $\mathrm{N}(\boldsymbol{0}_p, I_p)$ は p 変量標準正規分布と呼ばれる.ただし,$\boldsymbol{0}_p$ は p 次元ゼロベクトルであり,I_p は p 次単位行列である.$\boldsymbol{Z} \sim \mathrm{N}(\boldsymbol{0}_p, I_p)$ のとき,$\boldsymbol{Z}$ の各成分は独立同一に $\mathrm{N}(0, 1)$ に従う.なぜなら,(2.2.13) により

$$M(\boldsymbol{t}; \boldsymbol{0}_p, I_p) = \exp\left(\frac{1}{2}\|\boldsymbol{t}\|^2\right) = \prod_{i=1}^{p} \exp\left(\frac{1}{2}t_i^2\right)$$

であり,(2.2.2) により $\mathrm{N}(0, 1)$ のモーメント母関数は $\exp(t^2/2)$ だからである.

　次の定理は非常に有用である.

定理 2.2.3 A および $\boldsymbol{b}$ をそれぞれ $q \times p$ 行列および q 次元ベクトルとする.p 次元確率ベクトル $\boldsymbol{X}$ が $\mathrm{N}(\boldsymbol{\mu}, \Sigma)$ に従っているならば,$A\boldsymbol{X} + \boldsymbol{b} \sim \mathrm{N}\big(A\boldsymbol{\mu} + \boldsymbol{b}, A\Sigma A^T\big)$ である.

証明:$\boldsymbol{s} \in \mathbb{R}^q$ とする.$\boldsymbol{s}^T A \boldsymbol{X} = (A^T \boldsymbol{s})^T \boldsymbol{X}$ に注意すると次式を得る.

$$\mathrm{E}\Big[\exp\big\{\boldsymbol{s}^T (A\boldsymbol{X} + \boldsymbol{b})\big\}\Big] = \exp\left\{(A\boldsymbol{\mu} + \boldsymbol{b})^T \boldsymbol{s} + \frac{1}{2}\boldsymbol{s}^T\big(A\Sigma A^T\big)\boldsymbol{s}\right\}. \quad \square$$

Σ が正定値のとき，$N(\boldsymbol{\mu}, \Sigma)$ の確率密度関数を求めよう．Σ のスペクトル分解を利用して $\Sigma^{-1/2}$ が定義できることに注意する．Σ は正定値対称行列であり，適当な直交行列によって対角化でき，固有値がすべて正だからである．$\Sigma^{-1/2}$ には不定性があるが，正定値対称行列に限れば一意である．三角行列にとることもある．$\boldsymbol{X} \sim N(\boldsymbol{\mu}, \Sigma)$ に対して $\boldsymbol{Z} = \Sigma^{-1/2}(\boldsymbol{X} - \boldsymbol{\mu})$ とおく．定理 2.2.3 により $\boldsymbol{Z} \sim N(\boldsymbol{0}_p, I_p)$ であるから，$\boldsymbol{Z}$ の確率密度関数は

$$g(\boldsymbol{z}) = \prod_{i=1}^{p} \frac{1}{\sqrt{2\pi}} \exp\left(-\frac{1}{2} z_i^2\right) = \frac{1}{(2\pi)^{p/2}} \exp\left(-\frac{1}{2}\|\boldsymbol{z}\|^2\right)$$

となる．変換 $\boldsymbol{z} = \Sigma^{-1/2}(\boldsymbol{x} - \boldsymbol{\mu})$ のヤコビアンは $\det \Sigma^{-1/2} = \{\det \Sigma\}^{-1/2}$ なので，$\boldsymbol{X}$ の確率密度関数は次のようになる．

$$f(\boldsymbol{x}; \boldsymbol{\mu}, \Sigma) = \frac{1}{(2\pi)^{p/2}\{\det \Sigma\}^{1/2}} \exp\left\{-\frac{1}{2}(\boldsymbol{x} - \boldsymbol{\mu})^T \Sigma^{-1}(\boldsymbol{x} - \boldsymbol{\mu})\right\}.$$

$\boldsymbol{X}$，$\boldsymbol{\mu}$，$\boldsymbol{t}$ および Σ を q 次元の部分と $(p-q)$ 次元の部分に区分けする．

$$\boldsymbol{X} = \begin{bmatrix} \boldsymbol{X}_1 \\ \boldsymbol{X}_2 \end{bmatrix}, \quad \boldsymbol{\mu} = \begin{bmatrix} \boldsymbol{\mu}_1 \\ \boldsymbol{\mu}_2 \end{bmatrix}, \quad \boldsymbol{t} = \begin{bmatrix} \boldsymbol{t}_1 \\ \boldsymbol{t}_2 \end{bmatrix}, \quad \Sigma = \begin{bmatrix} \Sigma_{11} & \Sigma_{12} \\ \Sigma_{21} & \Sigma_{22} \end{bmatrix}.$$

以下，本小節ではこの区分けの記法を用いる．多変量正規分布において周辺分布もまた多変量正規分布になる．実際，定理 2.2.3 から次の定理を得る（問 2.5）．

> **定理 2.2.4** $\boldsymbol{X} \sim N(\boldsymbol{\mu}, \Sigma)$ のとき，$\boldsymbol{X}_i \sim N(\boldsymbol{\mu}_i, \Sigma_{ii})$ $(i = 1, 2)$ である．

確率ベクトルの独立性について述べる．$\Sigma_{12} = O_{q, p-q}$ のとき，

$$\begin{bmatrix} \boldsymbol{t}_1^T, \boldsymbol{t}_2^T \end{bmatrix} \begin{bmatrix} \Sigma_{11} & O_{q, p-q} \\ O_{p-q, q} & \Sigma_{22} \end{bmatrix} \begin{bmatrix} \boldsymbol{t}_1 \\ \boldsymbol{t}_2 \end{bmatrix} = \boldsymbol{t}_1^T \Sigma_{11} \boldsymbol{t}_1 + \boldsymbol{t}_2^T \Sigma_{22} \boldsymbol{t}_2$$

である．ただし，$O_{k,l}$ は $k \times l$ の零行列である．$M(\boldsymbol{t}; \boldsymbol{\mu}, \Sigma) = M(\boldsymbol{t}_1; \boldsymbol{\mu}_1, \Sigma_{11}) M(\boldsymbol{t}_2; \boldsymbol{\mu}_2, \Sigma_{22})$ となるので，次の定理を得る．

定理 2.2.5　$\boldsymbol{X} \sim \mathrm{N}(\boldsymbol{\mu}, \Sigma)$ とする. $\Sigma_{12} = O_{q,p-q}$ のとき，$\boldsymbol{X}_1$ と $\boldsymbol{X}_2$ は独立である（逆も真である）.

多変量正規分布において条件付き分布もまた多変量正規分布になる. これは次のように示すことができる. Σ は正定値と仮定する. 行列 A および $\Sigma_{11|2}$ を

$$A = \begin{bmatrix} I_q & -\Sigma_{12}\Sigma_{22}^{-1} \\ O_{p-q,q} & I_{p-q} \end{bmatrix}, \quad \Sigma_{11|2} = \Sigma_{11} - \Sigma_{12}\Sigma_{22}^{-1}\Sigma_{21}$$

のように定義すると次の等式が成り立つ.

$$A\boldsymbol{X} = \begin{bmatrix} \boldsymbol{X}_1 - \Sigma_{12}\Sigma_{22}^{-1}\boldsymbol{X}_2 \\ \boldsymbol{X}_2 \end{bmatrix}, \quad A\Sigma A^T = \begin{bmatrix} \Sigma_{11|2} & O_{q,p-q} \\ O_{p-q,q} & \Sigma_{22} \end{bmatrix}.$$

定理 2.2.3 と定理 2.2.5 により，$\boldsymbol{X}_1 - \Sigma_{12}\Sigma_{22}^{-1}\boldsymbol{X}_2 \sim \mathrm{N}(\boldsymbol{\mu}_1 - \Sigma_{12}\Sigma_{22}^{-1}\boldsymbol{\mu}_2, \Sigma_{11|2})$, $\boldsymbol{X}_2 \sim \mathrm{N}(\boldsymbol{\mu}_2, \Sigma_{22})$ かつ両者は独立である. したがって，次の定理が得られる.

定理 2.2.6　Σ は正定値とする. $\boldsymbol{X} \sim \mathrm{N}(\boldsymbol{\mu}, \Sigma)$ ならば $\boldsymbol{X}_1|\boldsymbol{X}_2 = \boldsymbol{x}_2 \sim \mathrm{N}\big(\boldsymbol{\mu}_1 + \Sigma_{12}\Sigma_{22}^{-1}(\boldsymbol{x}_2 - \boldsymbol{\mu}_2), \Sigma_{11|2}\big)$ である.

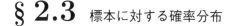

§**2.3** 標本に対する確率分布

2.3.1　χ^2 分布

$Y_1, \ldots, Y_p$ が独立同一に $\mathrm{N}(0, 1)$ に従っているとする. このとき，$X = Y_1^2 + \cdots + Y_p^2$ が従う分布を自由度 p の χ^2 **分布** (chi-square distribution) といい，$\chi^2(p)$ と表す.

定理 2.3.1　自由度 p の χ^2 分布はガンマ分布 $\mathrm{Ga}(p/2, 1/2)$ である.

証明：まず，$\chi^2(1)$ の確率密度 $f(x)$ を求める．$Y \sim \mathrm{N}(0, 1)$ とし，$X = Y^2$ とおくと $P(X \le x) = P(-\sqrt{x} \le Y \le \sqrt{x})$ であるから，

$$f(x) = \frac{d}{dx} \int_{-\sqrt{x}}^{\sqrt{x}} \frac{1}{\sqrt{2\pi}} \exp\left(-\frac{y^2}{2}\right) dy$$

$$= \frac{1}{\sqrt{2\pi}} x^{-1/2} \exp\left(-\frac{x}{2}\right) \tag{2.3.1}$$

である．(2.2.3)により $\chi^2(1)$ は $\mathrm{Ga}(1/2, 1/2)$ と一致する．定理 2.2.2 から定理 2.3.1 の内容が従う．□

　正規分布と χ^2 分布の関係について定理の形で述べる．

定理 2.3.2 Σ は正定値 p 次対称行列とする．$\boldsymbol{X} \sim \mathrm{N}(\boldsymbol{\mu}, \Sigma)$ のとき，$(\boldsymbol{X} - \boldsymbol{\mu})^T \Sigma^{-1} (\boldsymbol{X} - \boldsymbol{\mu}) \sim \chi^2(p)$ である．

証明：$\boldsymbol{Z} = \Sigma^{-1/2}(\boldsymbol{X} - \boldsymbol{\mu})$ とおくと，定理 2.2.3 から $\boldsymbol{Z} \sim \mathrm{N}(\boldsymbol{0}_p, I_p)$ である．$\|\boldsymbol{Z}\|^2 = (\boldsymbol{X} - \boldsymbol{\mu})^T \Sigma^{-1} (\boldsymbol{X} - \boldsymbol{\mu})$ および χ^2 分布の定義から定理 2.3.2 が従う．□

定理 2.3.3 $X_1, \ldots, X_n$ を $\mathrm{N}(\mu, \sigma^2)$ からの無作為標本とする．このとき，標本平均 $\bar{X}$ と不偏分散 V は独立かつ $\sqrt{n}(\bar{X} - \mu)/\sigma \sim \mathrm{N}(0, 1)$，$(n-1)V/\sigma^2 \sim \chi^2(n-1)$ である．

証明：$(X_i - \mu)/\sigma$ を第 i 成分とする確率ベクトルを $\boldsymbol{Z}$ とおくと，$\boldsymbol{Z} \sim \mathrm{N}(\boldsymbol{0}_n, I_n)$ である．$G = [\boldsymbol{g}_1, \ldots, \boldsymbol{g}_n]$ を第 1 列が $\boldsymbol{g}_1 = (1, \ldots, 1)^T/\sqrt{n}$ であるような n 次直交行列とする．$\boldsymbol{Y} = G^T \boldsymbol{Z}$ とおくと，定理 2.2.3 により $\boldsymbol{Y} \sim \mathrm{N}(\boldsymbol{0}_n, I_n)$ である．ここで，恒等式

$$\sum_{i=1}^n \left(\frac{X_i - \mu}{\sigma}\right)^2 = \left(\sqrt{n}\,\frac{\bar{X} - \mu}{\sigma}\right)^2 + \frac{(n-1)V}{\sigma^2}$$

に注意する．左辺は $\|\boldsymbol{Z}\|^2$ に等しく，右辺第 1 項は Y_1^2 に等しい．直交変換の性質により $\|\boldsymbol{Z}\|^2 = \|\boldsymbol{Y}\|^2$ であるから，$(n-1)V/\sigma^2 = Y_2^2 + \cdots + Y_n^2$ となり，これは Y_1 と独立かつ $\chi^2(n-1)$ に従う．□

2.3.2 t 分布

Z と W が独立かつ $Z \sim \mathrm{N}(0, 1), W \sim \chi^2(p)$ とする. このとき, $X = Z/\sqrt{W/p}$ が従う分布を自由度 p の t **分布** (t-distribution) といい, $t(p)$ と表す.

$t(p)$ の確率密度関数が次式で与えられることを示そう.

$$f(x; p) = \frac{1}{\sqrt{p}B(p/2, 1/2)} \left(1 + \frac{x^2}{p}\right)^{-(p+1)/2} \qquad (x \in \mathbb{R}). \qquad (2.3.2)$$

$Y = W$ とおき, (X, Y) の同時確率密度関数 $f(x, y; p)$ を求める. 逆変換 $z = x(y/p)^{1/2}, w = y$ に対するヤコビアンは $(y/p)^{1/2}$ である. したがって,

$$f(x, y; p) = \frac{1}{2^{(p+1)/2}\sqrt{p}\,\Gamma(1/2)\Gamma(p/2)} y^{(p+1)/2-1} \exp\left\{-\frac{1}{2}\left(1 + \frac{x^2}{p}\right)y\right\}$$

が得られる. (2.2.5) を用いて周辺確率密度関数を計算すると (2.3.2) が得られる. (2.2.11) と比較すると, $t(1)$ がコーシー分布であることがわかる.

定理 2.3.3 および t 分布の定義から次の定理が従う.

定理 2.3.4 定理 2.3.3 の設定の下で $\sqrt{n}\,\dfrac{\bar{X} - \mu}{\sqrt{V}} \sim t(n-1)$ である.

2.2.6 項で述べたとおり, 正規分布に比べて t 分布は裾が重い. 正規分布のガンマ分布による混合として t 分布が得られる (問 2.6). 平均は $p > 1$ のときのみ存在し, $\mathrm{E}[X] = 0$ である. (2.3.2) から $U = (1 + X^2/p)^{-1} \sim \mathrm{Be}(p/2, 1/2)$ を示すことができる. このことおよび $X^2 = p(1-U)/U$ を用いると, 分散は $p > 2$ のときのみ存在し, $\mathrm{Var}[X] = p/(p-2)$ であることがわかる. モーメント母関数は存在しない.

2.3.3 F 分布

U と V は独立かつ $U \sim \chi^2(p), V \sim \chi^2(q)$ とする. このとき, $X = (U/p)/(V/q)$ が従う確率分布を自由度 (p, q) の F **分布** (F-distribution) といい, $F(p, q)$ と表す.

$F(p, q)$ の確率密度関数が次式で与えられることを示そう.

$$f(x; p, q) = \frac{p^{p/2} q^{q/2}}{B(p/2, q/2)} \frac{x^{p/2-1}}{(px+q)^{(p+q)/2}} \quad (x > 0). \tag{2.3.3}$$

2.2.5項で示したように $Y = U/(U+V)$ が従う分布はベータ分布 $\mathrm{Be}(p/2, q/2)$ なので, $Z = Y/(1-Y)$ の確率密度関数 $g(z; p, q)$ は

$$g(z; p, q) = \frac{1}{B(p/2, q/2)} \frac{z^{p/2-1}}{(z+1)^{(p+q)/2}}$$

となる. ここで, 逆変換 $y = z/(1+z)$ のヤコビアンが $dy/dz = (1+z)^{-2}$ であることを用いた. したがって, $X = (q/p)Z$ の確率密度関数は (2.3.3) となる.

$X = (q/p)Y/(1-Y)$ の期待値と分散を求めるには, $Y \sim \mathrm{Be}(p/2, q/2)$ に注意すればよい. 期待値は $q > 2$ のときのみ存在し, $\mathrm{E}[X] = q/(q-2)$ である. 分散は $q > 4$ のときのみ存在し,

$$\mathrm{Var}[X] = 2\left(\frac{q}{q-2}\right)^2 \frac{p+q-2}{p(q-4)}$$

である. モーメント母関数は存在しない.

$t(p)$ の確率密度関数 (2.3.2) において変数変換 $y = x^2$ を行い確率密度関数を変換すると, (2.3.3) において $p = 1$ および $q = p$ としたものが得られる. これは $X \sim t(p)$ のとき $X^2 \sim F(1, p)$ であることを意味している.

定理 2.3.3 および F 分布の定義から次の定理が得られる.

定理 2.3.5 $X_1, \ldots, X_m$ および $Y_1, \ldots, Y_n$ をそれぞれ $\mathrm{N}(\mu_x, \sigma_x^2)$ および $\mathrm{N}(\mu_y, \sigma_y^2)$ からの無作為標本とする. それぞれの不偏分散を V_x および V_y とするとき, $\dfrac{\sigma_y^2}{\sigma_x^2} \dfrac{V_x}{V_y} \sim F(m-1, n-1)$ である.

■■■ **練習問題**

問 2.1　(2.1.7)を示せ（ヒント：階乗モーメント $\mathrm{E}[X(X-1)]$ を求めよ）.

問 2.2　ポアソン分布 $\mathrm{Po}(\lambda)$ を λ についてガンマ分布 $\mathrm{Ga}\big(r,\, p/(1-p)\big)$ の重みで混合すると負の二項分布 $\mathrm{NB}(r,\, p)$ になることを示せ.

問 2.3　F をある連続型確率分布の累積分布関数とする. また, F は狭義単調増加であると仮定する. $Y \sim \mathrm{U}(0,\, 1)$ に対して $X = F^{-1}(Y)$ とおくと, X の累積分布関数が F になることを示せ.

問 2.4　$Y_1,\, Y_2,\, Y_3$ は独立かつ $Y_i \sim \mathrm{Ga}(\alpha_i,\, \beta)$ $(i = 1,\, 2,\, 3)$ とする. $X_i = Y_i/(Y_1 + Y_2 + Y_3)$ $(i = 1,\, 2)$ とおくとき, $(X_1,\, X_2)$ の同時確率密度関数 $f(x_1,\, x_2)$ が次で与えられることを示せ.

$$f(x_1,\, x_2) = \frac{\Gamma(\alpha_1 + \alpha_2 + \alpha_3)}{\Gamma(\alpha_1)\Gamma(\alpha_2)\Gamma(\alpha_3)} x_1^{\alpha_1 - 1} x_2^{\alpha_2 - 1} (1 - x_1 - x_2)^{\alpha_3 - 1}.$$

問 2.5　$A = [I_q,\, O_{q,p-q}]$ および $A = [O_{p-q,q},\, I_{p-q}]$ として定理 2.2.3 を適用し, 定理 2.2.4 を証明せよ.

問 2.6　正規分布 $\mathrm{N}(0,\, 1/\theta)$ を θ についてガンマ分布 $\mathrm{Ga}(p/2,\, p/2)$ で混合すると自由度 p の t 分布になることを示せ.

■■■ チェックシート

□ **離散型確率分布が整理できたか**
　　□ 再生性（二項分布，ポアソン分布，負の二項分布）
　　□ ポアソン分布と二項分布の関係
　　□ 超幾何分布と二項分布の関係
　　□ 多項分布と二項分布の関係

□ **連続型確率分布が整理できたか**
　　□ 再生性（正規分布，ガンマ分布）
　　□ ガンマ分布とベータ分布の関係
　　□ 多変量正規分布の定義および性質
　　□ 危険率（指数分布，ワイブル分布）

□ **χ^2 分布，t 分布および F 分布が整理できたか**
　　□ 3つの分布の定義と導出
　　□ 標本平均・不偏分散の分布（定理 2.3.3〜2.3.5）

第 3 章

統計的推定

この章での目標

統計的推定の際に用いられる統計量の性質や，その使い方を身に付ける

- 十分統計量と順序統計量の意味を理解する
- 最尤推定法の概念を理解する
- 各種推定法の計算方法を理解する
- 推定量の基本的な性質を理解する
- 情報量規準 AIC の意味と使い方を理解する
- 推定量の漸近的性質を理解する
- 区間推定の用語と構成法を理解する

■■■ Key Words

- ・十分統計量とネイマンの分解定理
- ・順序統計量
- ・尤度関数と最尤推定
- ・モーメント法，最小二乗法，線形推定
- ・推定量の不偏性，一致性，相対効率
- ・カルバック-ライブラー情報量と AIC
- ・フィッシャー情報量とクラメール-ラオの下限
- ・最尤推定量の漸近正規性
- ・区間推定

■■■■ 適用場面

(1) 各店員ごとの売上データを解析中に誤ってパソコンから消去してしまった. 各店舗ごとの総売上データは残っているが, この情報のみで解析できることとはどのようなことであろうか. また総売上データのみで十分であると, どのように説明できるのか.

(2) 期末試験の成績の分散を, 各クラスごとに比較したいが, クラスごとに生徒数は異なる. 分散の推定に関して, $\sum_{i=1}^{n}(X_i - \bar{X})^2/n$ と $\sum_{i=1}^{n}(X_i - \bar{X})^2/(n-1)$ の 2 つが用いられることは知っているのだが, どちらがより良い推定なのだろうか. そもそも良い推定とは何だろうか.

(3) 実験試料にある試薬を加えたときの温度変化を調べるため, 試薬の量を変化させながら温度変化をプロットしたところ, 図 3.1 のようになった. 試薬の量に関する多項式で温度変化を表したとき, 多項式の次数を高くするほど回帰分析における残差二乗和は小さくなるのだが, 果たしてどのような多項式を用いればよいだろうか.

(4) 選挙の候補者 A と B はそれぞれ増税に賛成と反対を表明している. そこで, 候補者 A と B のどちらを支持するか, また増税に賛成か反対かを事前調査したところ下表のようになった.

	賛成	反対
A	82	53
B	70	32

どのような統計モデルを構成するのが適当だろうか.

§ **3.1** 母集団と標本

　統計学ではデータ解析を行う際, データは**母集団**と呼ばれるより大きなデータ全体の一部分と考え, データを母集団から抽出された**標本**と呼ぶ. 母集団には大きく分けて有限母集団と無限母集団の二種類がある. 例えば N 人の総人口の中からの n 人の身長データを抽出する場合は, N 人全員の身

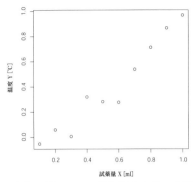

図 3.1　試薬の量とそれに伴う温度変化の実験結果例

長からなるデータが有限母集団の例である．一方，同一条件で繰り返して実験や調査，観測が行えると仮定できる場合に，ある確率分布からの無作為抽出により標本が得られると考えられ，この確率分布と，得られるであろう無限の標本を同一視して無限母集団と呼ぶ．

　ここで有限母集団の例では，標本が復元抽出で得られるか非復元抽出で得られるかの違いに注意する必要がある．復元抽出の場合は無作為抽出になるため，無限母集団の場合と一括りにして扱えるが，非復元抽出の場合は別扱いになるうえ，多くの場合に計算が複雑になる．一方，有限母集団でも母集団のサイズが大きくなると非復元抽出は復元抽出で近似できるため，本書では多くの他の統計学の教科書と同様に，復元抽出を含む無作為抽出の場合を主に扱う．

3.1.1　統計的推定

　得られた標本から母集団を特定する際に，平均が未知の正規分布のように，パラメータ（母数）θ が未知であるような分布 P_θ が母集団であると仮定し，その θ をデータから特定することを推定（統計的推定）と呼び，そのための統計理論を推定理論と呼ぶ．また，パラメータ θ を「a 以上 b 以下」といった区間で推定するときを**区間推定**と呼び，一意に推定するときをこれと区別するために**点推定**と呼ぶ．区間推定については章の最後の 3.7 節で扱い，今後は単に推定といった場合は，点推定を指すことにしよう．

　このとき，推定は標本の観測値 x が与えられたときにパラメータ θ のある**推定値** $\hat{\theta}(x)$ を返すという意味で，関数 $\hat{\theta}(\cdot)$ であると考えられる．ここ

で，この関数のことを**推定量**と呼び，推定値 $\hat{\theta}(x)$ と区別することがあるが，推定量と推定値という用語の使い分けはそれほど厳密にはなされていない．また，$\hat{\theta}(X)$，$\hat{\theta}(x)$ も単に $\hat{\theta}$ と書かれることが多いので，どの意味で使われているかは文脈から推測する必要がある．例えば標本平均 $\bar{X} = \sum_{i=1}^{n} X_i/n$ を平均パラメータ μ の推定量として用いるとき，単に $\hat{\mu} = \bar{X}$ と書く．

また，本章中では母集団のパラメータを「真のパラメータ」と呼び，記号は θ を用いるが，部分的に θ^* を用いて表した箇所もある．また特に注意書きがない場合は，真のパラメータの値にかかわらず主張が成り立つことを意味する．

3.1.2　十分統計量

まず，表が出る確率が p，裏が出る確率が $1-p$ の歪んだコインを n 回投げる問題，つまりパラメータ p のベルヌーイ分布からの n 回無作為抽出を考えよう．もし p が未知で，これを推定したいときには，n 回中に何回表が出たかが重要であり，その総回数さえわかれば何回目に表が出て何回目に裏が出たかは気にしなくてよいというのは直感的にわかる．

このように，ある分布のパラメータ θ を推定したいときに，分布から得られた標本 X のうち推定に十分な情報を含んだ統計量 $T = T(X)$ を**十分統計量**と呼び，以下の式を満たす T として定義される．

$$P(X = x | T(X) = t, \theta) = P(X = x | T(X) = t) \tag{3.1.1}$$

つまり，$T(X)$ で条件付けた X の分布がパラメータによらないとき，$T(X)$ を十分統計量と呼ぶ．

例えば上のコインの例では，i 番目のコインが表のときに $X_i = 1$，裏のときに $X_i = 0$ とすると，表の出た回数 $T(X) = \sum_{i=1}^{n} X_i$ は十分統計量である．実際に条件付き確率を計算して，(3.1.1) が成り立つことを確認してみよう．まず，条件付ける前の確率は，p を μ と書くと，

$$P(X = x | \mu) = \prod_{i=1}^{n} \mu^{x_i} (1-\mu)^{1-x_i}$$

$$= \mu^{T(x)} (1-\mu)^{n-T(x)} = (1-\mu)^n \left(\frac{\mu}{1-\mu} \right)^{T(x)} \tag{3.1.2}$$

になる. よって $T(X)$ に関する確率と条件付き確率はそれぞれ

$$P(T(X) = t|\mu) = \sum_{T(x)=t \text{ となる } x \text{ 全体}} P(X = x|\mu)$$

$$= {}_nC_t(1-\mu)^n \left(\frac{\mu}{1-\mu}\right)^{T(x)},$$

$$P(X = x|T(X) = t, \mu) = \frac{P(X = x, T(X) = t|\mu)}{P(T(X) = t|\mu)}$$

$$= \frac{(1-\mu)^n \left(\frac{\mu}{1-\mu}\right)^t \mathbf{1}(T(X) = t)}{{}_nC_t(1-\mu)^n \left(\frac{\mu}{1-\mu}\right)^t} = \frac{1}{{}_nC_t}\mathbf{1}(T(X) = t) \quad (3.1.3)$$

となり (3.1.3) の最右辺は確かにパラメータ μ によらないことがわかる. ただしここで, $\mathbf{1}(T(X) = t)$ は $T(X) = t$ のとき 1, それ以外は 0 の値をとる関数である.

一方, すぐにわかることであるが, 十分統計量は一意的ではなく, 十分統計量に余分な統計量(情報)が加わったものもまた十分統計量である. 例えば, 得られた標本 X 全体も, パラメータ θ の十分統計量であることが定義よりすぐにわかる.

> ### コメント
>
> 十分統計量の効力は次節で扱う尤度法による推定で発揮される. 逆にいうと, 十分統計量は「尤度法を用いる限りにおいては」十分な統計量といえる. 実際, 尤度法の枠組みを外れた予測理論などでは十分統計量以外の情報を用いると, さらに効率が上がる場合が知られている. しかし尤度法は実用上十分に汎用的で強力であるため, 十分統計量も十分に「十分な統計量」であるといえる.

3.1.3 フィッシャー‐ネイマンの分解定理

単純なコイン投げの例でも十分統計量かどうかの判断には計算を要したが, ずっと簡単に判定する方法を与えてくれるのが以下に述べるフィッシャー‐ネイマンの分解定理である. 今, 標本 X の分布は密度関数 $f(x; \theta)$ をもつとする[1].

---

[1] 本節では離散確率変数についても密度関数という用語を使う. 慣れない場合は, 幅 1 をもつヒストグラム(棒グラフ)を階段状の密度関数と考えるとよいだろう.

> **フィッシャー‐ネイマンの分解定理** $T(X)$ が θ の十分統計量であるとき，またそのときに限り
> $$f(x;\theta) = h(x)g(T(x),\theta)$$
> となる関数 h と g が存在する．つまり，密度関数を θ によらない関数と，よる関数の積に分解したときに，後者が $T(x)$ のみを含むような分解が存在する．

証明は省略するが，コインの例では (3.1.2) において，例えば $h(x) = 1$，$g(T(x);\mu) = (1-\mu)^n (\mu/(1-\mu))^{T(x)}$ とすればフィッシャー‐ネイマンの定理より $T(X)$ が十分統計量であることがすぐにわかる．

また，適当な統計量 $T(X)$ の関数として新たな統計量 $S(T(X))$ を考えたときに，もし $S(T(X))$ が十分統計量ならば $T(X)$ も十分統計量となることも定理より明らかである．これは，「$T(X)$ に対して関数 S を介して情報を失った $S(T(X))$ でさえ θ の推定には十分な情報をもつのだから，元の $T(X)$ はもちろん十分である」と言い表すことができ，「情報の十分性」と直感的に一致する．

次に，正規分布の例で実際に十分統計量を計算してみよう．$X_1,\ldots,X_n$ が正規分布 $N(\mu,v)$ から無作為抽出されているとすると，密度関数は以下のようになる．

$$f(x;\mu,v) = \frac{1}{(2\pi v)^{n/2}} \exp\left(-\frac{\sum_{i=1}^n (x_i - \mu)^2}{2v}\right)$$

$$= \frac{1}{(2\pi v)^{n/2}} \exp\left(-\frac{\sum_{i=1}^n x_i^2 - 2\mu \sum_{i=1}^n x_i + n\mu^2}{2v}\right)$$

まず μ の十分統計量を求める．このときは v は定数と考えられるから，

$$f(x;\mu,v) = \exp\left(\frac{2\mu \sum_{i=1}^n x_i - n\mu^2}{2v}\right) \times (\mu\text{によらない部分})$$

という分解より，μ による部分は $\sum_i x_i$ の関数となり，分解定理を用いて $\sum_i x_i$ は μ の十分統計量であることがわかる．

一方，μ と v の両方をパラメータとするときにはベクトル値をとる統計量 $T(X) = (\sum_{i=1}^n X_i^2, \sum_{i=1}^n X_i)$ が (μ,v) の十分統計量であることもいえる．

例：分割表の多項分布モデルの十分統計量　適用場面 (4) のような 2×2 の分割表の多項分布モデルを考えてみよう.

	$j = 1$	$j = 2$	合計
$i = 1$	n_{11}	n_{12}	$n_{1 \cdot}$
$i = 2$	n_{21}	n_{22}	$n_{2 \cdot}$
合計	$n_{\cdot 1}$	$n_{\cdot 2}$	$n_{\cdot \cdot}$

ここで, (a) 制約をおかないモデル, (b) 行と列が独立とするモデル, (c) 行と列が独立かつ同じ二項分布とするモデルの3つを考えよう. パラメータによらない部分を省略した密度関数はそれぞれ以下のようになる.

(a)　制約なしモデル

$$f((n_{ij}); (p_{ij})) \propto p_{11}^{n_{11}} p_{12}^{n_{12}} p_{21}^{n_{21}} (1 - p_{11} - p_{12} - p_{21})^{n_{22}} \qquad (3.1.4)$$

(b)　独立モデル

$$f((n_{ij}); (p, q)) \propto (pq)^{n_{11}} \{p(1-q)\}^{n_{12}} \{(1-p)q\}^{n_{21}} \{(1-p)(1-q)\}^{n_{22}}$$
$$= p^{n_{1 \cdot}} (1-p)^{n_{2 \cdot}} q^{n_{\cdot 1}} (1-q)^{n_{\cdot 2}} \qquad (3.1.5)$$

(c)　行と列が独立かつ同じ二項分布とするモデル

$$f((n_{ij}); p) \propto p^{n_{1 \cdot}} (1-p)^{n_{2 \cdot}} p^{n_{\cdot 1}} (1-p)^{n_{\cdot 2}} = p^{n_{1 \cdot} + n_{\cdot 1}} (1-p)^{n_{2 \cdot} + n_{\cdot 2}}$$
$$\qquad (3.1.6)$$

よって (a) の場合, $n_{11}, n_{12}, n_{21}, n_{22}$, (b) の場合 $n_{1 \cdot}, n_{2 \cdot}, n_{\cdot 1}, n_{\cdot 2}$, (c) の場合 $n_{1 \cdot} + n_{\cdot 1}, n_{2 \cdot} + n_{\cdot 2}$ はそれぞれ十分統計量となる.

3.1.4　ラオ-ブラックウェル推定量

　十分統計量の有用性の例として, ラオ-ブラックウェル推定量を紹介しよう. 今, $\delta(X)$ をパラメータ θ のある推定量とし, T を θ の十分統計量のうちの一つとしよう. T で条件付けた $\delta(X)$ の期待値

$$\delta_1(T) = E_\theta[\delta(X)|T]$$

によって定義される推定量 δ_1 に対して, 以下の定理が成立する.

> **ラオ-ブラックウェルの定理** δ_1 の平均二乗誤差は δ の平均二乗誤差以下になる. つまり,
>
> $$E_\theta[(\delta_1(T) - \theta)^2] \le E_\theta[(\delta(X) - \theta)^2]. \tag{3.1.7}$$

以下は証明の概略である. まず, 全確率の公式（あるいは期待値の繰り返しの公式）により

$$E_\theta[\delta_1(T)] = E_{T;\theta}[E_\theta[\delta(X)|T]] = E_\theta[\delta(X)]$$

となり両推定量の期待値は一致する. ただしここで $E_{T;\theta}$ は T に関する期待値を表す. これより, (3.1.7) の両辺の二乗をそれぞれ展開すると, 結局 $E_\theta[\delta_1(T)^2] \le E_\theta[\delta(X)^2]$ を示せばよいことがわかる. 実際, イェンセンの不等式より $E_\theta[\delta(X)|T]^2 \le E_\theta[\delta(X)^2|T]$ が成り立つから両辺の T についての期待値をとることにより

$$E_\theta[\delta_1(T)^2] = E_{T;\theta}[E_\theta[\delta(X)|T]^2] \le E_{T;\theta}[E_\theta[\delta(X)^2|T]] = E_\theta[\delta(X)^2]$$

となり, 定理の結果が導かれる.

上のようにして構成される推定量 δ_1 は**ラオ-ブラックウェル推定量**と呼ばれる. 統計量 T の十分性により $P(X|T)$ が θ によらないことから, $\delta_1(T) = E_\theta[\delta(X)|T]$ も未知のパラメータ θ によらず, 実際に計算可能な推定量であることを保証する.

3.1.5 順序統計量

無作為抽出された $X_1, \ldots, X_n \in \mathbb{R}$ の母集団の平均 μ や分散 v を推定する問題を考えよう. このとき, $X_1, \ldots, X_n$ の値のみが推定に必要であり, その順番は不必要な情報だと考えられる. そこで, n 個の標本を昇順に並べ替えた $(X_{(1)}, \ldots, X_{(n)})$ を統計量と考え, これを元に推定をするのが自然である.

実際, この例では $(X_{(1)}, \ldots, X_{(n)})$ は μ や v などの十分統計量になっている. これは例えば, 同時密度関数が $f(x_1, \ldots, x_n|\mu, v) = \prod_{i=1}^{n} f(x_i|\mu, v) = \prod_{j=1}^{n} f(x_{(j)}|\mu, v)$ のように $(X_{(1)}, \ldots, X_{(n)})$ の関数として書けることからフィッシャー-ネイマンの分解定理を用いて確認できる.

このように，標本を昇順に並べなおしたもの，もしくはそのうちの特定の順位の標本 $X_{(i)}$ に注目した統計量を**順序統計量**と呼ぶ．中央値（メディアン）$X_{(\lceil n/2 \rceil)}$，最大値 $X_{(n)}$，最小値 $X_{(1)}$ などや四分位数なども順序統計量の一種である．特に中央値は，平均値と比べて外れ値に関する頑健性をもつため応用上重要である．

ところで，データの特徴を見るときに，ヒストグラムや散布図がよく用いられる．これらはデータの順番を変えても同じ図が得られることから，データの順番の情報を落とすという意味で順序統計量と同じ考え方に基づいているといえる．

§ 3.2 尤度と最尤推定

本節では，最も標準的な統計的推定法といっても過言ではない最尤推定法について説明する．その特に強力な性質は，漸近有効性として 3.6.2 項で説明されるので，ここではその定義と計算方法を中心にみていこう．

3.2.1 尤度関数

3.1.2 項の歪んだコインの例で，10 回中 3 回表が出たとしよう．このとき，表が出る確率を μ とすると確率関数の値は

$$P(\sum_i X_i = 3 | \mu) = \sum_{\sum_i x_i = 3 \text{ をみたす } x} P(X = x | \mu) = {}_{10}C_3 \, \mu^3 (1 - \mu)^7$$

である．これを $L(\mu)$ とおいてグラフを描くと図 3.2 のようになる．よって，$\mu = 0.3$ のときに，3 回表が出る確率が最大になる．

このように，確率（密度）関数を，x が固定された θ の関数と考えたものを**尤度関数**と呼び，

$$L(\theta) = L(x, \theta) = f(x; \theta)$$

のように表す．ここで，$L(x, \theta)$ は $f(x; \theta)$ と関数としては同じものだが，統計学における重要性から，その用いられ方も含めて新たな名前が付けられている．

また，尤度関数 $L(x, \theta)$ を最大化するパラメータ $\hat{\theta} = \hat{\theta}(x)$ は x の関数となるが，これを**最尤推定量**と呼び，標本 X が与えられたときに最尤推定値

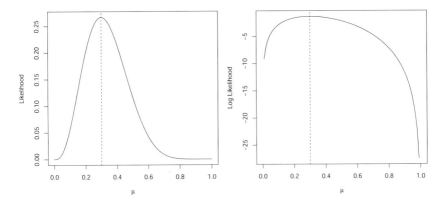

図 3.2　10回中3回表が出たときのコイン　**図 3.3**　10回中3回表が出たときのコイン
　　　投げの尤度関数　　　　　　　　　　　　　　投げの対数尤度関数

$\hat{\theta}(X)$ が得られる.

　例えば, 正規分布 $N(\mu, v)$ から無作為抽出の標本 $X_1, \dots, X_n$ が得られた
とき, 平均 μ と分散 v の最尤推定量を求めてみよう. 密度関数 $f(x; \mu, v) =$
$\dfrac{1}{(\sqrt{2\pi v})^n} \exp\left(-\dfrac{\sum_{i=1}^n (x_i - \mu)^2}{2v}\right)$ の対数を μ で偏微分し,

$$\frac{\partial}{\partial \mu} \log f(X; \mu, v) = \frac{1}{v} \sum_{i=1}^n (X_i - \mu) = 0$$

より, $\hat{\mu}_n^{\mathrm{ML}} = \bar{X}$ が得られ μ の最尤推定量は標本平均となる. 一方,

$$\frac{\partial}{\partial v} \log f(X; \mu, v) = -\frac{n}{2v} + \frac{1}{2v^2} \sum_{i=1}^n (X_i - \mu)^2 = 0$$

を解くと $v = \dfrac{1}{n} \sum_{i=1}^n (X_i - \mu)^2$ だが, $\hat{\mu}_n^{\mathrm{ML}} = \bar{X}$ は分散 v によらなかったの
で, これを代入して, $\hat{v}_n^{\mathrm{ML}} = \sum_{i=1}^n (X_i - \bar{X})^2 / n$ となり最尤推定量は (不偏
でない) 標本分散と一致する.

　ここで v のかわりに $v = \sigma^2$ として標準偏差 σ の最尤推定量 $\hat{\sigma}_n^{\mathrm{ML}}$ を計算
すると, $\hat{v}_n^{\mathrm{ML}} = (\hat{\sigma}_n^{\mathrm{ML}})^2$ となり, 結果が同じになる. これを最尤推定量のパ
ラメータ変換による不変性という. 分布をどのようなパラメータで表記して
も, 最尤推定の結果で得られる分布が同じになるという, 非常に重要な性質
である.

最尤推定量は存在しない場合もある．標本の次元がパラメータの次元より小さい例としては，標本 X_1 だけが与えられているとき，正規分布 $N(\mu, \sigma^2)$ では $\mu = X_1$ とすると σ をゼロに近づけるほど尤度はいくらでも大きくなるが $\sigma > 0$ なので最尤推定量は存在しない．また，確率 p で $N(\mu_1, \sigma_1^2)$ から，確率 $1 - p$ で $N(\mu_2, \sigma_2^2)$ のそれぞれからサンプルされるような混合正規分布では標本サイズが多数あっても一般に最尤推定量は存在しない．これは応用上本質的な問題となることがあり，正則化やパラメータ空間の制限などの対策が必要である．

3.2.2 対数尤度関数と有効スコア

尤度関数の対数 $l(\theta) = \log L(\theta)$ を**対数尤度関数**と呼ぶ．図 3.2 と同じ歪んだコイン投げの例に対して，対数尤度関数を計算したものが図 3.3 である．尤度関数を最大化することは対数尤度関数を最大化することに他ならないので，最尤推定値を計算する分にはどちらを用いてもよいのだが，実際の統計解析では対数尤度を用いる場合が圧倒的に多い．その理由の一つとして，独立な確率変数の同時確率は確率の乗算になり，対数をとることによりこれを加算に直すことができることがあげられる．加算の形になれば，期待値の計算が簡便になり，また大数の法則や中心極限定理などを適用できるという大きな利点がある．

尤度関数の対数をとる理由は他にも，例えば対数尤度の期待値はシャノンエントロピーと呼ばれて情報理論から自然に導かれることなどがあるが，詳細は他書に譲る．また，以下で扱う有効スコアの期待値がゼロになることも理由のひとつである．

対数尤度がパラメータ θ で偏微分できるとき，その微分値

$$V(\theta) = V(x, \theta) = \frac{\partial}{\partial \theta} l(x, \theta) = \frac{\partial}{\partial \theta} \log f(x; \theta)$$

を θ の関数として**有効スコア関数**，もしくは単に**スコア関数**と呼ぶ．

定義から最尤推定値 $\hat{\theta}(x)$ は，任意の x に関して $V(x, \hat{\theta}(x)) = 0$ を満たす．また，$E_\theta[g(X)]$ が θ に依存しないような任意の関数 $g(x)$ に関して，

$$E_\theta[g(X)V(X, \theta)] = \int g(x) f(x; \theta) \frac{\partial}{\partial \theta} \log f(x; \theta) \mathrm{d}x = \int g(x) f(x; \theta) \frac{\frac{\partial}{\partial \theta} f(x; \theta)}{f(x; \theta)} \mathrm{d}x$$

$$= \frac{\partial}{\partial \theta} \int g(x) f(x; \theta) \mathrm{d}x = \frac{\partial}{\partial \theta} E_\theta[g(X)] = 0 \qquad (3.2.1)$$

が成立する. 特に $g(x) = 1$ とおくことにより, $E_\theta[V(X, \theta)] = 0$ とスコア関数の期待値は 0 になる. ただし, 確率密度関数に関して, 微分と積分の交換ができる程度の正則条件は必要である. 有効スコアは, 3.5 節で扱う情報量規準や 3.6.2 項の漸近理論において本質的な役割を果たす. 特にスコア関数の分散はフィッシャー情報量と呼ばれ重要である.

§ 3.3 各種推定法

分布のパラメータ推定の強力な手法として, 前節で最尤推定法を紹介したが, 密度関数の形が複雑な場合など, 時として最尤推定値を求めることが困難なことがある. そのようなときに有力な方法としてモーメント法や, 回帰問題に対する最小二乗法があげられる. 本節では, それらについて順番に解説していこう.

3.3.1 モーメント法

m 個のパラメータ $\theta = (\theta_1, \ldots, \theta_m)$ をもつ確率密度関数 $f(x; \theta)$ を考えよう. 中心モーメントとは

$$\mu_1 = \int x f(x; \theta) \mathrm{d}x,$$
$$\mu_k = \int (x - \mu_1)^k f(x; \theta) \mathrm{d}x \quad k = 2, 3, \ldots \qquad (3.3.1)$$

のように定義される量で, 特に μ_1 が平均, μ_2 が分散であった. 以後これらを単にモーメントと呼ぶことにする.

(3.3.1) の右辺はパラメータ θ の関数であるので, これを $m_k(\theta)$ と書くと, (3.3.1) は $\mu_k = m_k(\theta)$ のように表される.

これらは θ についての連立方程式であるので, 解が求まる程度に大きな K までのモーメントを用いれば,

$$\theta_j = g_j(\mu_1, \ldots, \mu_K) \quad j = 1, \ldots, m$$

のように θ をモーメントの関数で表すことができる. そこで, $\mu_1, \ldots, \mu_k$ を

標本平均や標本分散のような推定値 $\hat{\mu}_1 = \bar{X} = \dfrac{1}{n}\sum_{i=1}^{n} X_i$, $\hat{\mu}_k = \dfrac{1}{n}\sum_{i=1}^{n}(X_i - \bar{X})^k$ $(k \geq 2)$ で置き換えた $\hat{\theta}_j = g_j(\hat{\mu}_1, \ldots, \hat{\mu}_K)$ は θ_j の推定値として妥当であろう．このような推定手法を**モーメント法**と呼び，標本モーメントは真のモーメントに確率収束することから，g_j が連続関数のときに推定量の一致性（3.4 節で説明する）が保証されている．

なお，中心化されていない（$\bar{X}$ を引かずに計算する）モーメントを用いた同様の手法をモーメント法と呼ぶこともある．

例（ガンマ分布のパラメータ推定）　ガンマ分布 $f(x; \alpha, \lambda) = \dfrac{\lambda^{\alpha}}{\Gamma(\alpha)} x^{\alpha-1} e^{-\lambda x}$ $(x \geq 0)$ から無作為抽出で得られた標本 $X_1, \ldots, X_n$ をもとに α および λ を推定する問題を考えよう．このとき α の最尤推定量は解析的に陽な形の式で表すことができないことが知られているので，モーメント法が有効である．ガンマ分布 $f(x; \alpha, \lambda)$ の期待値と分散は $\mu_1 = \alpha/\lambda$, $\mu_2 = \alpha/\lambda^2$ であるので，これを α, λ について解いて $\alpha = \mu_1^2/\mu_2$, $\lambda = \mu_1/\mu_2$ が得られる．よって，α と λ のモーメント推定値は以下のようになる．

$$\hat{\alpha} = \frac{\bar{X}^2}{\sum_{i=1}^{n}(X_i - \bar{X})^2/n}, \ \hat{\lambda} = \frac{\bar{X}}{\sum_{i=1}^{n}(X_i - \bar{X})^2/n}.$$

3.3.2　最小二乗法

$(X_1, Y_1), \ldots, (X_n, Y_n)$ というペアの確率変数が得られていて，それをある特定の関数 $y = f(x)$ で近似する問題を考える．ここで，x は誤差がなく y に誤差があるモデルは回帰モデルと呼ばれ，改めて第 5 章で説明されるが，ここでは回帰モデルの推定の際に最も基本的な最小二乗法と最良線形不偏推定量と呼ばれる 2 つの手法と，それらの間の関係について説明する．**最小二乗法**とは，その名の通り残差の二乗和

$$\sum_{i=1}^{n}(Y_i - f(X_i))^2$$

を最小にするような関数 f を選ぶ手法である．各サンプルに重みを付けて

和をとった $\sum_i w_i(Y_i - f(X_i))^2$ を最小化する重み付け最小二乗法と区別するために，特に**通常の最小二乗法**（Ordinary Least Squares, 略して OLS）と呼ぶこともある．

なぜ残差の絶対値の和ではなく二乗の和なのかという理由として，計算が簡単になるということの他にも，正規分布の撹乱項が加わっている $Y_i = f(X_i) + \epsilon_i$ というモデルの最尤法と一致していることがあげられる．

3.3.3 最良線形不偏推定量 (BLUE)

切片を含まない線形回帰モデル $Y_i = \beta X_i + \epsilon_i$ に関して最適な β を見つける問題を考えよう．ϵ_i について以下のガウス-マルコフの定理の条件を仮定し，説明変数 x_i は確率的ではない固定された値として話をすすめる．X_i がスカラーの場合，最小二乗推定量は $\dfrac{\partial}{\partial \beta}(\sum_i (Y_i - \beta x_i)^2) = -2\sum_i x_i(Y_i - \beta x_i) = 0$ を β について解くことにより，$\hat{\beta}_{\mathrm{OLS}} = \sum_i x_i Y_i / \sum_i x_i^2$ と Y_i の線形和になる．ここで ϵ_i に関して $\hat{\beta}_{\mathrm{OLS}}$ の期待値をとると

$$E[\hat{\beta}_{\mathrm{OLS}}] = E\left[\frac{\sum_i X_i(\beta X_i + \epsilon_i)}{\sum_i X_i^2}\right] = \beta + \frac{\sum_i X_i E[\epsilon_i]}{\sum_i X_i^2} = \beta$$

となり，$\hat{\beta}_{\mathrm{OLS}}$ は期待値が真のパラメータ β と一致するという好ましい性質をもつ．このような性質をもつ推定量を線形不偏推定量と呼ぶ．

ところで線形不偏推定量は最小二乗推定量 $\hat{\beta}_{\mathrm{OLS}}$ 以外にも多数存在する．実際例えば，$\hat{\beta} = \sum_i \sum_j X_i Y_j / \sum_i \sum_j X_i X_j$ が不偏推定量であることは，上と同様の議論ですぐにわかる．

そこで，線形不偏推定量の中で平均二乗誤差 $E[(\hat{\beta} - \beta)^2]$ を最小化する $\hat{\beta}$ はどのような推定量になるかという疑問が出てくる．このような推定量は**最良線形不偏推定量**（Best Linear Unbiased Estimator, 略して BLUE）と呼ばれるが，実は今の場合は以下の定理により最小二乗推定量と一致することが知られている．（詳しくは6.4節を参照）

ガウス-マルコフの定理 各 i について，$E[\epsilon_i] = 0, V[\epsilon_i] = \sigma^2 < \infty$ が共通，さらに $i \neq j$ のとき $E[\epsilon_i \epsilon_j] = 0$ とする．このとき，最小二乗推定量 $\hat{\beta}_{\mathrm{OLS}}$ と BLUE は一致する．

この定理には注目すべき点がある．まず，平均二乗誤差 $E_\beta[(\hat{\beta} - \beta)^2]$ は未知の真のパラメータ β を用いて定義されているため，そもそも計算することはできない．それにもかかわらず，標本 X, Y から計算できる二乗誤差を最小化すれば不偏推定量になり，しかも BLUE が得られることをこの定理は主張しているのである．しかも定理では撹乱項 ϵ の正規性の仮定などは必要とせず，非常に弱い仮定で成立する．

§ **3.4**　点推定量の性質

前節までに，いくつかの種類の推定量を解説してきた．このように複数の推定量の候補があるときに，どの推定量を用いたらよいかという疑問が当然でてくる．その際に，推定量 $\hat{\theta}$ が真のパラメータ θ に確率的に近くなるということの自然な基準の一つは，平均二乗誤差 $E_\theta[(\hat{\theta}(X) - \theta)^2]$ を小さくするということであろう．

ここで，平均二乗誤差を

$$E_\theta[(\hat{\theta} - \theta)^2] = E_\theta[\{(E_\theta[\hat{\theta}] - \theta) + (\hat{\theta} - E_\theta[\hat{\theta}])\}^2]$$
$$= (E_\theta[\hat{\theta}] - \theta)^2 + V_\theta[\hat{\theta}] \tag{3.4.1}$$

のように分解するとわかりやすい．このような分解はバイアス-バリアンス分解と呼ばれ，推定量の二乗誤差を評価する上で非常に重要である．$\hat{\theta} = \theta_0$ のように標本の情報を用いずに推定値を「決め打ち」すると，第二項の分散項はゼロになるが，真の θ は未知なので大きく異なる θ_0 を選ぶと，第一項は当然大きくなってしまう．

一般に，(3.4.1) のような平均二乗誤差を最小にするような推定量を求めることは困難だが，第一項がゼロになる推定量のクラスのみに限り議論すると，第二項の $V[\hat{\theta}]$ をなるべく小さくすればよく，非常に解析がし易くなる．このような推定量のクラスが以下にのべる不偏推定量である．

3.4.1　不偏性

一般に推定量の期待値と真のパラメータの値との差 $E[\hat{\theta}] - \theta$ をバイアス（偏り）と呼び，バイアスがゼロになるときに，その推定量が**不偏性をもつ**

という．また，そのような推定量を**不偏推定量**と呼ぶ．3.3節のBLUEは不偏推定量であったが，そこでも書いたように不偏推定量には一意性はなく，一般に多くの不偏推定量の中からよいものを選ぶ必要がある．

特に (3.4.1) でみたように，不偏推定量に関しては

$$E_\theta[(\hat{\theta} - \theta)^2] = V_\theta[\hat{\theta}]$$

なので，平均二乗誤差を最小にする推定量は分散を最小にする．このような不偏推定量は，θ の値によらず一様に分散を最小化するという意味で**一様最小分散不偏推定量** (Uniformly Minimum-Variance Unbiased Estimator, 略してUMVUE) と呼ばれる．線形モデルに対するBLUEは線形推定量のうちで分散を一様に最小にしている．また，UMVUEかどうかを判定するために有用な十分条件として，3.4.3項で述べる有効性がある．

さて，それでは簡単な不偏推定量の例をみてみよう．今 $(X_1, \ldots, X_n)$ が平均 μ，分散 σ^2 の分布から無作為抽出されているとする．標本平均 $\bar{X} = \frac{1}{n}\sum_i X_i$ は

$$E[\bar{X}] = \frac{1}{n}\sum_{i=1}^{n} E[X_i] = \frac{1}{n}n\mu = \mu \tag{3.4.2}$$

となり平均パラメータの不偏推定量である．

一方，標本分散はよく知られるように

$$E\left[\frac{1}{n}\sum_{i=1}^{n}(X_i - \bar{X})^2\right] = \frac{n-1}{n}\sigma^2$$

と真の分散より σ^2/n だけ小さくなり，分散パラメータの不偏推定量ではなく，$\frac{1}{n-1}\sum_{i=1}^{n}(X_i - \bar{X})^2$ が不偏推定量となる[2]．

ここで注意が必要なのは，$\hat{\theta}$ が θ の不偏推定量であっても，それぞれを非線形変形すると不偏性は保持されない点である．例えば二乗した $\hat{\theta}^2$ は一般に θ^2 の不偏推定量にはならない．これは，(3.4.2) 式で $E[\bar{X}] = \mu = 0$ であっても，$E[\bar{X}^2] = \sigma^2/n > 0$ となることからすぐにわかる．

また，3.2節，3.3節で扱った最尤推定量やモーメント推定量は一般には不偏性をもたない．

---

[2] 不偏化した標本分散を単に「標本分散」ということもある．

3.4.2 一致性

前節の設定で標本平均 $\bar{X} = \sum_{i=1}^{n} X_i/n$ は平均 μ の推定量として不偏性を
もっていた. ここで標本サイズ n 番目までの平均ということを明示するため
に $\bar{X}$ を $\bar{X}_n$ と書くと, 大数の法則より $\bar{X}_n \overset{p}{\to} \mu$ が成立する. (ここで $\overset{p}{\to}$ は確
率収束を意味する. つまり任意の $\epsilon > 0$ に対して $\lim_{n \to \infty} P(|\bar{X}_n - \mu| > \epsilon) = 0$
である.)

このように標本サイズ n までを用いた推定量 $\hat{\theta}_n$ が n の増大とともに
$\hat{\theta}_n \overset{p}{\to} \theta$ のように真のパラメータ θ に確率収束するとき, 推定量 $\hat{\theta}_n$ は**一致
性**をもつという. 不偏性は有限の標本サイズ n に関して成り立つ性質であ
るかわりに, 任意の期待値 0 の確率変数を加えたとしても不偏推定量になっ
てしまうという意味で, それだけでは非常に弱い要請である. 一方, 一致性
は期待値ではなく推定値自身が真の値に近づくという意味で, より実用的な
制約になっている.

3.3 節ではモーメント推定量を解説したが, 標本平均や標本分散などの
モーメントの推定量は一致性をもつため, それらを連続変形したモーメント
推定量は一致性をもつ. また, 最尤推定量は適当な正則条件[3]のもと一致性
をもち, 標本サイズが大きいときに, さらにより良い性質 (漸近正規性, 漸
近有効性) をもつが, これについては 3.6.2 項まで保留しておこう.

3.4.3 有効性

ある不偏推定量 $\hat{\theta}$ が一様最小分散不偏推定量であるかどうかをチェック
する方法の一つが, クラメール-ラオの下限を用いる方法である. クラメー
ル-ラオの下限については 3.6.1 項で詳しく扱い, ここでは簡単に紹介するだ
けにとどめる.

クラメール-ラオの下限はフィッシャー情報量

$$J_n(\theta) = E_\theta\left[\left(\frac{\partial}{\partial \theta} \log f(x;\theta)\right)^2\right] \tag{3.4.3}$$

が正であるとき,

$$V_\theta[\hat{\theta}] \geq J_n(\theta)^{-1}$$

---

[3] 「適当な正則条件」という用語の意味については, 3.6 節の最後のコラムに簡単にまと
めてある.

と表され，不偏推定量の $\hat{\theta}$ をどのように選んでも，その分散をフィッシャー情報量の逆数より小さくはできないことを意味している（ただし，$f(x;\theta)$ は $X_1,\ldots,X_n$ の同時確率関数あるいは同時確率密度関数である）．また，不偏推定量に関しては $E_\theta[(\hat{\theta}-\theta)^2] = V_\theta[\hat{\theta}]$ であったので，これは平均二乗誤差に関する下限でもある．

さて，ある不偏推定量 $\hat{\theta}$ が $V_\theta[\hat{\theta}] = J_n(\theta)^{-1}$ のようにクラメール-ラオの下限を達成しているとき，この推定量を**有効推定量**と呼ぶ．よって有効推定量は一様最小分散不偏推定量である．任意の不偏推定量 $\hat{\theta}$ について $V_\theta[\hat{\theta}] > J_n(\theta)^{-1}$ のように不等式が厳密に成立しているときは θ の有効推定量は存在しない．

例えば正規分布のもと，標本平均は平均パラメータの有効推定量である．一方バイアス補正した標本分散 $\dfrac{1}{n-1}\displaystyle\sum_{i=1}^{n}(X_i-\bar{X})^2$ は分散パラメータの一様最小分散不偏推定量であるが，有効推定量ではない．

3.4.4 推定量の相対効率

クラメール-ラオの下限より，不偏推定量に関して

$$\frac{J_n(\theta)^{-1}}{V_\theta[\hat{\theta}]} \leq 1$$

となるが，この左辺が 1 に近いほど分散が小さい良い推定量といえる．この左辺を不偏推定量 $\hat{\theta}$ の**効率**と呼ぶ．

また，2 つの不偏推定量 $\hat{\theta}_1$，$\hat{\theta}_2$ の分散の逆数の比

$$e(\hat{\theta}_1,\hat{\theta}_2) = \frac{V_\theta[(\hat{\theta}_2)]}{V_\theta[(\hat{\theta}_1)]}$$

を，$\hat{\theta}_1$ の $\hat{\theta}_2$ に対する**相対効率**と呼ぶ．定義よりわかるように $e(\hat{\theta}_1,\hat{\theta}_2) > 1$ のとき $\hat{\theta}_1$ が，$e(\hat{\theta}_1,\hat{\theta}_2) < 1$ のとき $\hat{\theta}_2$ が，それぞれ優れた推定量であると判断する．

一方，不偏推定量に限らない一般の推定量に拡張した

$$e(\hat{\theta}_1,\hat{\theta}_2) = \frac{E_\theta[(\hat{\theta}_2-\theta)^2]}{E_\theta[(\hat{\theta}_1-\theta)^2]}$$

を相対効率と呼ぶこともある．

コメント

　本節では，主に不偏推定量について議論してきた．しかし，推定量の不偏性は，推定量がもつべき性質として常に仮定して当然というものではない．まず，既に述べたように，不偏性はパラメータの変換に関して不変な性質ではない．例えば $\hat{\sigma}^2$ が σ^2 の不偏推定量であったとしても，$\hat{\sigma}$ は σ の不偏推定量とは限らない．

　また，平均二乗誤差はバイアス項と分散項の和であったから，バイアスをゼロにしても，それにより分散項が大きくなってしまうことも起こり得る．実際，3 次元以上の多変量正規分布の平均ベクトルの推定の場合には，ジェームス-スタイン推定量と呼ばれる不偏でない推定量が一様最小分散不偏推定量である標本平均よりも平均二乗誤差を小さくすることが知られている．

　一方，不偏性の仮定がないと平均二乗誤差の評価は一般に難しい．不偏性をもつ推定量のみに考察の対象を絞ることにより，平均二乗誤差の評価を推定量の分散の評価のみに帰着して初めて，本節で扱ったようなシンプルな有効性の議論や相対効率による評価ができるのである．

§ **3.5** 情報量規準

　この節では，モデル選択と呼ばれる統計的手法のなかで最も基本的な，**情報量規準**について説明する．情報量規準には様々な種類が知られているが，特にここではその普及のきっかけとなり，今も広く使われている AIC について解説する．なお，AIC を用いた具体的な変数選択法については，6 章で改めて説明される．

3.5.1　AIC

　まず，適用場面 (3) の問題を考えてみよう．回帰関数として，

$$1 \text{ 次式 } \quad h_1(x; a_0, a_1) = a_0 + a_1 x,$$
$$2 \text{ 次式 } \quad h_2(x; a_0, a_1, a_2) = a_0 + a_1 x + a_2 x^2,$$
$$\vdots$$

のような多項式の中で，何次多項式 $h_k(x; a_0, \ldots, a_k)$ を用い，さらにどのような係数パラメータ $(a_0, \ldots, a_k)$ を用いれば良い推定となるかを求めることが目的である．

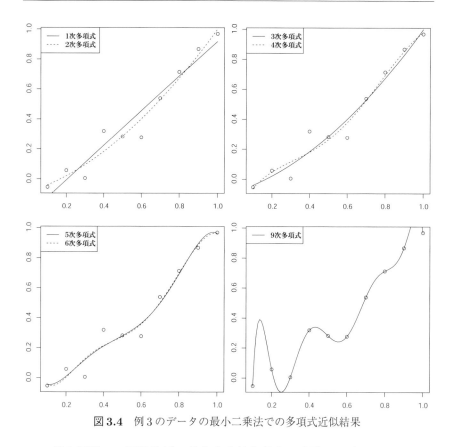

図3.4　例3のデータの最小二乗法での多項式近似結果

　3.3節と同様に，回帰分析で最も基本的な最小二乗法から試してみる．図3.4は多項式の次数を1から徐々に増やしていったときに最小二乗法で得られる回帰多項式のグラフである．これをみると，2次から3次で十分適切にデータを説明しているように思える．

　一方，9次式ではそのグラフがすべてを通り，残差平方和がゼロになるような多項式が存在する．実際，一般に X_i の値が異なる n 個の点 $(X_1, Y_1), \ldots, (X_n, Y_n)$ が与えられたとき，グラフがそのすべてを通るような $n-1$ 次多項式が存在することが簡単な計算よりわかる．しかし，図を見て明らかなように，この多項式がデータをよく説明しているとはとても考えづらい．つまり，得られているデータへのあてはまりが良い多項式と，データを説明する多項式とは全く別のものであるといえる．

では次に，独立同一な正規撹乱項 ϵ_i が加わったモデル

$$y_i = h_k(x_i; a_0, \ldots, a_k) + \epsilon_i \quad i = 1, \ldots, n, \quad k = 1, 2, \ldots$$

を仮定し，尤度を最大化する多項式を求めてみよう．対数尤度を計算すれば
すぐわかるように，この場合も最小二乗法と同じで 9 次多項式が最大尤度と
なってしまう．このように，パラメータの値のみではなく，パラメータの次
元も含めた統計的なモデルを最適化する問題は**モデル選択**と呼ばれ，通常の
推定の手法は用いることができない．

そこで，このような問題を解決する手法として提案されたのが**赤池情報量
規準**（Akaike Information Criterion，略して AIC）である．

今 $X_1, \ldots, X_n$ を密度関数 $f(x; \theta)$ をもつ分布から無作為抽出された標本
とする．AIC は最大対数尤度とパラメータ θ の次元 $\dim(\theta)$ を用いて以下の
ように定義され，これを最小化するモデルを選択する．

$$AIC = -2 \sum_{i=1}^{n} \log f(X_i; \hat{\theta}_n^{\mathrm{ML}}) + 2 \dim(\theta) \tag{3.5.1}$$

例えば多項式回帰の場合，AIC の値は次元 d と標本 X を固定すれば決まる
ので，$AIC(d, X)$ という関数とも考えられる．

ここで 2 つの項がそれぞれ 2 倍されているのはモデルが正しい時に第 1
項が漸近的にカイ二乗分布に従うからであり，最小化により得られる結果
には影響はない．また，ここでいうパラメータの次元というのは，正確には
パラメータの自由度であり，例えば 2 次元のパラメータ (θ_1, θ_2) に関して
$\theta_1 \theta_2 = 1$ のような制約があれば $\dim(\theta)$ は 1 とみなされる．

多項式の回帰の場合がそうであったように，一般にパラメータの次元を増
やすと，(3.5.1) の右辺第一項の対数尤度のマイナスは小さくなるが，第二項
は大きくなるというトレード・オフの関係になっており，次元が大きすぎる
モデルを選ぶのを防ぐ役割を果たす．この第二項のことを**罰則項**と呼ぶ．

実際に多項式回帰の場合の AIC を計算してみよう．分散 σ^2 の最尤推定量
は標本分散 $\hat{\sigma}^2 = \dfrac{1}{n} \sum_{i=1}^{n} (Y_i - f(X_i; \hat{a}))^2$ であったことを思い出すと，最大対
数尤度は以下のようになる．

$$\log f(y; \hat{a}, \hat{\sigma}) = -\frac{n}{2} \log(2\pi\hat{\sigma}^2) - \frac{\sum_{i=1}^{n} (Y_i - f(X_i; \hat{a}))^2}{2\hat{\sigma}^2}$$

$$= -\frac{n}{2} \log(2\pi) - \frac{n}{2} \log \hat{\sigma}^2 - \frac{n}{2}$$

次数 d の多項式には切片も含めて $d+1$ 個のパラメータがあり，さらに σ もパラメータであるから，パラメータの次元 $\dim(\theta)$ は $d+2$ である．これより，多項式回帰モデルの AIC は

$$AIC = n \log(2\pi) + n + n \log \hat{\sigma}^2 + 2(d+2)$$

と計算される．多項式の各次数に対応する最大対数尤度と AIC の値を表にしたものが表3.1である．この場合，AIC を最小にする次数 2 が選ばれる[4]．

表**3.1** 各次数の多項式回帰と AIC

次数	1	2	3	4	5
最大対数尤度	10.46566	12.56336	12.56343	13.02207	13.73688
パラメータ次元	3	4	5	6	7
AIC	-14.93131	-17.12671	-15.12685	-14.04414	-13.47375

　以上では多項回帰モデルについて説明したが，他にも適用場面 (4) の分割表の多項分布モデルの 3 種類のモデル (a)-(c) の尤度の形はそれぞれ (3.1.4) から (3.1.6) で表されるので，その対数の負をとりパラメータ次元 3,2,1 の罰則項を加えることにより AIC が計算できて，最適なモデルを選択できる．

3.5.2　カルバック-ライブラー情報量と AIC の導出

　AIC の罰則項はパラメータの次数が大きくなり過ぎることを防ぐ役割を果たすが，それだけなら $\dim(\theta)^2$ でも $\log(\dim(\theta))$ でもよいということになる．そうではなく $\dim(\theta)$ であることが，自然な仮定のもとで理論的に導かれるが，厳密な導出は複雑な計算を要するので，ここでは概略のみを紹介しよう．

　そのためにはまず，AIC の導出で本質的な役割を果たすカルバック-ライブラー情報量から説明する必要がある．**カルバック-ライブラー情報量**（KL 情報量，KL ダイバージェンス）とは，2 つの分布 F, G 間の近さを測るため

---

[4] ただし，この例の 10 次多項式のようにパラメータの次元が標本サイズと同程度に大きくなってしまうと，対数尤度が発散し，AIC は負に発散するため最小となってしまう．次節の導出からもわかるように，AIC はパラメータ次元に対して，標本サイズが十分多いときに用いるべきである．

の量で，それぞれの密度関数を f, g とすると，

$$KL(f\|g) = \int f(x) \log \frac{f(x)}{g(x)} \mathrm{d}x$$

で定義される．ただし，$0 \log 0 = 0$ として計算する．これが常に非負の（無限大を含む）値をとることは，$-\log$ の凸性よりイェンセンの不等式を用いて以下のようにわかる．

$$KL(f\|g) = \int f(x) \left(-\log \frac{g(x)}{f(x)} \right) \mathrm{d}x$$
$$\geq -\log \left(\int f(x) \frac{g(x)}{f(x)} \mathrm{d}x \right) = -\log 1 = 0$$

また，これから 2 つの分布が一致するときに限り最小値 0 となることもわかり，分布間の近さの規準として使うことができる．

コメント

　分布間の近さを測る指標として他に用いられるものとして，全変動距離 $\int |f(x) - g(x)| \mathrm{d}x$ やヘリンジャー距離 $\int |f^{1/2}(x) - g^{1/2}(x)|^2 \mathrm{d}x$ などが有名だが，KL 情報量がこれらと大きく異なる点は f と g の間に対称性がない，つまり一般に $KL(f\|g) \neq KL(g\|f)$ となることである．よって KL 情報量は数学的には分布間の「距離」ではない．しかし，KL 情報量の最小化は平均対数尤度 $E_f[\log g(X)]$ の最大化と対応しており，また大偏差原理と呼ばれる理論や情報理論からも，その非対称性も含めて自然に導出される規準である．

　密度関数 $f(x; \theta)$ をもつ分布からの無作為抽出された標本 $X_1, \ldots, X_n$ が得られているときに，良い推定量 $\hat{\theta}(X)$ とは，それを代入（プラグイン）した $f(y; \hat{\theta}(X))$ が真の $f(y; \theta)$ に近い推定量であるといえるだろう．別の言い方をすると，推定量 $\hat{\theta}$ をもとに生成した，X とは別の新たな標本 Y の分布が，真の分布に近いほど良いと考えられる．このような Y を「未来の標本」ということもある．

　そこで，KL 情報量で分布の近さを計算してみると，

$$KL(f(y; \theta)\|f(y; \hat{\theta}(X)))$$
$$= \int f(y; \theta) \log f(y; \theta) \mathrm{d}y - \int f(y; \theta) \log f(y; \hat{\theta}(X)) \mathrm{d}y$$

となる．右辺第一項は推定量 $\hat{\theta}$ によらないので，第二項を最小化するような，つまり，プラグインした平均対数尤度

$$\int f(y;\theta)\log f(y;\hat{\theta}(X))\mathrm{d}y \tag{3.5.2}$$

を最大化するような $\hat{\theta}$ が良い推定量だといえる．もし真のパラメータ θ をもつ分布から未来の標本 $Y_1,\ldots,Y_n$ が無作為抽出で得られたとすると，$\dfrac{1}{n}\displaystyle\sum_{i=1}^{n}\log f(Y_i;\hat{\theta}_n^{\mathrm{ML}}(X))$ が (3.5.2) の推定値となるが，一方，最大対数尤度は $\displaystyle\sum_{i=1}^{n}\log f(X_i;\hat{\theta}_n^{\mathrm{ML}}(X))$ であった．X と Y は同じ分布に従うので，前者と後者の大小関係は以下のようになる．

$$\sum_{i=1}^{n}\log f(X_i;\hat{\theta}_n^{\mathrm{ML}}(X)) \sim \sum_{i=1}^{n}\log f(Y_i;\hat{\theta}_n^{\mathrm{ML}}(Y))$$
$$\geq \sum_{i=1}^{n}\log f(Y_i;\hat{\theta}_n^{\mathrm{ML}}(X))$$

ここで，$\sim$ は両辺が同じ分布に従うことを意味する．また，不等式は対数尤度 $\displaystyle\sum_{i=1}^{n}\log f(Y_i;\theta)$ が $\theta=\hat{\theta}_n^{\mathrm{ML}}(Y)$ で最大化されることより従う．

よって，最大対数尤度は平均対数尤度 (3.5.2) を大きめに見積もってしまうことがわかり，補正する必要が出てくる．その補正項を 3.6.2 項で説明されるような漸近理論で計算した結果，標本サイズ n が十分大きいときにパラメータの次元 $\dim(\theta)$ で近似されるのである．

> ### コメント

　多項式回帰の2次式モデル $h_2(x;a_0)=a_0+a_1x+a_2x^2$ が $a_2=0$ とすると1次式となるように，包含関係にあるモデルの比較に対して AIC を用いることが多いが，それ以外のモデルの比較に用いても問題はない．また真の分布がモデルに含まれていることも仮定しているが，これらの制約を外した AIC の拡張として，TIC（竹内情報量規準）や GIC（一般化情報量規準）などが知られている．この場合，モデル選択は単にパラメータ次元の選択に限らず，より広い意味で統計モデル同士を比較，選択できる．

　ところで，以上で見たように AIC は未来の標本 Y の分布を最もよく近似するような最尤推定量 $\hat{\theta}(X)$ をもつモデルを選ぶ．その結果，予測精度をあげるためにモデルのパラメータの次元を実際より多く見積もる傾向がある．このことを「AIC はモデル同定の一致性をもたない」という．これに対し，予測ではなくモデルの同定が目的のときに

は，BIC（ベイズ情報量規準）やHQ（ハナン-クイン情報量規準）など，モデル同定の一致性をもつ規準が知られている.

§ 3.6 漸近的性質など

　無作為抽出の標本に関する標本平均は，大数の法則により母平均への一致性が保証されていた．また標本サイズが十分大きいときには，中心極限定理により，その従う分布が正規分布で近似できるのであった．このように，標本サイズが十分大きい極限において，推定量をはじめとする各種の統計量の性質を調べる統計理論を，**統計的漸近理論**もしくは略して**漸近論**と呼ぶ．また，標本サイズに関する極限ではなく，標本サイズを固定したうえでの統計理論を，**有限標本の理論**と呼ぶ.

　本節では，漸近理論の中で，特に最尤推定量のもつ漸近有効性についてとりあげる．漸近有効性とは，3.4節で出てきた有限標本の場合の有効性の漸近論版である．そこで，まずは有限標本の場合の有効性について復習しよう.

3.6.1　クラメール-ラオの下限

　3.4節の推定の有効性に関するところで，クラメール-ラオの下限についてふれたが，ここではもう少し詳しく解説する.

> **クラメール-ラオの下限**　適当な正則条件のもと，不偏推定量 $\hat{\theta}$ は以下を満たす.
> $$V_\theta[\hat{\theta}] \geq J_n(\theta)^{-1}$$

ただし，$X = (X_1, \ldots, X_n)$ に対し $J_n(\theta)$ は**フィッシャー情報量**

$$J_n(\theta) = E_\theta\left[\left(\frac{\partial}{\partial\theta}\log f(X;\theta)\right)^2\right] = V_\theta\left[\frac{\partial}{\partial\theta}\log f(X;\theta)\right]$$

であった．なお，(3.2.1) で計算したように，スコア関数の期待値がゼロになることを用いた．さて，クラメール-ラオの下限を証明してみよう．今，$\hat{\theta}$ が

不偏推定量だとすると,

$$E_\theta\left[(\hat{\theta}(X) - \theta)\frac{\partial}{\partial\theta}\log f(X;\theta)\right] = Cov_\theta\left[(\hat{\theta}(X) - \theta), \frac{\partial}{\partial\theta}\log f(X;\theta)\right]$$

$$\leq \sqrt{V_\theta[\hat{\theta}(X) - \theta]V_\theta\left[\frac{\partial}{\partial\theta}\log f(X;\theta)\right]} \tag{3.6.1}$$

(3.6.1) の不等式は相関係数は常に 1 以下であることから従う. そこで (3.6.1) の左辺が 1 であることを示せばよいが, 実際 (3.2.1) を用いて

$$E_\theta\left[(\hat{\theta}(X) - \theta)\frac{\partial}{\partial\theta}\log f(X;\theta)\right]$$

$$= E_\theta\left[\hat{\theta}(X)\frac{\partial}{\partial\theta}\log f(X;\theta)\right] - \theta E_\theta\left[\frac{\partial}{\partial\theta}\log f(X;\theta)\right]$$

$$= \frac{\partial}{\partial\theta}E_\theta[\hat{\theta}(X)] = \frac{\partial}{\partial\theta}\theta = 1$$

となり, クラメール-ラオの下限が示された.

3.6.2 最尤推定量の漸近有効性

さて, $X_1, \ldots, X_n$ が無作為抽出のとき,

$$J_n(\theta) = V_\theta\left[\sum_{i=1}^n \frac{\partial}{\partial\theta}\log f(X_i;\theta)\right] = nV_\theta\left[\frac{\partial}{\partial\theta}\log f(X_1;\theta)\right] = nJ_1(\theta)$$

より,

$$E[\{\sqrt{n}(\hat{\theta}_n - \theta)\}^2] \geq nJ_n(\theta)^{-1} = J_1(\theta)^{-1}$$

と表すことができ, $\sqrt{n}$ でスケーリングするとクラメール-ラオの下限が標本サイズ n によらなくなる. 実は適当な正則条件のもと, 最尤推定量 $\hat{\theta}_n^{\mathrm{ML}}$ はこの下限を漸近的に実現する.

$$\sqrt{n}(\hat{\theta}_n^{\mathrm{ML}} - \theta) \xrightarrow{d} N(0, J_1(\theta)^{-1}) \quad \text{(最尤推定量の漸近正規性)} \tag{3.6.2}$$

さらに, 一般に極限分布の分散は分散の極限に一致するとは限らないが, この場合は一致して以下のようになる.

$$\lim_{n\to\infty} E[\{\sqrt{n}(\hat{\theta}_n^{\mathrm{ML}} - \theta)\}^2] = J_1(\theta)^{-1} \quad \text{(最尤推定量の漸近有効性)} \tag{3.6.3}$$

(3.6.3) は，標本サイズが大きい極限では最尤推定量はクラメール-ラオの下限を達成すること（有効性）を示しているため，漸近有効性と呼ばれる．3.4節で述べた通り有限な標本サイズでは有効性をもつ推定量が必ずしも存在しなかったことを考えれば，これは最尤推定量の非常に強い性質であるといえるだろう．

　最尤推定量のこれらの性質の証明は，本書の範囲を超える．特に，これらの漸近正規性と漸近有効性が成立するためには

$$\hat{\theta}_n^{\mathrm{ML}} \xrightarrow{p} \theta \quad (\text{最尤推定量の一致性})$$

が必要であるが，そのためには通常の正則条件以外に，分布にさらなる条件が必要である．ただし，分布の台（存在範囲）がパラメータによらない場合，2 章で扱ったような基本的な分布とそのパラメータに関しては最尤推定量の一致性，漸近正規性，漸近有効性が成立する．

　ここでは最尤推定量の一致性を仮定したうえで，漸近正規性，漸近有効性の証明の概略のみを確認しよう．$\dfrac{1}{\sqrt{n}} \sum_{i=1}^{n} \dfrac{\partial}{\partial \theta} \log f(X_i; \theta)$ は X をいったん固定すると θ のみの関数とみなせるので，$\hat{\theta}(X)$ のまわりでテイラー展開すると，

$$\frac{1}{\sqrt{n}} \sum_{i=1}^{n} \frac{\partial}{\partial \theta} \log f(X_i; \theta) = \frac{1}{\sqrt{n}} \sum_{i=1}^{n} \frac{\partial}{\partial \theta} \log f(X_i; \theta) \bigg|_{\hat{\theta}}$$
$$+ \frac{1}{n} \sum_{i=1}^{n} \frac{\partial^2}{\partial \theta^2} \log f(X_i; \theta) \bigg|_{\hat{\theta}} \sqrt{n}(\theta - \hat{\theta}) + ((\theta - \hat{\theta}) \text{ の } 2 \text{ 次以上の項})$$

となる．右辺第一項は対数尤度の微分なので，$\theta = \hat{\theta}_n^{\mathrm{ML}}$ でゼロになり，また $(\theta - \hat{\theta})$ の 2 次以上の項は，一致性より適当な条件のもとで無視できる．よって，式を整理すると

$$\sqrt{n}(\theta - \hat{\theta}) \simeq \left(\frac{1}{n} \sum_{i=1}^{n} \frac{\partial^2}{\partial \theta^2} \log f(X_i; \theta) \bigg|_{\hat{\theta}} \right)^{-1} \left(\frac{1}{\sqrt{n}} \sum_{i=1}^{n} \frac{\partial}{\partial \theta} \log f(X_i; \theta) \right)$$

$$(3.6.4)$$

となる．ここで中心極限定理より $\dfrac{1}{\sqrt{n}} \sum_{i=1}^{n} \dfrac{\partial}{\partial \theta} \log f(X_i; \theta) \xrightarrow{d} N(0, J_1(\theta))$ となり，また大数の法則より $\dfrac{1}{n} \sum_{i=1}^{n} \dfrac{\partial^2}{\partial \theta^2} \log f(X_i; \theta) \xrightarrow{p} -J_1(\theta)$ となる．$J_1(\theta)$

の適当な連続性の仮定のもと $J_1(\hat{\theta})$ と $J_1(\theta)$ の違いを無視でき，(3.6.4) の右辺は近似的に正規分布 $N(0, J_1(\theta)^{-2}J_1(\theta)) = N(0, J_1(\theta)^{-1})$ に従う．これにより，(3.6.2) が得られる．厳密な証明はやはり他書に譲ろう．

3.6.3 デルタ法

最尤推定量 $\hat{\theta}_n^{\mathrm{ML}}$ は漸近正規性をもっていたが，他にも標本平均や標本分散のように中心極限定理により容易に漸近正規性をもつとわかる推定量や統計量がある．これらの推定量 $\hat{\theta}_n$ や統計量 T_n の漸近正規性から，以下のデルタ法を用いてそれらの関数値の漸近正規性も示すことができる[5]．

> **デルタ法** $g(\theta)$ は真のパラメータ値 θ^* で微分可能で，$g'(\theta^*) \neq 0$ となる関数とする．このとき，$\hat{\theta}_n$ が漸近正規性
>
> $$\sqrt{n}(\hat{\theta}_n - \theta^*) \xrightarrow{d} N(0, \sigma^2)$$
>
> をみたすならば，$g(\hat{\theta})$ も漸近正規性をもち，以下が成立する．
>
> $$\sqrt{n}(g(\hat{\theta}_n) - g(\theta^*)) \xrightarrow{d} N(0, \sigma^2 g'(\theta^*)^2).$$

簡単のため g' が連続であると仮定した場合のみ証明する．X を固定すると平均値の定理より，θ^* と $\hat{\theta}$ の間のある $\tilde{\theta}$ に対して

$$g(\hat{\theta}) = g(\theta^*) + g'(\tilde{\theta})(\hat{\theta} - \theta^*)$$

と書くことができ，変形すると

$$\sqrt{n}(g(\hat{\theta}) - g(\theta^*)) = g'(\tilde{\theta}) \cdot \sqrt{n}(\hat{\theta} - \theta^*)$$

が得られる．一方 g' の連続性から $g'(\tilde{\theta}) \xrightarrow{p} g'(\theta^*)$ が従い，収束先が定数（確率変数でない）となる．一般に $C_n \xrightarrow{p} c$（定数への収束）かつ $Z_n \xrightarrow{d} Z$ のとき $C_n Z_n \xrightarrow{d} cZ$ であるというスルツキーの定理を使い定理を証明できる．

デルタ法の仕組みは図で見るとわかりやすい．平均パラメータ $\theta = 1/2$ の独立なベルヌーイ試行 $X = (X_1, \ldots, X_n)$ に関して，標本平均 $\hat{\theta} = \bar{X}$ の逆

---

[5] これまで，真のパラメータを単に θ と書いてきたが，3.6.3 項では混乱をさけるため，θ^* を用いる．

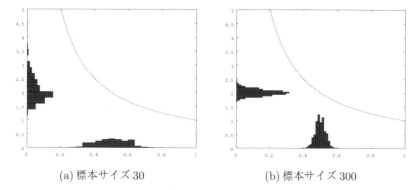

(a) 標本サイズ 30 　　　　　　　　(b) 標本サイズ 300

図 3.5 　デルタ法の概略図：x 軸の $\hat{\theta}$ が $g(x) = 1/x$ によって y 軸の $g(\hat{\theta})$ に写像される様子をヒストグラムで描いた.

数 $g(\hat{\theta}) = 1/\hat{\theta}$ の漸近分布を考えよう. 図 3.5 では, 標本 $X = (X_1, \ldots, X_n)$ を生成し, $\hat{\theta}(X)$ と $g(\hat{\theta}(X))$ を計算するということを 10 万回繰り返し, 得られた $\hat{\theta}(X)$ と $g(\hat{\theta}(X))$ のヒストグラムを適当にスケーリングしなおしてそれぞれ x 軸と y 軸にプロットしてある. また, $g(x) = 1/x$ のグラフも書き込んである. 図 3.5(a) では標本サイズ $n = 30$ であるが, $g(\hat{\theta}(X))$ の分布は非線形変換により歪んでいる. 一方, 図 3.5(b) では標本サイズ $n = 300$ で, $\hat{\theta}(X)$ の分布が中心極限定理により正規分布に近づいていることに加えて, 局所的な変換になることから関数 g を線形近似でき, 正規分布の形が g による変換で大きく歪むことはない. その結果, $g(\hat{\theta}(X))$ も漸近正規性をもつことが見て取れる.

　例えば標本モーメントは漸近正規性をもつことから, デルタ法を用いて 3.3 節のモーメント法による推定量も漸近正規性をもつことが示される. また, 最尤推定量の漸近有効性 (3.6.3) のように, $\hat{\theta}$ の漸近分散 (分散の極限) σ^2 がわかっている場合は, $g(\hat{\theta})$ の漸近分散が $\sigma^2 g'(\theta)^2$ となることも同様にいえる.

◤▶ **コラム ▶▶ Column** ◢ .... ● 適当な正則条件

　本章の中の, 特に前節の AIC の導出と本節の漸近理論において,「適当な正則条件を仮定する」というフレーズが何度も出てきた. ここでいう適当な正則条件とは, 統計的解析における式変形が行える程度の分布への十分条件という意味で,

一般に以下のようなものをさす.

(1) 分布に密度関数 $f(x;\theta)$ が存在する.
(2) 分布の台 $S = \{x|f(x;\theta) > 0\}$ がパラメータ θ によらない.
(3) (3.2.1) のような偏微分と積分の交換が可能である.
(4) $\dfrac{\partial}{\partial\theta}\log f(X;\theta)$ を確率変数としてみたとき,その適当な次数までのモーメントが存在する.
(5) 真のパラメータ θ でフィッシャー情報量 $J_1(\theta)$ が正である.また,母数が多次元の場合はフィッシャー情報行列が正定値である.

これらを組み合わせると,例えば最尤推定量の漸近正規性の略証のところで用いたフィッシャー情報量 $J_1(\theta)$ の連続性なども導出できる.

　最尤推定量の一致性を示すためには,これ以外にも特別な条件を必要とする.これは,最尤推定量を計算する際に,最適化する目的関数 $\log f(X|\theta)$ 自身が確率変数であり,少ない確率で「変な」目的関数(例えば最尤推定値以外に,最大尤度にいくらでも近い θ が存在するような関数)が生じる可能性があり,その影響が十分小さいことを保証する必要があるからである.

　ただし,上の条件のすべては 2 章で扱ったほとんどの分布とパラメータで成立している.よって,「適当な正則条件のもとで」といったときには,一般に「上の (1)～(5) のような非常に弱い条件だけで」という意味が暗に含まれている.

§ **3.7** 区間推定

　例えば,天気予報のために明日雨が降る確率 p をパラメータとみなし,これを推定することを考えよう.これまでに現在と似たような気象観測結果が十分得られているときは,気象予報士は自信をもって $100p\%$ といえる.しかし,観測史上例をみないような場合も,予報士は雨が降る確率を予報しなくてはいけない.このような場合は,雨が降る確率は ○％ ～ ○％ のように予報するのが適当だろう.

　本章ではこれまで,パラメータ θ を推定したいときに,点推定つまり $\hat{\theta}$ という「一点」で推定することを想定してきた.しかし,この節では一点ではなく区間で推定する**区間推定**を紹介する.

3.7.1　信頼係数

さて，$X_1, \ldots, X_n$ が正規分布 $N(\mu, 1)$ から無作為抽出されていて，平均パラメータ μ を推定したいとき，これまでの点推定は適当な推定量 $\hat{\mu}(X)$ によって μ を推定した．しかし，現実的には「平均 μ が a 以上 b 以下である確率が p 以上」というように区間で推定したいことが多くある．

この例では標本平均 $\bar{X}_n$ は正規分布 $N(\mu, 1/n)$ に従うから，正規分布の両側 α 点（片側 $\alpha/2$ 点）を $z_{\alpha/2}$ として，

$$-\frac{z_{\alpha/2}}{\sqrt{n}} < \bar{X} - \mu < \frac{z_{\alpha/2}}{\sqrt{n}} \tag{3.7.1}$$

となる確率は $1 - \alpha$ となる．

よって，(3.7.1) を書き換えると

$$P_\mu\left(\bar{X} - \frac{z_{\alpha/2}}{\sqrt{n}} < \mu < \bar{X} + \frac{z_{\alpha/2}}{\sqrt{n}}\right) = 1 - \alpha \tag{3.7.2}$$

と書くことができ，$(\bar{X} - \frac{z_{\alpha/2}}{\sqrt{n}}, \bar{X} + \frac{z_{\alpha/2}}{\sqrt{n}})$ を μ の推定のための区間として用いることができる．

このように標本 $X \sim P_\theta$ に対して，ある関数 L, U に対して

$$P_\theta(L(X) < \theta < U(X)) \geq 1 - \alpha \tag{3.7.3}$$

がすべての θ で成立しているときに，$(L(X), U(X))$ を**信頼係数** $1 - \alpha$ の**信頼区間**と呼ぶ．ただし，ここで注意が必要なのは，これはパラメータ θ に関する確率とは解釈できない点である．実際，(3.7.3) の左辺において確率変数なのは θ ではなく $L(X)$ や $U(X)$ である．よって「θ が $(L(X), U(X))$ に入る確率」ではなく「$(L(X), U(X))$ が θ を覆う確率」という方が適切で，その意味では被覆確率という言葉も用いられる．

信頼区間の構成方法を一般的な形で書くと次のようになる．ある集合 $S(\theta)$ が存在して

$$P_\theta(X \in S(\theta)) \geq 1 - \alpha$$

がすべての θ で成立するとき，

$$C(X) = \{\theta | X \in S(\theta)\}$$

は信頼係数 $1 - \alpha$ の信頼領域となる．ここで，結果として得られる集合が必ずしも区間にならないため信頼区間ではなく信頼領域という語を用いた．

なお，上の μ の区間推定の例では $S(\mu) = (\mu - z_{\alpha/2}/\sqrt{n}, \mu + z_{\alpha/2}/\sqrt{n})$，$C(X) = (X - z_{\alpha/2}/\sqrt{n}, X + z_{\alpha/2}/\sqrt{n})$ である．

次に最尤推定量を用いた近似的な信頼区間の構成法を述べよう．3.6.2 項で扱ったように，最尤推定量は漸近正規性をもつので

$$P_\theta(-z_{\alpha/2} < \sqrt{nJ_1(\theta)}(\hat\theta - \theta) < z_{\alpha/2}) \simeq 1 - \alpha$$

のような近似が成り立っていると考えられる．これより，信頼区間

$$\hat\theta - \frac{z_{\alpha/2}}{\sqrt{nJ_1(\theta)}} < \theta < \hat\theta + \frac{z_{\alpha/2}}{\sqrt{nJ_1(\theta)}}$$

が構成される．ただし，実際には θ は未知なので，$J_1(\theta)$ は $J_1(\hat\theta)$ で近似する．このような θ の信頼区間の構成法は，漸近理論の近似が機能する場面では汎用性があり有効な手法である．

3.7.2　相関係数の区間推定

例えば X_i は身長，Y_i は体重のように，無作為抽出の 2 変数の標本 $(X_1, Y_1), \ldots, (X_n, Y_n)$ が与えられたときに，相関係数 ρ_{XY} の信頼区間を構成してみよう．このとき，一般に標本相関係数 $r = s_{XY}/s_X s_Y$ は，中心極限定理より漸近正規性が示される．しかし ρ_{XY} が 1 に近いときには，標本が正規分布に従うときでさえ，極めて大きい標本サイズのときを除いてその分布は図 3.6 のように歪んだ形をしている．このような分布を正規分布で近似することは問題があるので，

$$\zeta(r) = \frac{1}{2} \log \frac{1+r}{1-r}$$

のように変換した $\zeta(r)$ を，r の代わりに正規近似に用いる手法が応用上有効である．この変換をフィッシャーの z 変換といい[6]，標本が正規分布に従う場合をはじめ，多くの分布に関して平均 $\zeta(\rho_{XY}) = \frac{1}{2} \log \frac{1 + \rho_{XY}}{1 - \rho_{XY}}$，分散 $\frac{1}{n-3}$ の正規分布でよく近似できることが知られている．実際，図 3.6 に z 変換を施すと図 3.7 のようになる．

---

[6] 通常は $z(r)$ で表すが，以後のパーセント点 z_α との混乱をさけるため，ここでは $\zeta(r)$ を用いた．

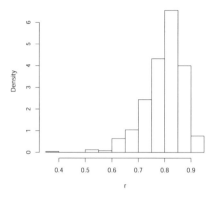

図3.6　相関係数 r のヒストグラム

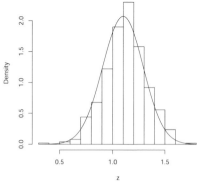

図3.7　フィッシャーの z 変換後のヒストグラムと正規近似

そこで，この正規近似を用いると

$$P\left(\zeta(\rho_{XY}) - \frac{z_{\alpha/2}}{\sqrt{n-3}} < \zeta(r) < \zeta(\rho_{XY}) + \frac{z_{\alpha/2}}{\sqrt{n-3}}\right) \simeq 1 - \alpha$$

が成り立つ．関数 $\zeta(r)$ は単調増加なので，その逆関数 $\zeta^{-1}(x) = \dfrac{e^x - e^{-x}}{e^x + e^{-x}}$ を用いると，信頼係数 α の ρ の信頼区間は，

$$\zeta^{-1}\left(\zeta(r) - \frac{z_{\alpha/2}}{\sqrt{n-3}}\right) < \rho_{XY} < \zeta^{-1}\left(\zeta(r) + \frac{z_{\alpha/2}}{\sqrt{n-3}}\right)$$

のように，標本から計算された r を代入して求めることができる．

この例のように，たとえ漸近正規性が成り立つ場合でも，得られた標本サイズで正規近似が正当化できるかを常に意識することが，応用上は大切である．

コメント

　信頼区間の考え方は，θ が正しいという仮説のもとで標本 X がある領域に入る確率を評価するという点で，推定よりは検定に近い．また，信頼係数を θ に関する通常の意味での確率と考えることはできないが，ベイズ統計学と呼ばれる統計分野では θ を確率変数と考え，標本が得られたもとでの θ の事後的な確率を計算し，それに基づく信頼区間を構成できる．

■■■ **練習問題**

問 3.1　$X_1, X_2, \ldots, X_n$ を, 確率密度関数 $f(x; \theta) = \theta(1+x)^{-(1+\theta)}$ $(\theta, x > 0)$ をもつ分布に従う母集団から取られた無作為標本とする. 以下の問いに答えよ.

〔1〕　$Y = \log(1 + X)$ と変数変換するとき, Y の確率密度関数 $g(y)$ を求め, その平均および分散を計算せよ.

〔2〕　$T = \sum_{i=1}^{n} \log(X_i + 1)/n$ が $1/\theta$ に対する一致推定量となっていることを示せ.

〔3〕　$T = \sum_{i=1}^{n} \log(X_i + 1)/n$ が $1/\theta$ の不偏推定量であることを示せ. また, T の分散がクラメール-ラオの不等式の下限と一致することを示せ.

問 3.2　パラメータ λ の指数分布の確率密度関数は

$$f(x) = \begin{cases} \lambda e^{-\lambda x} & (x \geq 0) \\ 0 & (x < 0) \end{cases}$$

である. この分布に従う互いに独立な n 個の確率変数を $X_1, \ldots, X_n$ とし, それらの和を $T = X_1 + \cdots + X_n$, 標本平均を $\bar{X} = T/n$ とするとき, 以下の各問に答えよ.

〔1〕　標本平均 $\bar{X}$ の期待値と分散を求めよ.

〔2〕　この分布からの互いに独立な観測値を $x_1, \ldots, x_n$ とし, それらの和を $t = x_1 + \cdots + x_n$ とするとき, $x_1, \ldots, x_n$ に基づくパラメータ λ の最尤推定量 $\hat{\lambda}$ を求めよ.

〔3〕　n 個の独立な観測値に基づくパラメータ λ のフィッシャー情報量 $i_n(\lambda)$ を求めよ.

〔4〕　デルタ法を用いて最尤推定量 $\hat{\lambda}$ の漸近分散を求めよ.

■■■ チェックシート

- [ ] **十分統計量と順序統計量について理解できた**か
  - [ ] 十分統計量の定義と分解定理による書き換え
  - [ ] 各統計量が十分性をもつかどうかの判定
  - [ ] 順序統計量の種類と使い方

- [ ] **最尤推定法やモーメント法について理解できた**か
  - [ ] 尤度関数と対数尤度関数の定義
  - [ ] 最尤推定量の計算方法
  - [ ] モーメント法による推定量の計算方法

- [ ] **点推定量の各性質について理解できた**か
  - [ ] 不偏性と一致性の違い
  - [ ] 最小二乗推定量，最小分散不偏推定量，有効推定量の違い
  - [ ] 推定量の有効性と相対効率の関係

- [ ] **情報量規準 AIC について理解できた**か
  - [ ] AIC の定義とその使用法
  - [ ] カルバック-ライブラー情報量と AIC の関係
  - [ ] モデル選択の意義

- [ ] **推定量の漸近的性質について理解できた**か
  - [ ] 最尤推定量の一致性，漸近正規性，漸近有効性
  - [ ] デルタ法の使用法

- [ ] **区間推定について理解できた**か
  - [ ] 信頼区間の構成方法
  - [ ] 信頼係数と確率の違い

第4章

仮説検定

この章での目標

検定を構成するための基本的な原理を把握し，
様々な仮説に応じた標準的な検定方式を適用できる

- ■ 仮説検定の基本的な考え方を理解する
- ■ 検定法の導出に関する汎用的な方法を身に付ける
- ■ 正規分布の平均・分散に関する検定方法を数理的に理解する
- ■ その他の分布に関して，基本的な検定方法を理解する

■■■ **Key Words**

- ・帰無仮説と対立仮説
- ・検定統計量
- ・棄却域と検出力
- ・ネイマン-ピアソンの基本定理，一様最強力検定
- ・単調尤度比
- ・不偏検定
- ・尤度比検定，ワルド検定，スコア検定
- ・z検定，t検定，F検定，カイ二乗検定
- ・適合度検定，独立性の検定

■■■■ 適用場面

(1) あるサイコロの1の目が出る確率 p がどうも高いように感じられる．そこで，5回サイコロを振り，その結果に基づいて「$p=1/6$」という仮説が正しいかどうかを決めることにした．直感的には，サイコロの1の目がでた回数 X がある数 c を超えたときに仮説は正しくないとするのが自然に感じられるが，このような判断の仕方の正当性は統計学の観点からはどのように保証されるだろうか．また具体的に c をどのように選べばよいだろうか．

(2) A君は体重が80キロになったのをきっかけに，ダイエットを開始した．1ヶ月後の朝，体重を測ってみると78キロに減っていた．しかし，よく調べると体重は，体重計の誤差や1日における変動のせいで，上下することがわかった．もし，こうした誤差や変動を含めた体重が，標準偏差1キロの正規分布に従うとしたら，A君は痩せたと結論づけられるのだろうか．

(3) あるバクテリアの出現頻度を2つの条件AとB下で比較するために，その2つの条件下で一定面積の中にあるバクテリアの数を数えるという実験を10回ずつ行ったところ，Aの条件下では合計52個，Bの条件下では合計28個のバクテリアが見つかった．一見すると，Aの条件下では2倍近い数になっているので，「Aの条件の方がバクテリアの出現回数は高い」という結論になりそうな気がするが，このような結論を下してよいのだろうか．これまでの結果からバクテリアの個数は，おおよそポアソン分布に従うことがわかっているとしたら，どのような結論を導くことができるだろうか．

(4) ある商品の購買客は20代が30代の2倍であるといわれている．このことを確かめるために一定期間調査を行ったところ，20代の客が52人，30代の客が30人，それ以外の年代の客が15人となった．この結果をもとに，「20代の客が30代の客の2倍いる」という仮説を統計的に検証するとどうなるだろうか．もし，調査の規模が10倍でそれぞれの数が520人，300人，150人だったらどうなるか．2つの場合で結論に差が出るとしたら，どう説明すればよいのだろうか．さらに条件を増やした仮説「20代の客，30代の客，それ以外の年代の客の割合が，$2:1:1$ である」の場合は，結論はどうなるだろうか．

§ **4.1** 仮説検定の基礎

4.1.1 検定論の枠組み

ある確率変数 X（1次元とは限らない）の分布が，θ というパラメータ（1次元とは限らない）によって規定されている場合を考える．このパラメータが属する集合（パラメータ空間と呼ぶ）Θ が互いに疎な部分集合（Θ_0, Θ_1 とする）に分割されるとする．このとき，H_0:「$\theta \in \Theta_0$」という仮説が正しいかどうかをチェックしたいとする．この仮説を**帰無仮説**といい，一方それとは別の仮説 H_1:「$\theta \in \Theta_1$」を**対立仮説**という．Θ_0 が1点 θ_0 からなる集合であるとき，すなわち $\Theta_0 = \{\theta_0\}$ であるとき，帰無仮説を単純帰無仮説であるという．単純対立仮説も同様に定義される．

特にパラメータが1次元，すなわち実数である場合は，帰無仮説 H_0 が $\theta = \theta_0$ の単純仮説に対して，対立仮説が次の2つのいずれかであることが多い．

$$H_1 : \theta \neq \theta_0 \tag{4.1.1}$$

$$H_1 : \theta > \theta_0 \qquad (\text{あるいは} \quad H_1 : \theta < \theta_0). \tag{4.1.2}$$

(4.1.1)の場合の検定を**両側検定**，(4.1.2)の場合を**片側検定**と呼ぶ．適用場面（1）では，$\theta = p, \theta_0 = 1/6$ として，帰無仮説 $H_0 : p = 1/6$，対立仮説 $H_1 : p > 1/6$ として検定問題を設定できる．

X の具体的な値（データ）が得られたときに，これに基づいて帰無仮説が正しくないと判断することを，帰無仮説を**棄却**するといい，仮説が正しくないと結論づけるにはいたらない場合を帰無仮説を**受容**するという．棄却にしろ受容にしろ，誤った判断をしてしまうことがあるが，帰無仮説が正しいにもかかわらず誤ってこれを棄却してしまうことを**第一種の誤り**（第一種の過誤），対立仮説が正しいにもかかわらず誤って帰無仮説を受容してしまうことを**第二種の誤り**（第二種の過誤）という．

どちらの誤りが起こる確率も小さい方がよいが，通常第一種の誤りをおかす確率と第二種の誤りをおかす確率は相反の関係にあり，双方を同時に小さくすることはできない．そこで伝統的に，第一種の誤りをおかす確率を一定値 α 以下に抑えることを第一条件とし，その条件下でなるべく第二種の誤り

の確率を小さくするように工夫する．これを正確に記述すると以下の様になる．検定 δ について，真のパラメータが θ のときに帰無仮説を棄却する確率を $\beta_\delta(\theta)$ で表すとすると，

$$\beta_\delta(\theta) \leq \alpha, \ \forall \theta \in \Theta_0$$

となる検定のみを考え，この中でなるべく良いもの（この基準については後で述べる）を選ぶということになる．この α のことを，有意水準と呼ぶが，これは一般によく使われる値が決まっており，1%, 5%，あるいは 10% の 3 つの数字が使われることが多い．第二種の誤りを小さくするということは，対立仮説が正しいときに帰無仮説を棄却する確率をなるべく大きくする，すなわち Θ_1 に属する θ についてなるべく $\beta_\delta(\theta)$ を大きくするということであるが，この確率を**検出力**と呼び，θ の関数である $\beta_\delta(\theta)$ を検出力関数という．θ が実数の場合，θ の値を横軸にとって，検出力関数をグラフ化したものを検出力曲線と呼ぶ．

　具体的な検定においては，X の値がとりうる空間（標本空間）は，2つに分割される．1つは受容域と呼ばれる空間で，データがこの空間に値をとった場合は，帰無仮説は受容される．もう1つは棄却域と呼ばれる空間で，こちらにデータの値が属している場合は，帰無仮説は棄却される．多くの場合，棄却域はある統計量，すなわち X の関数 $T(X)$ を使って，

$$\{x \,|\, T(x) > c_1\}, \quad \{x \,|\, T(x) < c_1\},$$
$$\{x \,|\, T(x) < c_1 \ \text{or} \ T(x) > c_2\}$$

のような形で表されることが多い．このような場合 $T(X)$ を検定統計量，$c_i (i = 1, 2)$ を棄却限界という．c_i の具体的な値は，有意水準によって決まってくる．適用場面（1）で考えた検定のやり方では，$X > c$ のとき棄却するので，X 自体が検定統計量になり，c が棄却限界になる．

　検定統計量を使って検定を構成したとき，X の値が棄却域に属するか，受容域に属するかで判断をくだす代わりに，p 値と呼ばれるものを計算して棄却か受容かを決めることができる．棄却域が $\{x \,|\, T(x) > c\}$ で与えられている検定 δ を考えてみる．今，X の具体的な値が x であったとする．このとき，p 値を

$$\sup_{\theta \in \Theta_0} P(T(X) \geq T(x))$$

と定義する．すると，p 値が有意水準 α 以下になる x の集合を棄却域とする検定が，δ と同じものになることが多い．実際，統計検定量を使った検定では，単に棄却か受容かを示すのではなく，p 値を計算することで，α に近いぎりぎりのところで棄却（受容）されたのか，α よりもかなり小さく（大きく），余裕をもって棄却（受容）されたのかがわかるので，p 値も計算されることがよくある．p 値を（観測された）有意確率ということがある．

以上の話では，検定は，X の値だけに基づいて棄却か受容の判断を下すものとして説明してきたが，場合によっては，X とは全く独立の分布をする確率変数 Y，特に区間 $(0, 1)$ 上の一様分布を用いて，X と Y 双方の値に基づいて判断を下す検定方式も含めて考えた方が，議論しやすくなる．このようなタイプの検定を**確率化検定**（randomized test）と呼ぶ．

実際にどのような場合にこうした確率化検定が使われるかを，適用場面 (1) を例にして考えてみよう．有意水準は5%に設定する．ここで，5回中1の目が出る回数 X は，帰無仮説が正しい場合，$n = 5$，$p = 1/6$ の二項分布に従うので，その確率関数は，$p(x) = {}_5\mathrm{C}_x (1/6)^x (5/6)^{5-x}$ であり，次表の様になる．（小数点以下第5ケタ目を四捨五入）

x	0	1	2	3	4	5	計
$p(x)$	0.4019	0.4019	0.1608	0.0322	0.0032	0.0001	1

従って第一種の誤りの確率は，$c = 2$ にすると，$\displaystyle\sum_{x=3}^{5} p(x) \doteqdot 0.0355 < 0.05$，$c = 1$ にすると，$\displaystyle\sum_{x=2}^{5} p(x) \doteqdot 0.1962 > 0.05$ となり，X の値のみに依存した検定を考える限り，$c = 2$ を選ぶことになる．ここで，次のような確率化検定を考えてみる．

- X が3以上の場合は，棄却する．
- $X = 2$ の場合は，$(0\ 1)$ 区間の一様分布に従う確率変数 Y を用いて，$Y < 0.09024$ のとき，棄却する．

こうすると，この検定はちょうど第一種の誤りの確率が5%になる．これは，$zp(2) + 0.0355 = 0.05$ の解が $z = 0.09024$ であるからである．この2つの検定を比べると明らかに，後者の確率化検定の方が検出力が高くなっている．

第一種の誤りの確率が α 以下である検定方式の中から検出力の高いものを選ぶのが検定方式の探索における基本方針であったが，このような確率化検

定も含めて考えることによって，第一種の誤りの確率が α に等しいという条件にさらに絞って，この条件下で検定方式を選べば十分なことがわかる．

4.1.2　一様最強力検定

有意水準を一定に維持したうえで，その中で検出力を最大にするという検定の基本的な考え方に立ったとき，「最良」なものとして理解しやすいのは次に述べる**一様最強力検定**（英語の Uniformly Most Powerful test の頭文字をとって UMP test と呼ばれることも多い）である．有意水準 α の検定 δ^* が，他のどんな有意水準 α の検定 δ に対しても，

$$\beta_{\delta^*}(\theta) \geq \beta_\delta(\theta), \quad \forall \theta \in \Theta_1$$

を満たすとき，δ^* を一様最強力検定と呼ぶ．これは，対立仮説のどの場合が真の状態であっても，δ^* の検出力を超える検定は存在しないことを意味するので，このような検定を「最良」なものと考えるのは自然である．しかし，このような検定は一般には存在しない．つまり，それぞれの検定には検出力の高低に関して得意不得意な $\theta(\in \Theta_1)$ があり，対立仮説のすべての状態において，他のどの検定も上回るというのは望みえないということである．

§**4.2**　検定法の導出

4.2.1　ネイマン-ピアソンの基本定理

対立仮説が幅広い状態を含むとき，一様最強力検定を作ることは難しいにしても，対立仮説が単純仮説であれば，その特定の対立仮説に関して他のどの有意水準 α の検定よりも検出力が高い検定（このような検定は，対立仮説が単純仮説なので，「一様」という語句をはずして単に最強力検定と呼ぶ）を構成することはできるのではないかという疑問がわく．これに対する答えの1つが次に述べる**ネイマン-ピアソンの基本定理**である．$f(x; \theta)$ をパラメータが θ のときの X の確率密度関数（離散型の場合は確率関数）とし，1は棄却，0は受容，r は $(0,1)$ 区間の一様分布に従う確率変数 Y が $0 < Y < r$ のときに棄却することを意味する．

> **ネイマン-ピアソンの基本定理** 帰無仮説, 対立仮説とも単純仮説で
>
> $$H_0 : \theta = \theta_0 \quad \text{vs.} \quad H_1 : \theta = \theta_1$$
>
> (vs. は versus の略記で「に対して」の意味) の場合, 次の形で与えられる検定の第一種の誤りの確率が α であれば, この検定は有意水準 α の中で最強力検定である.
>
> $$\delta(x) = \begin{cases} 1, & \text{if } f(x;\theta_1)/f(x;\theta_0) > c \\ r, & \text{if } f(x;\theta_1)/f(x;\theta_0) = c \\ 0, & \text{if } f(x;\theta_1)/f(x;\theta_0) < c \end{cases} \quad (4.2.1)$$

引き続き, 適用場面 (1) の例について考える. ここで, 対立仮説を一点にしぼり, $H_1 : p = 1/3$ としてネイマン-ピアソンの定理を当てはめてみる. 先にみたように X は二項分布に従う確率変数なので, 帰無仮説, 対立仮説のもとでの確率関数はそれぞれ,

$$f(x;\theta_0) = {}_5\mathrm{C}_x(1/6)^x(5/6)^{5-x}, \quad f(x;\theta_1) = {}_5\mathrm{C}_x(1/3)^x(2/3)^{5-x}$$

となり, その比は,

$$\frac{f(x;\theta_1)}{f(x;\theta_0)} = \left(\frac{(1/3)(5/6)}{(2/3)(1/6)}\right)^x \times \left(\frac{(2/3)}{(5/6)}\right)^5 = (5/2)^x \times (4/5)^5$$

となる. したがって, $f(x;\theta_1)/f(x;\theta_0) > c$ という形は $x > k$ という形になることがわかる. したがって (4.2.1)は,

$$\delta(x) = \begin{cases} 1, & \text{if } x > k \\ r, & \text{if } x = k \\ 0, & \text{if } x < k \end{cases} \quad (4.2.2)$$

という形になる. 先にみたように $k = 2$, $r = 0.09024$ のとき, この検定の第一種の誤りの確率は5%になるので, ネイマン-ピアソンの基本定理によりこの (確率化) 検定は有意水準5% の最強力検定になる.

ここで注意すべきは, この検定が選んだ単純対立仮説 $p = 1/3$ に依存していないことである. $k = 2$ や $r = 0.09024$ は, 有意水準から決定された数字で, 単純対立仮説 $p = 1/3$ とは無関係である. 1/6 より大きいどんな特定の

値を単純対立仮説に選んでも，結果的に同じ検定が得られる．したがって，この（確率化）検定はパラメータ p の真の値が，対立仮説 $H_1 : p > 1/6$ のどの状態にあっても，その検出力が最強である，つまり一様最強力検定であることがわかる．このように，ネイマン-ピアソンの定理は，単純帰無仮説対単純対立仮説の場合から，対立仮説が一般的な場合への拡張に応用できる．これをさらに帰無仮説が一般的な場合にも拡張したのが次の定理である．この定理の説明のために単調尤度比を定義しておく．

任意の 1 次元パラメータ $\theta_1 < \theta_2$ について，その尤度比 $f(x; \theta_2)/f(x; \theta_1)$ が，ある統計量 $T(X)$ を用いて，

$$\frac{f(x; \theta_2)}{f(x; \theta_1)} = g(T(x); \theta_1, \theta_2)$$

に書けたとする．さらに関数 $g(\cdot\,; \theta_1, \theta_2)$ が単調増加であるとき，X の確率密度関数（離散型の場合は確率関数）は $T(x)$ に関して単調尤度比をもつという．

単調尤度比と一様最強力検定　次のような検定問題を考える．

$$H_0 : \theta \leq \theta_0 \quad \text{vs.} \quad H_1 : \theta > \theta_0$$

X の確率密度関数（あるいは，確率関数）が $T(x)$ に関して単調尤度比をもつとする．このとき，次の形の検定の $\theta = \theta_0$ のときの棄却の確率が α であれば，この検定は有意水準 α の一様最強力検定となる．

$$\delta(x) = \begin{cases} 1, & \text{if } T(x) > c \\ r, & \text{if } T(x) = c \\ 0, & \text{if } T(x) < c \end{cases} \quad (4.2.3)$$

ここで，もう一度適用場面（1）を考えてみよう．今度は，

$$H_0 : p \leq 1/6 \quad \text{vs.} \quad H_1 : p > 1/6 \quad\quad (4.2.4)$$

という問題を考えてみる．任意の $0 < p_1 < p_2 < 1$ に対して，$n = 5$ の二項分布の確率関数の尤度比は，$T(x) = x$ として，

$$\frac{f(x; p_2)}{f(x; p_1)} = \frac{p_2^x (1 - p_2)^{5-x}}{p_1^x (1 - p_1)^{5-x}} = \left(\frac{1 - p_2}{1 - p_1} \right)^5 \left(\frac{p_2(1 - p_1)}{p_1(1 - p_2)} \right)^{T(x)}$$

である. 右辺は $T(x) = x$ の単調増加関数なので, X は単調尤度比を $T(x)$ に関してもっている. したがって, (4.2.3) の形の検定の $p = 1/6$ のときの棄却の確率が α であれば, これが有意水準 α の一様最強力検定になる. さらに, $p_2 > p_1$ より,

$$\frac{p_2(1 - p_1)}{p_1(1 - p_2)} > 1$$

なので, この検定は (4.2.2)の形に書ける. 先に見たように $k = 2$, $r = 0.09024$ のとき, この検定の $p = 1/6$ における棄却の確率が 5% になるので, 上記の定理よりこの検定は, 有意水準 5% の一様最強力検定になる.

4.2.2 不偏検定

一般に一様最強力検定は存在しないが, 検定を自然なクラスに限定すると, そのクラスの中では一様最強力である検定が存在する場合がある. そのための概念として**不偏性**を定義しよう. 一般的な検定問題

$$H_0 : \theta \in \Theta_0 \quad \text{vs.} \quad H_1 : \theta \in \Theta_1$$

に対する有意水準 α の検定が不偏であるとは, その検出力関数 $\beta(\theta)$ が不等式

$$\beta(\theta) \geq \alpha, \quad {}^\forall \theta \in \Theta_1$$

を満たすことである. 棄却すべき状態のときに, 有意水準 (通常低く設定されている) よりは高い確率で棄却する能力 (検出力) を検定に要求するのは自然である.

このようなクラスの中で一様最強力な検定を**一様最強力不偏検定** (Uniformly Most Powerful Unbiased Test, UMPU test) と呼ぶ. すなわち, 有意水準 α の不偏検定 δ^* が, 任意の有意水準 α の不偏検定 δ に対して,

$$\beta_{\delta^*}(\theta) \geq \beta_\delta(\theta), \quad {}^\forall \theta \in \Theta_1$$

であるならば, δ^* を一様最強力不偏検定と呼ぶ.

一様最強力不偏検定の存在については, 指数型分布族という分布の種類を考えると, 簡明に記述できる. 実数確率変数 X が, 実数パラメータ θ によって規定される次のような形の確率密度関数 (離散型の場合は確率関数) をもつ場合を考える.

$$f(x; \theta) = h(x) \exp\Big(\theta T(x) - c(\theta)\Big) \tag{4.2.5}$$

この形に書ける確率分布を，θを母数（自然母数）とする指数型分布と呼ぶ．(4.2.5)を確率密度関数にもつ分布のθに関して

$$H_0 : \theta = \theta_0 \quad \text{vs.} \quad H_1 : \theta \neq \theta_0 \tag{4.2.6}$$

という仮説検定問題を，n個の無作為標本X_i, $i = 1, \ldots, n$に基づいて検定する．これに関して次の定理が成り立つ．

> **指数型分布と一様最強力不偏検定**　$\bar{T}(x) = \sum_{i=1}^{n} T(x_i)/n$ とする．次のような検定が不偏で，有意水準がαであれば，それは有意水準αの一様最強力不偏検定である．
>
> $$\delta(x) = \begin{cases} 1, & \text{if } \bar{T}(x) > b \text{ or } \bar{T}(x) < a \\ r_a, & \text{if } \bar{T}(x) = a \\ r_b, & \text{if } \bar{T}(x) = b \\ 0, & \text{if } a < \bar{T}(x) < b \end{cases}$$

具体的な例については，4.3節や4.4節でふれることにする．

4.2.3　尤度比検定

（一様）最強力検定や，一様最強力不偏検定のような，非常に望ましい性質をもった検定は，仮説構造が単純だったり，パラメータが1次元であったり，あるいはXが指数型分布族と呼ばれる分布の種類に属しているといった条件のもとで，その存在が保証されているが，一般にこのような条件が常に満たされている訳ではない．そこで，より一般的な条件のもとで使用可能な，合理的な検定方式の構成方法があれば便利である．この節で述べる**尤度比検定**の原理はそのような方法の中でも代表的なものの一つであり，多くの具体的な検定方式がこの原理に基づいて導出される．

　次のような一般的な仮説検定問題を考える．

$$H_0 : \theta \in \Theta_0 \quad \text{vs.} \quad H_1 : \theta \in \Theta_1$$

Xの確率密度関数（あるいは確率関数）を$f(x; \theta)$としたとき，

$$L = \frac{\sup_{\theta \in \Theta_1} f(x; \theta)}{\sup_{\theta \in \Theta_0} f(x; \theta)}$$

を尤度比という（書物によっては分母分子を入れ換えた形で定義する場合もある）．尤度比検定は，棄却域が

$$L > c$$

の形で与えられる検定のことである．

　この原理を応用した例として次のような問題を考えてみる．X_1 と X_2 は独立で，それぞれ $N(\mu_1, \sigma_1^2)$, $N(\mu_2, \sigma_2^2)$ に従っているとする．このとき，それぞれの分布から同じサイズ n の標本 X_{1i}, X_{2i}, $i = 1, \ldots, n$ を採取し，これらの標本に基づいて仮説検定問題

$$H_0 : \sigma_1^2 = \sigma_2^2 \quad \text{vs.} \quad H_1 : \sigma_1^2 \neq \sigma_2^2$$

を考えてみる．すべての標本 $X = (X_{11}, X_{21}, \ldots, X_{1n}, X_{2n})$ の密度関数は

$$f(x; \mu_1, \mu_2, \sigma_1^2, \sigma_2^2) = \frac{1}{(2\pi\sigma_1^2)^{n/2}} \exp\left(-\frac{1}{2\sigma_1^2} \sum_{i=1}^{n} (x_{1i} - \mu_1)^2\right)$$

$$\times \frac{1}{(2\pi\sigma_2^2)^{n/2}} \exp\left(-\frac{1}{2\sigma_2^2} \sum_{i=1}^{n} (x_{2i} - \mu_2)^2\right) \quad (4.2.7)$$

である．帰無仮説のもとでの密度は，$\sigma_1^2 = \sigma_2^2 = \sigma^2$ とおいて，

$$f(x; \mu_1, \mu_2, \sigma^2) = \frac{1}{(2\pi\sigma^2)^{n/2}} \exp\left(-\frac{1}{2\sigma^2} \sum_{i=1}^{n} (x_{1i} - \mu_1)^2\right)$$

$$\times \frac{1}{(2\pi\sigma^2)^{n/2}} \exp\left(-\frac{1}{2\sigma^2} \sum_{i=1}^{n} (x_{2i} - \mu_2)^2\right) \quad (4.2.8)$$

となる．

　両仮説のもとで，尤度を最大化する．対立仮説のもとでは特にパラメータに制約がないと考えてよいので，(4.2.7) を最大化すればよい．実際，(4.2.7) を最大化するパラメータは，

$$\hat{\mu}_1 = \bar{x}_1 = \frac{1}{n} \sum_{i=1}^{n} x_{1i}, \qquad \hat{\sigma}_1^2 = \frac{1}{n} \sum_{i=1}^{n} (x_{1i} - \bar{x}_1)^2$$

$$\hat{\mu}_2 = \bar{x}_2 = \frac{1}{n} \sum_{i=1}^{n} x_{2i}, \qquad \hat{\sigma}_2^2 = \frac{1}{n} \sum_{i=1}^{n} (x_{2i} - \bar{x}_2)^2$$

であり，これを (4.2.7) に代入すると，

$$\sup_{\Theta_1} f(x; \mu_1, \mu_2, \sigma_1^2, \sigma_2^2) = (2\pi)^{-n} \exp(-n) \left(\hat{\sigma}_1^2 \hat{\sigma}_2^2\right)^{-n/2} \quad (4.2.9)$$

となる.

　一方，帰無仮説のもとで (4.2.8) を最大にするパラメータは

$$\hat{\mu}_1 = \bar{x}_1, \qquad \hat{\mu}_2 = \bar{x}_2, \qquad \hat{\sigma}^2 = \frac{1}{2}(\hat{\sigma}_1^2 + \hat{\sigma}_2^2)$$

となる. これを (4.2.8) に代入すると

$$\sup_{\Theta_0} f(x; \mu_1, \mu_2, \sigma^2) = (2\pi)^{-n} \exp(-n) \left(\hat{\sigma}^2 \right)^{-n} \qquad (4.2.10)$$

　(4.2.9) と (4.2.10) より，尤度比は

$$L = \left(\frac{\hat{\sigma}^4}{\hat{\sigma}_1^2 \, \hat{\sigma}_2^2} \right)^{n/2} = \left(\frac{1}{4} \right)^{n/2} \left(\frac{\hat{\sigma}_2}{\hat{\sigma}_1} + \frac{\hat{\sigma}_1}{\hat{\sigma}_2} \right)^n$$

となる. したがって検定の棄却域は，

$$\frac{\hat{\sigma}_1^2}{\hat{\sigma}_2^2} > b, \text{ あるいは } \quad \frac{\hat{\sigma}_1^2}{\hat{\sigma}_2^2} < a \qquad (4.2.11)$$

の形で与えられることになる. 帰無仮説 $\sigma_1^2 = \sigma_2^2 (= \sigma^2)$ のもとでは，$n\hat{\sigma}_1^2/\sigma^2$ と $n\hat{\sigma}_2^2/\sigma^2$ は，互いに独立で，それぞれ自由度が $n-1$ のカイ二乗分布に従う（第 2 章定理 2.3.3）ので，

$$\frac{n\hat{\sigma}_1^2/((n-1)\sigma^2)}{n\hat{\sigma}_2^2/((n-1)\sigma^2)} = \frac{\hat{\sigma}_1^2}{\hat{\sigma}_2^2}$$

は，自由度が $(n-1, n-1)$ の F 分布に従う. したがって棄却域 (4.2.11) の a, b は，自由度 $(n-1, n-1)$ の F 分布の上側 $100\alpha\%$ 点，$F_\alpha(n-1, n-1)$ を使って，それぞれ

$$a = F_{1-\alpha/2}(n-1, n-1), \qquad b = F_{\alpha/2}(n-1, n-1)$$

とすれば，有意水準 α の検定が得られることになる.

　今見た例では，最終的によく知られた分布である F 分布を使った検定（F 検定）に帰着したが，ほとんどの場合はこのような結果にはならない. したがって与えられた有意水準にあわせて棄却域を決めるのは理論的には難しい. しかし，尤度比検定については，帰無仮説のもとで，対数尤度比を 2 倍したものがカイ二乗分布に分布収束することが知られており，これを使って

近似的な棄却限界を決めることができる. すなわち, 帰無仮説のもとで, n が無限に大きくなるとき, 分布収束

$$2\log L \xrightarrow{d} \chi^2(p)$$

が成り立つ. ここで自由度 p は, 対立仮説のもとで自由に動けるパラメータの数と帰無仮説のもとで自由に動けるパラメータの数の差である. 先の例でいえば, 対立仮説のもとで自由に動けるパラメータは μ_1, μ_2, σ_1^2, σ_2^2 の 4 個であり, 帰無仮説のもとで自由に動けるパラメータは μ_1, μ_2, σ^2 の 3 個なので, 自由度 $p = 1$ となる.

したがって, $\chi_\alpha^2(p)$ を自由度 p のカイ二乗分布の上側 $100\alpha\%$ 点とすれば,

$$2\log L > \chi_\alpha^2(p)$$

を棄却域とすることにより, n が十分大きいときに有意水準 α の検定が得られる.

4.2.4 漸近分布を使った検定

前節の最後に, 尤度比検定において, 正確な棄却域を求めるのが困難なとき, 対数尤度比の漸近分布を利用する方法について述べたが, 漸近分布を使った他の代表的な検定として**ワルド検定** (Wald test) と**スコア検定** (Score test) についてふれておく. 両検定ともに, パラメータが多次元の場合にも適用可能な (より正確に言えば, 多次元の場合にその汎用性がより発揮される) 方法であるが, ここでは θ が 1 次元の両側検定問題

$$H_0 : \theta = \theta_0 \quad \text{vs} \quad H_1 : \theta \neq \theta_0 \qquad (4.2.12)$$

に話を限って説明する.

まず, ワルド検定について説明する. n 個の無作為標本 $X = (X_1, \ldots, X_n)$ が得られたとき, これより作られる θ の最尤推定量を $\hat{\theta}$ とし, $I_F(\theta)$ を, θ における分布のフィッシャー情報量とすると, $n \to \infty$ のとき, 帰無仮説のもとで

$$W = (\hat{\theta} - \theta_0)^2 I_F(\hat{\theta}) \xrightarrow{d} \chi^2(1)$$

となることが知られている. したがって,

$$W > \chi_\alpha^2(1)$$

とすれば，n が十分大きいとき，有意水準 α の検定が得られる.

　例として，$X_i, i = 1, \ldots, n$ が，正規分布 $N(0, \sigma^2)$ からの無作為標本として，このデータに基づいて検定問題 $H_0 : \sigma^2 = \sigma_0^2$ vs. $H_1 : \sigma \neq \sigma_0^2$ を考えてみる. $X = (X_1, \ldots, X_n)$ の同時確率密度関数は,

$$f(x; \sigma^2) = (2\pi\sigma^2)^{-n/2} \exp\left(-\frac{1}{2\sigma^2} \sum_{i=1}^{n} x_i^2\right) \tag{4.2.13}$$

であり，その対数をとると,

$$\log f(x; \sigma^2) = -\frac{n}{2} \log(2\pi\sigma^2) - \frac{1}{2\sigma^2} \sum_{i=1}^{n} x_i^2$$

となる. この式を σ^2 で微分すると,

$$\frac{d\log f}{d\sigma^2} = -\frac{n}{2\sigma^2} + \frac{1}{2\sigma^4} \sum_{i=1}^{n} x_i^2 = -\frac{1}{2\sigma^2} \left(n - \sum_{i=1}^{n} (x_i/\sigma)^2\right) \tag{4.2.14}$$

であり，さらに計算すると,

$$I_F(\sigma^2) = E\left[\left(\frac{d\log f}{d\sigma^2}\right)^2\right] = \frac{n}{2\sigma^4} \tag{4.2.15}$$

となる. また，(4.2.13)を最大にする最尤推定量は $\hat{\sigma}^2 = \sum_{i=1}^{n} x_i^2/n$ で与えられる. したがって，検定量は

$$W = \frac{n}{2\hat{\sigma}^4}(\hat{\sigma}^2 - \sigma_0^2)^2$$

となる.

　次にスコア検定を紹介する. スコア（関数）とは対数尤度をパラメータで微分したものである（3.2.2 項参照）. すなわち,

$$s(\theta) = \frac{d\log f(x; \theta)}{d\theta}.$$

こちらの基礎になっているのは，帰無仮説のもとでの，標本サイズが無限に大きくなるときの次のような漸近分布である.

$$R = \Big(s(\theta_0)\Big)^2 \Big(I_F(\theta_0)\Big)^{-1} \xrightarrow{d} \chi^2(1).$$

この事実と、帰無仮説のもとで $E(s(\theta_0)) = 0$ となることを考えて, 棄却域を $R > \chi_\alpha^2(1)$ とすればよい. ワルド検定で考えた例の場合に R がどうなるかを求めてみよう. この場合, (4.2.14)と(4.2.15)より,

$$R = \frac{1}{2n}\left(n - \sum_{i=1}^{n}(x_i/\sigma_0)^2\right)^2 = \frac{n}{2\sigma_0^4}(\hat{\sigma}^2 - \sigma_0^2)^2$$

となる. W との違いは, 分母が σ_0^4 か $\hat{\sigma}^4$ かの違いである.

§ **4.3** 正規分布に関する検定

この節では, 正規分布 $N(\mu, \sigma^2)$ の平均 μ と分散 σ^2 に関するいくつかの標準的な検定を, 前節で学んだ一般的な検定導出方法を使って導いてみる. 以下では, 無作為標本 $X_i, i = 1, \ldots, n$ を利用した検定を考える. 標本全体を $X = (X_1, \ldots, X_n)$ で表すことにする.

4.3.1 平均に関する検定 −分散既知の場合−

分散 σ^2 がわかっている場合の正規分布の平均 μ の検定について考えてみよう. この場合, 標本を σ で割れば, 分散は 1 となるので, $N(\mu, 1)$ を想定することにする.

まず最初に両側検定の問題

$$H_0 : \mu = \mu_0 \text{ vs. } H_1 : \mu \neq \mu_0 \tag{4.3.1}$$

について考える. ここで, $N(\mu, 1)$ の確率密度関数は次のように書けることに注意する.

$$\frac{1}{\sqrt{2\pi}}\exp\left(-\frac{1}{2}(x-\mu)^2\right) = \exp(-\frac{x^2}{2})\exp\left\{\mu x - \left(\frac{1}{2}\log(2\pi) + \frac{1}{2}\mu^2\right)\right\}$$

これは,

$$\theta = \mu, \quad h(x) = \exp(-x^2/2),$$
$$T(x) = x, \quad c(\theta) = (1/2)\log(2\pi) + (1/2)\mu^2$$

と置きなおせば，(4.2.5)と同じ形になる．したがって，$N(\mu, 1)$ は μ を母数とする指数型分布族に属していることになる．ここで，一様最強力不偏検定に関する定理を適用すると，$\bar{X} = n^{-1}\sum_{i=1}^{n} X_i$ を検定統計量として

$$\left\{ x \,\middle|\, \bar{x} > b \text{ or } \bar{x} < a \right\} \tag{4.3.2}$$

を棄却域とする検定が，1) 有意水準 α で，2) 不偏であれば，それは有意水準 α の不偏検定の中で一様最強力であることがわかる．帰無仮説のもとで標本平均 $\bar{X}$ の分布が $N(\mu_0, 1/n)$ であるので，標準正規分布の上側 $100\alpha/2\%$ 点 $z_{\alpha/2}$ を使って

$$\left\{ x \,\middle|\, |\bar{x} - \mu_0| > z_{\alpha/2}/\sqrt{n} \right\}$$

という形の棄却域を考えれば，この2条件が満たされることは，正規分布の対称性より簡単にわかる．結果を一般的な形でまとめておく．

正規分布 $N(\mu, \sigma^2)$（σ^2 は既知）の平均値の検定問題 (4.3.1)に関して，$|\bar{x} - \mu_0| > \sqrt{\sigma^2/n}\, z_{\alpha/2}$ を棄却域とする検定は，有意水準 α の一様最強力不偏検定である．

このような正規分布に従う変量を検定統計量とする検定を一般に**正規検定**，あるいは z **検定**と呼ぶ．

次に片側検定の問題

$$H_0 : \mu \le \mu_0 \quad \text{vs.} \quad H_1 : \mu > \mu_0 \tag{4.3.3}$$

について考える．ここでは，単調尤度比の原理を使って検定を導いてみる．$X = (X_1, \ldots, X_n)$ の同時確率密度関数は

$$f(x; \mu) = \frac{1}{(2\pi)^{n/2}} \exp\left(-\frac{1}{2} \sum_{i=1}^{n} (x_i - \mu)^2 \right)$$

である．ここで任意の $\mu_1 < \mu_2$ について尤度比をとると，

$$\frac{f(x; \mu_2)}{f(x; \mu_1)} = \frac{\exp\left(-(1/2) \sum_{i=1}^{n} (x_i - \mu_2)^2 \right)}{\exp\left(-(1/2) \sum_{i=1}^{n} (x_i - \mu_1)^2 \right)}$$

$$= \exp\left(n(\mu_2 - \mu_1)T(x) - (n/2)(\mu_2^2 - \mu_1^2)\right), \qquad T(x) = \bar{x}$$

となる．この式の右辺は $T(x)$ に関して単調増加なので，

$$\delta(x) = \begin{cases} 1, & \text{if } \bar{x} > c \\ r, & \text{if } \bar{x} = c \\ 0, & \text{if } \bar{x} < c \end{cases}$$

の形の検定を考えればよい．帰無仮説のもとで $\bar{x} \sim N(\mu_0, 1/n)$ になること を考えれば，標準正規分布の上側 $100\alpha\%$ 点 z_α を使って

$$\bar{x} > \mu_0 + \sqrt{1/n}z_\alpha$$

を棄却域とする検定を作れば，これが有意水準 α の一様最強力検定になる．一般的な形で結果をまとめると，以下のようになる．

正規分布 $N(\mu, \sigma^2)$（σ^2 は既知）の平均値の検定問題 (4.3.3) に関して，$\bar{x} > \mu_0 + z_\alpha\sqrt{\sigma^2/n}$ を棄却域とする検定は，有意水準 α の一様最強力検定である．

適用場面（2）の例について考えてみよう．有意水準を $\alpha = 0.05$ に設定する．1 回だけ体重を測定した場合に，上で求めた一様最強力検定を当てはめてみよう．ここで，$X \sim N(\mu, 1)$ であり，仮説検定問題を次のように定式化する．

$$H_0 : \mu \geq 80 \quad \text{vs.} \quad H_1 : \mu < 80$$

この問題は，(4.3.3) の不等式を逆にした形の片側検定問題になるので，$\mu_0 = 80$, $n = 1$, $\sigma^2 = 1$, $z_{0.05} \doteqdot 1.64$ より，棄却域は $X < 80 - 1.64 = 78.36$ となる（逆向きの仮説検定問題なので，-1.64 とマイナスがつくことに注意）．したがって，帰無仮説は棄却されることになり，「痩せた」という判断をしてよいことになる．

4.3.2 平均に関する検定 –分散未知の場合–

まず初めに，両側検定問題 (4.3.1) を考える．尤度比検定の手法を当てはめてみると，尤度比は，

$$L = \left(\frac{\sum_{i=1}^{n}(x_i - \mu_0)^2}{\sum_{i=1}^{n}(x_i - \bar{x})^2} \right)^{n/2}$$

となり，$L > c$ で棄却域が与えられることになる．さらにこれは，t 分布を使った次のような棄却域をもつ検定（t **検定**と呼ばれる）と同値である．

$$|\bar{x} - \mu_0| > t_{\alpha/2}(n-1)\sqrt{V/n}, \qquad V = \frac{1}{n-1}\sum_{i=1}^{n}(x_i - \bar{x})^2$$

ただし $t_{\alpha/2}(n-1)$ は自由度 $n-1$ の t 分布の上側 $100\alpha/2\%$ 点である．実際には，この検定は一様最強力不偏検定であることが知られている．証明には，多母数の指数型分布における UMPU test の存在を扱う必要があり，本書の程度を超えるので省略する．まとめると，以下のようになる．

> 正規分布 $N(\mu, \sigma^2)$（σ^2 は未知）の平均値の検定問題 (4.3.1) に関して，$|\bar{x} - \mu_0| > t_{\alpha/2}(n-1)\sqrt{V/n}$ を棄却域とする検定は，有意水準 α の一様最強力不偏検定である．

片側検定問題 (4.3.3) についても次の結果が成り立つ．

> 正規分布 $N(\mu, \sigma^2)$（σ^2 は未知）の平均値の検定問題 (4.3.3) に関して，$\bar{x} - \mu_0 > t_{\alpha}(n-1)\sqrt{V/n}$ を棄却域とする検定は，有意水準 α の一様最強力不偏検定である．

4.3.3　分散に関する検定

2つの仮説検定問題

$$H_0 : \sigma^2 = \sigma_0^2 \qquad \text{vs.} \qquad H_1 : \sigma^2 \neq \sigma_0^2 \qquad (4.3.4)$$

$$H_0 : \sigma^2 \leq \sigma_0^2 \qquad \text{vs.} \qquad H_1 : \sigma^2 > \sigma_0^2 \qquad (4.3.5)$$

に対してそれぞれ次のような結果が成り立つことが知られている．

> 検定問題 (4.3.4) に関して，下記の棄却域をもつ検定は，n が十分大きいとき，一様最強力不偏検定とほぼ同じである．

$$\sum_{i=1}^{n}(x_i - \bar{x})^2/\sigma_0^2 > \chi_{\alpha/2}^2(n-1) \quad \text{または,}$$

$$\sum_{i=1}^{n}(x_i - \bar{x})^2/\sigma_0^2 < \chi_{1-\alpha/2}^2(n-1)$$

ただし，$\chi_\alpha^2(n-1)$ は，自由度 $n-1$ のカイ二乗分布の上側 $100\alpha\%$ 点.

検定問題 (4.3.5) に対して，次のような棄却域をもつ検定は，一様最強力不偏検定である.

$$\sum_{i=1}^{n}(x_i - \bar{x})^2/\sigma_0^2 > \chi_\alpha^2(n-1)$$

上記の 2 つの検定は，カイ二乗分布を統計量に使うので**カイ二乗検定**と呼ばれる.

§ 4.4 2 つの正規分布に関する検定

この節では 2 つの独立な正規分布 $N(\mu_1, \sigma_1^2)$, $N(\mu_2, \sigma_2^2)$ の平均，あるいは分散に関する典型的な仮説検定問題について結果だけを述べておく．それぞれの母集団からの無作為標本を X_{1i}, $i = 1, \ldots, n_1$, X_{2i}, $i = 1, \ldots, n_2$ とし，$n = n_1 + n_2$ とおく．また，以下のような統計量を使用する.

$$\bar{X}_1 = \frac{1}{n_1}\sum_{i=1}^{n_1} X_{1i}, \qquad \bar{X}_2 = \frac{1}{n_2}\sum_{i=1}^{n_2} X_{2i}$$

$$\hat{\sigma}_1^2 = \frac{1}{n_1}\sum_{i=1}^{n_1}(X_{1i} - \bar{X}_1)^2, \qquad \hat{\sigma}_2^2 = \frac{1}{n_2}\sum_{i=1}^{n_2}(X_{2i} - \bar{X}_2)^2$$

$$V = (n_1\hat{\sigma}_1^2 + n_2\hat{\sigma}_2^2)/(n-2)$$

4.4.1 平均の同等性の検定 −分散が既知の場合−

σ_1^2 と σ_2^2 は共に既知という状況の下で，μ_1 と μ_2 の同等性に関する次の 2 つの仮説検定問題

$$H_0 : \mu_1 = \mu_2, \quad \text{vs.} \quad H_1 : \mu_1 \neq \mu_2 \tag{4.4.1}$$

$$H_0 : \mu_1 \leq \mu_2, \quad \text{vs.} \quad \mu_1 > \mu_2 \tag{4.4.2}$$

に関して次のような結果が成り立つ.

2つの独立な正規分布 $N(\mu_1, \sigma_1^2)$, $N(\mu_2, \sigma_2^2)$ （ただし，σ_1^2 と σ_2^2 は既知）の平均に関する仮説検定問題 (4.4.1) において，棄却域が

$$|\bar{x}_1 - \bar{x}_2| > z_{\alpha/2} \sqrt{\sigma_1^2/n_1 + \sigma_2^2/n_2}$$

で与えられる検定は，有意水準 α の一様最強力不偏検定である.

2つの独立な正規分布 $N(\mu_1, \sigma_1^2)$, $N(\mu_2, \sigma_2^2)$ （ただし，σ_1^2 と σ_2^2 は既知）の平均に関する仮説検定問題 (4.4.2) において，棄却域が

$$\bar{x}_1 - \bar{x}_2 > z_{\alpha} \sqrt{\sigma_1^2/n_1 + \sigma_2^2/n_2}$$

で与えられる検定は，有意水準 α の一様最強力検定である.

4.4.2　平均の同等性の検定 −分散が未知の場合−

　一般な条件 $\sigma_1^2 \neq \sigma_2^2$ の場合の理論的な結果（いわゆるベーレンス-フィッシャー問題）は本書の程度を超えるので，$\sigma_1^2 = \sigma_2^2 = \sigma^2$ の場合，つまり分散が等しいことはわかっているがその値は未知の場合に関する結果を述べておく.

2つの独立な正規分布 $N(\mu_1, \sigma^2)$, $N(\mu_2, \sigma^2)$ の平均に関する検定問題 (4.4.1) に関して,

$$\frac{|\bar{x}_1 - \bar{x}_2|}{\sqrt{(n_1^{-1} + n_2^{-1})V}} > t_{\alpha/2}(n - 2)$$

を棄却域にもつ検定は有意水準 α の一様最強力不偏検定である.

2つの独立な正規分布 $N(\mu_1, \sigma^2)$, $N(\mu_2, \sigma^2)$ の平均に関する検定問題 (4.4.2)に関して,

$$\frac{\bar{x}_1 - \bar{x}_2}{\sqrt{(n_1^{-1} + n_2^{-1})V}} > t_\alpha(n - 2)$$

を棄却域にもつ検定は有意水準 α の一様最強力不偏検定である.

4.4.3 分散の同等性の検定

検定問題

$$H_0 : \sigma_1^2 = \sigma_2^2 \quad \text{vs.} \quad H_1 : \sigma_1^2 \neq \sigma_2^2 \tag{4.4.3}$$

に関して,次のような結果が成り立つ.

2つの独立な正規分布 $N(\mu_1, \sigma_1^2)$, $N(\mu_2, \sigma_2^2)$ の分散に関する検定問題 (4.4.3)に関して,以下のような棄却域をもつ検定は,n_1, n_2 が十分大きいとき,一様最強力不偏検定とほぼ同じになる.

$$\frac{n_2\hat{\sigma}_2^2/(n_2 - 1)}{n_1\hat{\sigma}_1^2/(n_1 - 1)} > F_{\alpha/2}(n_2 - 1, n_1 - 1), \quad \text{または}$$

$$\frac{n_2\hat{\sigma}_2^2/(n_2 - 1)}{n_1\hat{\sigma}_1^2/(n_1 - 1)} < F_{1-\alpha/2}(n_2 - 1, n_1 - 1)$$

ただし,$F_\alpha(q, r)$ は自由度 (q, r) のF分布の上側 $100\alpha\%$ 点.

片側検定問題

$$\sigma_1^2 \geq \sigma_2^2 \quad \text{vs.} \quad \sigma_1^2 < \sigma_2^2 \tag{4.4.4}$$

については,次のような結果が成り立つ.

2つの独立な正規分布 $N(\mu_1, \sigma_1^2)$, $N(\mu_2, \sigma_2^2)$ の分散に関する検定問題 (4.4.4)に関して,以下のような棄却域をもつ検定は,一様最強力不偏検定である.

$$\frac{n_2\hat{\sigma}_2^2/(n_2 - 1)}{n_1\hat{\sigma}_1^2/(n_1 - 1)} > F_\alpha(n_2 - 1, n_1 - 1)$$

§ 4.5 正規分布以外の分布に関する検定法

この節では，二項分布，ポアソン分布，および多項分布に関する検定方法について述べる．

4.5.1 二項分布に関する検定

まず，1標本の場合について述べる．

$$X \sim B(n, p)$$

のとき，両側検定問題

$$H_0 : p = p_0 \quad \text{vs.} \quad H_1 : p \neq p_0 \tag{4.5.1}$$

と，片側検定問題

$$H_0 : p \leq p_0 \quad \text{vs.} \quad H_1 : p > p_0 \tag{4.5.2}$$

について考える．

最初に，(4.5.1)について考える．$Y \sim B(1, p)$，すなわちベルヌーイ分布に従う Y の確率関数は $f(y; p) = p^y (1 - p)^{1-y}$ なので，

$$\theta = \log \frac{p}{1 - p}, \quad T(y) = y, \quad c(\theta) = -\log(1 - p), \quad h(y) = 1$$

とおけば，(4.2.5) と同じ形になり，ベルヌーイ分布は指数型分布であることがわかる．ベルヌーイ分布からの n 個の無作為表標本の和が二項分布 $B(n, p)$ になるので，4.2.2項で見た指数型分布と一様最強力不偏検定の関係を使うと，

$$\delta(x) = \begin{cases} 1, & \text{if } x < a \text{ or } x > b \\ r_a, & \text{if } x = a \\ r_b, & \text{if } x = b \\ 0 & \text{if } a < x < b \end{cases}$$

の形の棄却域をもつ検定が不偏で有意水準が α であれば，この検定は有意水準 α の一様最強力不偏検定になることがわかる．

実際には α に応じて，a, b, r_a, r_b を決めるのは煩雑なので，正規分布による近似を利用した検定を行うことが多い．この検定は UMPU test ではない

ことと，有意水準も正確には α に一致しないことに注意を要するが，n が十分大きければ，上の検定とほぼ同じになる．この結果をまとめると次のようになる．

> 二項分布 $X \sim B(n,p)$ の p に関する検定問題 (4.5.1)に関して棄却域 $|x - np_0| > z_{\alpha/2}\sqrt{np_0(1 - p_0)}$ で与えられる検定は，n が十分大きいとき，一様最強力不偏検定とほぼ同じものになる．

次に片側検定問題 (4.5.2)について考える．$p_1 < p_2$ である任意の p_1 と p_2 について，尤度比をとると，

$$\frac{f(x;p_2)}{f(x;p_1)} = \frac{{}_nC_x\, p_2^x\, (1 - p_2)^{n-x}}{{}_nC_x\, p_1^x\, (1 - p_1)^{n-x}}$$
$$= \left(\frac{p_2}{p_1}\frac{1 - p_1}{1 - p_2}\right)^x \left(\frac{1 - p_2}{1 - p_1}\right)^n$$

となる．ここで，$p_2 > p_1$ より，$\dfrac{p_2}{p_1}\dfrac{1 - p_1}{1 - p_2} > 1$ なので，単調尤度比の原理を当てはめれば，

$$\delta(x) = \begin{cases} 1, & \text{if } x > c \\ r, & \text{if } x = c \\ 0, & \text{if } x < c \end{cases} \tag{4.5.3}$$

という形の検定が一様最強力検定になる．具体的には与えられた有意水準 α について，

$$\sum_{i=j+1}^{n} f(i;p_0) < \alpha, \quad \sum_{i=j}^{n} f(i;p_0) \geq \alpha$$

となる j を使って，

$$c = j, \qquad r = (\alpha - \sum_{i=j+1}^{n} f(i;p_0))/f(j;p_0)$$

とすればよい．

しかし，片側検定においても，より簡便な正規分布による近似を用いることが多い．この場合は，有意水準が正確に α にならないだけで，その有意水準のもとでの UMP test であることは保証されている．以上のことをまとめると，次のようになる．

二項分布 $X \sim B(n, p)$ の p に関する検定問題 (4.5.2)に関して棄却域 $x - np_0 > z_\alpha \sqrt{np_0(1 - p_0)}$ で与えられる検定は，その有意水準のもとでの一様最強力検定である．n が十分大きいときは，ほぼ有意水準 α になる．

最後に，2つの互いに独立な二項分布に従う X_1 と X_2

$$X_1 \sim B(n_1, p_1), \quad X_2 \sim B(n_2, p_2)$$

に基づく p_1 と p_2 の同等性を扱う検定問題

$$H_0 : p_1 = p_2 \quad \text{vs.} \quad p_1 \neq p_2 \tag{4.5.4}$$

については，UMPU test の存在が知られているが，棄却限界がやや複雑なので，n_1, n_2 が大きいときは，正規分布による近似を利用した検定がよく使われている．

以下のような棄却域をもつ検定は，n_1 と n_2 が共に十分大きいときは，有意水準 α の検定になる．

$$\frac{|x_1/n_1 - x_2/n_2|}{\sqrt{\hat{p}(1 - \hat{p})(n_1 + n_2)/(n_1 n_2)}} > z_{\alpha/2}$$

ただし，$\hat{p} = (x_1 + x_2)/(n_1 + n_2)$.

分母の $\hat{p}$ をプールしない場合もある（2級対応『統計学基礎』5.3.2項）.

4.5.2 ポアソン分布に関する検定

平均 λ のポアソン分布からの無作為標本 $X_i \sim \text{Po}(\lambda)$, $i = 1, \ldots, n$ をもとにして，次のような2つの仮説検定問題を考える．

$$H_0 : \lambda = \lambda_0 \quad \text{vs.} \quad H_1 : \lambda \neq \lambda_0 \tag{4.5.5}$$

$$H_0 : \lambda \leq \lambda_0 \quad \text{vs.} \quad H_1 : \lambda > \lambda_0 \tag{4.5.6}$$

これについて次のような結果が成り立つ.

検定問題 (4.5.5) に関して，次のような棄却域をもつ検定は，n が十分大きいとき，有意水準 α の一様最強力不偏検定とほぼ同じものになる．

$$\left| \sum_{i=1}^{n} x_i - n\lambda_0 \right| / \sqrt{n\lambda_0} > z_{\alpha/2}$$

ポアソン分布の平均に関する検定問題 (4.5.6) に関して，次のような棄却域をもつ検定は，n が十分大きいとき，有意水準 α の一様最強力検定とほぼ同じものになる．

$$\left(\sum_{i=1}^{n} x_i - n\lambda_0 \right) / \sqrt{n\lambda_0} > z_{\alpha}$$

最後に，2 つの独立なポアソン分布 $\mathrm{Po}(\lambda_1), \mathrm{Po}(\lambda_2)$ からの無作為標本

$$X_{1i} \sim \mathrm{Po}(\lambda_1),\ i = 1, \ldots, n_1 \qquad X_{2i} \sim \mathrm{Po}(\lambda_2),\ i = 1, \ldots, n_2$$

に基づく，仮説検定問題

$$H_0 : \lambda_1 = \lambda_2 \quad \text{vs.} \quad H_1 : \lambda_1 \neq \lambda_2 \tag{4.5.7}$$

について述べる．これについては，UMPU test が存在するが，棄却限界の決め方がやや面倒になるので，ポアソン分布の平方根変換による正規近似を用いた検定が簡便な方法として使われる．

問題 (4.5.7) に関して，

$$\bar{x}_1 = n_1^{-1} \sum_{i=1}^{n_1} x_{1i},\ \bar{x}_2 = n_2^{-1} \sum_{i=1}^{n_2} x_{2i}$$

としたとき，次の棄却域をもつ検定は，n_1, n_2 が十分大きいとき，ほぼ有意水準 α の検定になる．

$$\left| \sqrt{\bar{x}_1} - \sqrt{\bar{x}_2} \right| > (z_{\alpha/2}/2)\sqrt{1/n_1 + 1/n_2}$$

適用場面（3）の例について，有意水準を 5% として，この検定を当てはめてみると，

$$左辺 = \sqrt{5.2} - \sqrt{2.8} \fallingdotseq 0.61$$
$$右辺 = (1.96/2)\sqrt{1/5} \fallingdotseq 0.44$$

となり，「条件 A と B でバクテリアの平均的な出現率に差はない（$\lambda_1 = \lambda_2$）」という帰無仮説は棄却されるので，「条件 A の方がバクテリアの出現回数は多い」と結論づけられることになる．

4.5.3　多項分布に関する検定

標本全体の大きさが n，各カテゴリーに属する確率が p_i，$i = 1, \ldots, k$ である多項分布を考える．n 個の観測値中，各カテゴリーに属する個数を X_i，$i = 1, \ldots, k$ とする．これをもとに検定を行う．

最初に一般的な帰無仮説について考える．θ を h 次元のパラメータ（特に制約はない）として，この θ によって，各 p_i が表されている状態を帰無仮説とし，対立仮説は帰無仮説以外の状態とする．すなわち，

$$H_0 : p_i = p_i(\theta) \quad \text{vs.} \quad H_1 : H_0 \text{ でない}$$

という仮説検定問題を考える．このとき，帰無仮説のもとでの θ の最尤推定量を $\hat{\theta}$ とし，各項目の期待度数を $\hat{x}_i = np_i(\hat{\theta})$ として定義する．このとき，検定統計量 W を

$$W = \sum_{i=1}^{k} \frac{(x_i - \hat{x}_i)^2}{\hat{x}_i}$$

として定義する．帰無仮説が正しければ，期待度数 $\hat{x}_i$ と標本での値（観測度数と呼ぶ）x_i の差は小さくなるはずであり，全体として W は小さくなると考えられることから，W が大きいときに棄却する検定が自然である．有意水準にあわせて棄却限界を決める必要があるが，実は n が大きいときに W は自由度 $k - h - 1$ のカイ二乗分布で近似できることが知られているので，これを利用して

$$W > \chi_\alpha^2(k - h - 1)$$

を棄却域とすれば，n が大きいとき，ほぼ有意水準 α の検定となる．この検定のことを（カイ二乗）**適合度検定**と呼ぶ．

具体例として，適用場面 (4) を使って有意水準 5% の検定を行ってみよう.

$$p_1 = 20\,代の客の割合$$
$$p_2 = 30\,代の客の割合$$
$$p_3 = それ以外の年代の客の割合$$

とする. この場合，帰無仮説「20 代の客が 30 代の客の 2 倍」は，1 次元のパラメータ θ を使うと，

$$H_0 : p_1 = 2\theta, \quad p_2 = \theta, \quad p_3 = 1 - 3\theta$$

となる. この帰無仮説のもとで，多項分布の尤度

$$P(x_1, x_2, x_3; \theta) = \frac{n!}{x_1!\, x_2!\, x_3!}(2\theta)^{x_1}(\theta)^{x_2}(1 - 3\theta)^{x_3}$$

を最大にする θ の値（最尤推定値）は，

$$\hat{\theta} = \frac{x_1 + x_2}{3(x_1 + x_2 + x_3)} = \frac{82}{97 \times 3}$$

となる. これを代入すると，期待度数は，

$$\hat{x}_1 = 2 \times \frac{82}{97 \times 3} \times 97 = \frac{164}{3}, \; \hat{x}_2 = \frac{82}{97 \times 3} \times 97 = \frac{82}{3}$$
$$\hat{x}_3 = 97 - \hat{x}_1 - \hat{x}_2 = \frac{45}{3}$$

となり，検定量の値は，

$$W = \frac{(52 - 164/3)^2}{164/3} + \frac{(30 - 82/3)^2}{82/3} + \frac{(15 - 45/3)^2}{45/3} = \frac{16}{41} \doteqdot 0.390$$

である. これを自由度 $k - h - 1 = 3 - 1 - 1 = 1$ のカイ二乗分布の上側 5% 点 3.841 と比較すると小さいので，帰無仮説は受容される（ちなみに，10% 検定を行っても棄却限界は 2.706 なので，仮説は受容される）.

標本のサイズが比率は同じまま 10 倍になった場合は，W の値は 10 倍の $\frac{160}{41} \doteqdot 3.90$ になることはすぐわかる. これは，3.841 より大きいので，帰無仮説は棄却されることになる. 2 つの場合で結論が分かれたが，これは同じ割合の標本であってもその意味するところが違うためである. 調べた客の数が 10 倍になったとき，期待度数の信頼性は以前より増えており，ここから

のズレ（それを測っているのが W）はより統計的に大きな意味をもつことになる.

多項分布の検定の1つの例として,

$$H_0 : p_i = p_i^*, \ i = 1, \ldots, k \tag{4.5.8}$$

の様に帰無仮説が単純仮説の場合, つまり特定の $p_i^*, i = 1, \ldots, k,$ が想定される場合を考える. この場合は, 期待度数は $\hat{x}_i = np_i^*$ となるので, 検定統計量

$$W = \sum_{i=1}^{k} \frac{(x_i - np_i^*)^2}{np_i^*}$$

を自由度 $k-1$ のカイ二乗分布の上側 $100\alpha\%$ 点と比較して, これより大きければ帰無仮説は棄却となる.

適用場面 (4) の後半の仮説を考えてみよう. この場合, 仮説「20代の客, 30代の客, それ以外の年代の客の割合が, 2 : 1 : 1 である」は,

$$H_0 : p_1 = 1/2, \quad p_2 = 1/4, \quad p_3 = 1/4$$

という単純仮説になる. 期待度数はそれぞれ, $\hat{x}_1 = 97/2$, $\hat{x}_2 = 97/4$, $\hat{x}_3 = 97/4$ となるので, 統計量の値は

$$W = (52-97/2)^2/(97/2)+(30-97/4)^2/(97/4)+(15-97/4)^2/(97/4) \doteqdot 5.144$$

となる. 自由度は2なので, 5%検定をするために, 自由度2のカイ二乗分布の上側5%点 5.991 と比較すると, これよりは小さいので帰無仮説は受容される. しかし, 前半の仮説に比べるとかなり棄却限界に近いことがわかる. これは, 前半の仮説に比べて帰無仮説の範囲を限定したことから, そこから生まれる期待度数と観測度数の乖離が大きくなったと考えられる.

多項分布の検定のもう一つの重要な例として, 独立性の検定と呼ばれるものがあるが、これは5.3節で解説することにする.

■■■■　**練習問題**

問 4.1　正規分布 $N(\mu, 4.0)$ から取られた大きさ n の無作為標本の標本平均を $\bar{X}$ とする．$\bar{X}$ を検定統計量として，帰無仮説 $H_0 : \mu = 0$ を対立仮説 $H_1 : \mu > 0$ に対して検定したい．ここで検定のサイズ（有意水準）は 5% とする．以下の問に答えよ．ただし標準正規分布の上側 5% 点 $z_{0.05}$ および 10% 点 $z_{0.10}$ の値は，それぞれ 1.645 および 1.28 である．

〔1〕　検定の棄却域を $\bar{X} > c$ とするとき，定数 c の値を n を用いて表せ．

〔2〕　$\mu = 1$ における検出力を 0.90 以上とするためには，n の値はいくつ以上でなければならないか．

問 4.2　平均 μ，分散 1.0 の正規母集団からの大きさ n の無作為標本から求めた標本平均を $\bar{x}$ とする。標準正規分布の上側 $100\alpha\%$ 点を z_α とするとき，以下の各問に答えよ．

〔1〕　母平均 μ の信頼係数 $100(1 - \alpha)\%$ の信頼区間は $(\bar{x} - z_{\alpha/2}/\sqrt{n}, \bar{x} + z_{\alpha/2}/\sqrt{n})$ で与えられることを示せ．

〔2〕　帰無仮説 $H_0 : \mu = 0$ に対して対立仮説 $H_1 : \mu \neq 0$ を検定するとき，有意水準 $100\alpha\%$ の一様最強力不偏検定の棄却域を定めよ．

〔3〕　$\mu = 0$ が上問〔1〕で求めた信頼区間に入っていることと，上問〔2〕で与えた帰無仮説 H_0 を棄却しないことが同値であることを示せ．

■■■■ チェックシート

☐ **統計検定の基本的な考え方を理解したか**
　☐ 帰無仮説と対立仮説，棄却と受容，第一（二）種の誤り，有意水準と検出力，これらの言葉の意味を正確に把握した
　☐ 一様最強力検定が何故「最良」な検定なのか説明できる

☐ **一般的な検定の導出方法を理解したか**
　☐ ネイマン-ピアソンの公式を使って検定を導き出せる
　☐ 単調尤度比の原理を使って検定を導き出せる
　☐ 不偏検定とは何かを理解した
　☐ 指数型分布族における一様最強力不偏検定の導き方を理解した
　☐ 尤度比検定の原理を使って検定を導き出せる
　☐ ワルド検定，スコア検定の導き方を理解した

☐ **正規分布に関する標準的な検定方法を身に付けたか**
　☐ 平均と分散に関する1標本の仮説検定問題に関し，それぞれの場合に応じた標準的な検定を理解した
　☐ 平均と分散に関する2標本の仮説検定問題に関し，それぞれの場合に応じた標準的な検定を理解した

☐ **二項分布，ポアソン分布，多項分布に関する標準的な検定方法を身に付けたか**
　☐ 二項分布の確率に関する検定問題に関し，それぞれの場合に応じた標準的な検定方法を理解した
　☐ ポアソン分布の平均に関する検定問題に関し，それぞれの場合に応じた標準的な検定方法を理解した
　☐ 多項分布に関する標準的な検定方法を身に付けた

第5章

主なデータ解析手法

― この章での目標 ―

問題に応じて最適な手法を選択，適用するために，
各種の分析手法を理解する

■ データの変動を水準間変動と残差変動に分解し，水準間で有意差がある
か検定する
■ 変量間の関係を回帰式に表し，回帰式が有意であるか検定する
■ 計数データを水準毎に分割し，水準間に関係があるか検定する
■ 観測値の順位を用いて，母集団分布に依らないノンパラメトリック検定
をする

■■■ **Key Words**

・ 一元配置分散分析，二元配置分散分析
・ 線形単回帰，線形重回帰，最小二乗推定，重相関係数，決定係数
・ カイ二乗検定，フィッシャー検定，連続補正
・ 符号検定，ウィルコクソン順位和検定，順位相関係数
・ 欠測値
・ モンテカルロシミュレーション

§ 5.1 分散分析

5.1.1 一元配置分散分析

1つの要因 A の複数の水準 $A_1, A_2, \ldots, A_a$ に関して, 各水準の母平均に差があるか検定する. 次のようなデータが得られたとする.

表5.1 一元配置のデータ

水準	観測値			標本平均
A_1	x_{11}	$\cdots$	x_{1r}	$\bar{x}_{1\cdot}$
$\vdots$	$\vdots$	$\ddots$	$\vdots$	$\vdots$
A_a	x_{a1}	$\cdots$	x_{ar}	$\bar{x}_{a\cdot}$
		総平均		$\bar{\bar{x}}$

ここで $\bar{x}_{i\cdot}$ は各水準 A_i の平均 $\bar{x}_{i\cdot} = \dfrac{1}{r} \sum_{j=1}^{r} x_{ij}$, $(i = 1, \ldots, a)$ であり,

$\bar{\bar{x}}$ は総平均 $\bar{\bar{x}} = \dfrac{1}{ar} \sum_{i=1}^{a} \sum_{j=1}^{r} x_{ij}$ である. ここでは添え字を簡単にするために各水準の観測値の個数は等しく r として説明するが, 一元配置の場合は水準ごとに異なってもよい.

　観測値は水準間の相違とは無関係なランダム変動を含むため, 仮に各水準の母平均がすべて等しくても標本平均 $\bar{x}_{1\cdot}, \bar{x}_{2\cdot}, \ldots, \bar{x}_{a\cdot}$ がすべて等しくなることはない. そこで問題となるのは, 標本平均 $\bar{x}_{1\cdot}, \bar{x}_{2\cdot}, \ldots, \bar{x}_{a\cdot}$ の相違が「母平均はすべて等しいという仮説を否定する根拠となるほどに大きい」のか, あるいは「水準間の相違とは無関係なランダム変動で充分説明がつく程度」なのか, の判断である.

　この問題を考えるために, データの構造を次のように表す.

$$x_{ij} = \mu + \alpha_i + \varepsilon_{ij}$$

ただし $\sum_{i=1}^{a} \alpha_i = 0$ であり ε_{ij} は互いに独立に正規分布 $N\left(0, \sigma^2\right)$ に従う. この表記により, 母平均はすべて等しいという仮説は $\alpha_1 = \alpha_2 = \cdots = \alpha_a = 0$ と表される.

　標本平均 $\bar{x}_{1\cdot}, \bar{x}_{2\cdot}, \ldots, \bar{x}_{a\cdot}$ の相違が水準間の相違とは無関係なランダ

ム変動と比べて大きいかどうか評価するために, 変動の総平方和 $S_T = \sum_{i=1}^{a}\sum_{j=1}^{r}(x_{ij} - \bar{\bar{x}})^2$ を次のように分解する.

$$\sum_{i=1}^{a}\sum_{j=1}^{r}(x_{ij} - \bar{\bar{x}})^2 = r\sum_{i=1}^{a}(\bar{x}_i - \bar{\bar{x}})^2 + \sum_{i=1}^{a}\sum_{j=1}^{r}(x_{ij} - \bar{x}_{i\cdot})^2$$

右辺第一項を水準間平方和と呼び S_A と書く. 右辺第二項を残差平方和と呼び S_e と書く.

S_A が S_e と比べてどの程度大きいのか, つまり母平均はすべて等しいという仮説が正しい場合のランダム変動で充分説明できる程度なのかを考えるために S_A と S_e の比の確率分布を考える. 不偏分散と同様の考え方により, 総平方和 S_T の**自由度**は $\phi_T = ar - 1$, 水準間平方和の自由度は $\phi_A = a - 1$ であり, 残差平方和の自由度はその差 $\phi_e = \phi_T - \phi_A = ar - a$ として得られる. 帰無仮説 $\alpha_1 = \alpha_2 = \cdots = \alpha_a = 0$ のもとで S_A, S_e は独立で, $S_A/\sigma^2, S_e/\sigma^2$ はそれぞれ自由度 ϕ_A, ϕ_e の χ^2 分布に従う. σ^2 は未知であるが, 比を計算することで約分して消去できる. これらを各々その自由度で割り $V_A = S_A/\phi_A, V_E = S_e/\phi_e$ とおくと, 検定統計量 $F = V_A/V_e$ は自由度 (ϕ_A, ϕ_e) の F 分布に従う. この値（"F 値" あるいは "F 比"）が自由度 (ϕ_A, ϕ_e) の F 分布の上側 α 点より大きいならば, 帰無仮説は有意水準 α で棄却される. 分散分析では, 以上の計算結果を**分散分析表**にまとめる.

表5.2 分散分析表

要因	平方和 S	自由度 ϕ	平均変動 V	検定統計量 F
A	S_A	$\phi_A = a - 1$	$V_A = \dfrac{S_A}{\phi_A}$	$F = \dfrac{V_A}{V_e}$
e	S_e	$\phi_e = ar - a$	$V_e = \dfrac{S_e}{\phi_e}$	
計	S_T	$\phi_T = ar - 1$		

5.1.2　二元配置分散分析

2つの要因 A, B にそれぞれ水準 $A_1, A_2, \ldots, A_a$ および $B_1, B_2, \ldots, B_b$ があり, 2つの要因が互いに無関係, つまり水準の組 (A_i, B_j) の母平均 μ_{ij} が

$$\mu_{ij} = \mu + \alpha_i + \beta_j$$

と表される場合に, 各水準の母平均に差があるか検定する. ただし $\sum_{i=1}^{a}\alpha_i = 0$,

$\displaystyle\sum_{j=1}^{b} \beta_j = 0$, とする．各水準の組から1つずつ観測値を得て次のようなデータが得られたとする．

表 5.3 　繰り返しのない二元配置のデータ

水準	B_1	$\cdots$	B_b	平均 $\bar{x}_{i\cdot}$
A_1	x_{11}	$\cdots$	x_{1b}	$\bar{x}_{1\cdot}$
$\vdots$	$\vdots$	$\ddots$	$\vdots$	$\vdots$
A_a	x_{a1}	$\cdots$	x_{ab}	$\bar{x}_{a\cdot}$
平均 $\bar{x}_{\cdot j}$	$\bar{x}_{\cdot 1}$	$\cdots$	$\bar{x}_{\cdot b}$	$\bar{\bar{x}}$

ここで $\bar{x}_{i\cdot}$ は各水準 A_i の平均 $\bar{x}_{i\cdot} = \dfrac{1}{b}\displaystyle\sum_{j=1}^{b} x_{ij}$, $(i = 1, \ldots, a)$, $\bar{x}_{\cdot j}$ は各水準 B_j の平均 $\bar{x}_{\cdot j} = \dfrac{1}{a}\displaystyle\sum_{i=1}^{a} x_{ij}$, $(j = 1, \ldots, b)$ であり，$\bar{\bar{x}}$ は総平均 $\bar{\bar{x}} = \dfrac{1}{ab}\displaystyle\sum_{i=1}^{a}\sum_{j=1}^{b} x_{ij}$ である．

データの構造式として以下を考える．

$$x_{ij} = \mu_{ij} + \varepsilon_{ij} = \mu + \alpha_i + \beta_j + \varepsilon_{ij}$$

ただし ε_{ij} は互いに独立に正規分布 $N\left(0, \sigma^2\right)$ に従う．

このデータに基づき，要因 A の各水準毎の標本平均 $\bar{x}_{1\cdot}, \bar{x}_{2\cdot}, \ldots, \bar{x}_{a\cdot}$ の相違が「要因 A の効果がないという仮説 $\alpha_1 = \alpha_2 = \cdots = \alpha_a = 0$」を否定する根拠となるほどに大きいのか，あるいは水準間の相違とは無関係なランダム変動で充分説明がつく程度なのかを判断する．また，要因 B の各水準毎の標本平均 $\bar{x}_{\cdot 1}, \bar{x}_{\cdot 2}, \ldots, \bar{x}_{\cdot b}$ の相違が「要因 B の効果がないという仮説 $\beta_1 = \beta_2 = \cdots = \beta_b = 0$」を否定する根拠となるほどに大きいのか，あるいは水準間の相違とは無関係なランダム変動で充分説明がつく程度なのか，ということを判断する．

そのために総平方和 $S_T = \displaystyle\sum_{i=1}^{a}\sum_{j=1}^{b} \left(x_{ij} - \bar{\bar{x}}\right)^2$ を次のように分解する．

$$\sum_{i=1}^{a}\sum_{j=1}^{b} \left(x_{ij} - \bar{\bar{x}}\right)^2$$
$$= b\sum_{i=1}^{a} \left(\bar{x}_{i\cdot} - \bar{\bar{x}}\right)^2 + a\sum_{j=1}^{b} \left(\bar{x}_{\cdot j} - \bar{\bar{x}}\right)^2 + \sum_{i=1}^{a}\sum_{j=1}^{b} \left(x_{ij} - \bar{x}_{i\cdot} - \bar{x}_{\cdot j} + \bar{\bar{x}}\right)^2$$

右辺第一項を A 間平方和 S_A, 第二項を B 間平方和 S_B, 第三項を残差平方和 S_e と呼ぶ. これらの確率分布を考えるために自由度を整理すると, 総平方和 S_T の自由度は $\phi_T = ab - 1$, A 間平方和 S_A の自由度は $\phi_A = a - 1$, B 間平方和 S_B の自由度は $\phi_B = b - 1$ であり, 残差平方和 S_e の自由度はその差 $\phi_T - \phi_A - \phi_B = ab - a - b + 1$ として得られる. 帰無仮説 $\alpha_1 = \alpha_2 = \cdots = \alpha_a = 0$ のもとで S_A, S_e は独立で $S_A/\sigma^2, S_e/\sigma^2$ はそれぞれ自由度 ϕ_A, ϕ_e の χ^2 分布に従う. $V_A = S_A/\phi_A, V_E = S_e/\phi_e$ とおくと, 検定統計量 $F = V_A/V_e$ は自由度 (ϕ_A, ϕ_e) の F 分布に従う. 同様に帰無仮説 $\beta_1 = \beta_2 = \cdots = \beta_b = 0$ のもとで S_B, S_e は独立で $S_B/\sigma^2, S_e/\sigma^2$ はそれぞれ自由度 ϕ_B, ϕ_e の χ^2 分布に従うので, $V_B = S_B/\phi_B$ とおくと, 検定統計量 $F = V_B/V_e$ は自由度 (ϕ_B, ϕ_e) の F 分布に従う. 以上の計算結果を分散分析表にまとめる.

表 **5.4** 分散分析表

要因	平方和 S	自由度 ϕ	平均変動 V	検定統計量 F
A	S_A	$\phi_A = a - 1$	$V_A = \dfrac{S_A}{\phi_A}$	$F_A = \dfrac{V_A}{V_e}$
B	S_B	$\phi_B = b - 1$	$V_B = \dfrac{S_B}{\phi_B}$	$F_B = \dfrac{V_B}{V_e}$
e	S_e	$\phi_e = ab - a - b + 1$	$V_e = \dfrac{S_e}{\phi_e}$	
計	S_T	$\phi_T = ab - 1$		

5.1.3 交互作用

2 つの要因 A, B にそれぞれ水準 $A_1, A_2, \ldots, A_a$ および $B_1, B_2, \ldots, B_b$ があり, 2 つの要因が互いに無関係かどうかわからない場合, つまり要因 A の水準が A_i である場合の要因 B の水準が B_k と B_l の場合の差と, 要因 A の水準が A_j である場合の要因 B の水準が B_k と B_l の場合の差が等しいことが明らかではない場合は, 水準の組 (A_i, B_j) の母平均 μ_{ij} を

$$\mu_{ij} = \mu + \alpha_i + \beta_j + (\alpha\beta)_{ij}$$

ただし $\displaystyle\sum_{i=1}^{a} \alpha_i = 0, \sum_{j=1}^{b} \beta_j = 0, \sum_{i=1}^{a} (\alpha\beta)_{ij} = 0, \sum_{j=1}^{b} (\alpha\beta)_{ij} = 0$, とする. $(\alpha\beta)_{ij}, (i = 1, \ldots, a, j = 1, \ldots, b)$ で表される 2 つの要因の関係を**交互作用**と呼ぶ. これに対して α_i, β_j をそれぞれ要因 A, B の**主効果**と呼ぶ. 交互

作用がある場合は，前項のように各水準の組から1つずつ観測値を得るだけでは不十分である．なぜならデータの構造式

$$x_{ij} = \mu_{ij} + \varepsilon_{ij} = \mu + \alpha_i + \beta_j + (\alpha\beta)_{ij} + \varepsilon_{ij}$$

において，交互作用 $(\alpha\beta)_{ij}$ とランダム変動 ε_{ij} の区別がつかないからである．

そのため各水準の組から r 個 $(r > 1)$ ずつ観測値を得る必要がある．一元配置と異なり二元配置では，各平方和が独立に分布するためには，各水準からの観測値の個数は一定である必要がある．次のようなデータが得られたとする．

表5.5　繰り返しのある二元配置のデータ

水準	B_1	$\cdots$	B_b	平均 $\bar{x}_{i\cdot\cdot}$
A_1	x_{111} $\vdots$ x_{11r}	$\cdots$ $\ddots$ $\cdots$	x_{1b1} $\vdots$ x_{1br}	$\bar{x}_{1\cdot\cdot}$
$\vdots$	$\vdots$	$\vdots$	$\vdots$	$\vdots$
A_a	x_{a11} $\vdots$ x_{a1r}	$\cdots$ $\ddots$ $\cdots$	x_{ab1} $\vdots$ x_{abr}	$\bar{x}_{a\cdot\cdot}$
平均 $\bar{x}_{\cdot j\cdot}$	$\bar{x}_{\cdot 1\cdot}$	$\cdots$	$\bar{x}_{\cdot b\cdot}$	総平均 $\bar{\bar{x}}$

ここで $\bar{x}_{i\cdot\cdot}$ は各水準 A_i の平均 $\bar{x}_{i\cdot\cdot} = \dfrac{1}{br}\sum_{j=1}^{b}\sum_{k=1}^{r} x_{ijk}, \ (i = 1, \ldots, a)$, $\bar{x}_{\cdot j\cdot}$ は各水準 B_j の平均 $\bar{x}_{\cdot j\cdot} = \dfrac{1}{ar}\sum_{i=1}^{a}\sum_{k=1}^{r} x_{ijk}, \ (j = 1, \ldots, b)$ であり，$\bar{\bar{x}}$ は総平均 $\bar{\bar{x}} = \dfrac{1}{abr}\sum_{i=1}^{a}\sum_{j=1}^{b}\sum_{k=1}^{r} x_{ijk}$ である．また，この表には表れていないが各水準の組 (A_i, B_j) の標本平均を $\bar{x}_{ij\cdot} = \dfrac{1}{r}\sum_{k=1}^{r} x_{ijk}$ と書く．

データの構造式として以下を考える．

$$x_{ijk} = \mu_{ij} + \varepsilon_{ij} = \mu + \alpha_i + \beta_j + (\alpha\beta)_{ij} + \varepsilon_{ijk}$$

ただし ε_{ijk} は互いに独立に正規分布 $N\left(0, \sigma^2\right)$ に従う．

このデータに基づき，要因 A の各水準毎の標本平均 $\bar{x}_{1\cdot\cdot}, \bar{x}_{2\cdot\cdot}, \ldots, \bar{x}_{a\cdot\cdot}$ の相違，及び要因 B の各水準毎の標本平均 $\bar{x}_{\cdot 1\cdot}, \bar{x}_{\cdot 2\cdot}, \ldots, \bar{x}_{\cdot b\cdot}$ の相違がそれぞれ

「要因 A の効果がないという仮説 $\alpha_1 = \alpha_2 = \cdots = \alpha_a = 0$」「要因 B の効果がないという仮説 $\beta_1 = \beta_2 = \cdots = \beta_b = 0$」を否定する根拠となるほどに大きいのか，あるいは水準間の相違とは無関係なランダム変動で充分説明がつく程度なのかを判断する．さらに各水準の組毎の標本平均 $\bar{x}_{11\cdot}, \ldots, \bar{x}_{ab\cdot}$ の相違が，A 及び B の主効果とランダム変動だけで説明がつくのか，それとも交互作用 $(\alpha\beta)_{ij}$ を含めなければ説明できないのかということを判断する．

そのために総平方和 $S_T = \sum_{i=1}^{a}\sum_{j=1}^{b}\sum_{k=1}^{r}(x_{ijk} - \bar{\bar{x}})^2$ を次のように分解する．まず主効果，交互作用を含めた各水準間の変動の平方和と残差平方和に分解する．

$$\sum_{i=1}^{a}\sum_{j=1}^{b}\sum_{k=1}^{r}(x_{ijk} - \bar{\bar{x}})^2 = r\sum_{i=1}^{a}\sum_{j=1}^{b}(\bar{x}_{ij\cdot} - \bar{\bar{x}})^2 + \sum_{i=1}^{a}\sum_{j=1}^{b}\sum_{k=1}^{r}(x_{ijk} - \bar{x}_{ij\cdot})^2$$

右辺第一項を AB 間平方和 S_{AB}，第二項を残差平方和 S_e と呼ぶ．これらの自由度を整理すると，総平方和 S_T の自由度は $\phi_T = abr - 1$，AB 間平方和 S_{AB} の自由度は水準の組の総数から $\phi_{AB} = ab - 1$，残差平方和 S_e の自由度はその差 $\phi_e = \phi_T - \phi_{AB} = abr - ab$ として得られる．さらに AB 間平方和 S_{AB} を A,B 各主効果と交互作用に分解すると，

$$S_{AB} = br\sum_{i=1}^{a}(\bar{x}_{i\cdot\cdot} - \bar{\bar{x}})^2$$

$$+ar\sum_{j=1}^{b}(\bar{x}_{\cdot j\cdot} - \bar{\bar{x}})^2 + r\sum_{i=1}^{a}\sum_{j=1}^{b}(\bar{x}_{ij\cdot} - \bar{x}_{i\cdot\cdot} - \bar{x}_{\cdot j\cdot} + \bar{\bar{x}})^2$$

右辺第一項を A 間平方和 S_A，第二項を B 間平方和 S_B，第三項を $A \times B$ 平方和 $S_{A \times B}$ と呼ぶ．これらの自由度を整理すると，A 間平方和 S_A の自由度は $\phi_A = a - 1$，B 間平方和 S_B の自由度は $\phi_B = b - 1$ であり，$A \times B$ 平方和 $S_{A \times B}$ の自由度はその差 $\phi_{A \times B} = \phi_{AB} - \phi_A - \phi_B = ab - a - b + 1 = (a-1)(b-1)$ として得られる．

帰無仮説 $\alpha_1 = \alpha_2 = \cdots = \alpha_a = 0$ のもとで S_A, S_e は独立で $S_A/\sigma^2, S_e/\sigma^2$ はそれぞれ自由度 ϕ_A, ϕ_e の χ^2 分布に従う．$V_A = S_A/\phi_A, V_E = S_e/\phi_e$ とおくと，検定統計量 $F = V_A/V_e$ は自由度 (ϕ_A, ϕ_e) の F 分布に従う．同様に帰無仮説 $\beta_1 = \beta_2 = \cdots = \beta_b = 0$ のもとで S_B, S_e は独立で $S_B/\sigma^2, S_e/\sigma^2$ はそれぞれ自由度 ϕ_B, ϕ_e の χ^2 分布に従う．$V_B = S_B/\phi_B$ とおくと，検

定統計量 $F = V_B/V_e$ は自由度 (ϕ_B, ϕ_e) の F 分布に従う．さらに帰無仮説 $(\alpha\beta)_{11} = \cdots = (\alpha\beta)_{ab} = 0$ のもとで $S_{A\times B}, S_e$ は独立で $S_{A\times B}/\sigma^2, S_e/\sigma^2$ はそれぞれ自由度 $\phi_{A\times B}, \phi_e$ の χ^2 分布に従う．$V_{A\times B} = S_{A\times B}/\phi_{A\times B}$ とおくと，検定統計量 $F = V_{A\times B}/V_e$ は自由度 $(\phi_{A\times B}, \phi_e)$ の F 分布に従う．以上の計算結果を分散分析表にまとめる．

表 5.6　分散分析表

要因	平方和 S	自由度 ϕ	平均変動 V	検定統計量 F
A	S_A	$\phi_A = a - 1$	$V_A = \dfrac{S_A}{\phi_A}$	$F_A = \dfrac{V_A}{V_e}$
B	S_B	$\phi_B = b - 1$	$V_B = \dfrac{S_B}{\phi_B}$	$F_B = \dfrac{V_B}{V_e}$
$A \times B$	$S_{A\times B}$	$\phi_{A\times B}$ $= ab - a - b + 1$	$V_{A\times B} = \dfrac{S_{A\times B}}{\phi_{A\times B}}$	$F_{A\times B} = \dfrac{V_{A\times B}}{V_e}$
e	S_e	$\phi_e = abr - ab$	$V_e = \dfrac{S_e}{\phi_e}$	
計	S_T	$\phi_T = abr - 1$		

5.1.4　共分散分析

ここまでの分散分析では，データ全体の変動を，水準間の変動項と水準内の変動項に分け，水準内の変動はランダムな変動とみなした．そして水準間の変動がランダム変動に対して有意に大きいならば，水準間で差があると判断した．しかし水準内の変動項に分けられた変動の一部が，別の変量（これを**共変量**と呼ぶ）により説明されるならば，水準内の変動項をさらに共変量により説明できる変動と，共変量により説明できないランダム変動に分けることができ，これまでの方法では有意ではなかった水準間の差を見つけられる可能性がある．一元配置同様に以下のデータが得られたとする．y_{ij} は関心のある変量，x_{ij} は水準の差以外に y_{ij} に影響のある共変量である．

表 5.7　共分散分析のデータ

水準	観測値			標本平均
A_1	(x_{11}, y_{11})	$\cdots$	(x_{1r}, y_{1r})	$(\bar{x}_{1\cdot}, \bar{y}_{1\cdot})$
$\vdots$	$\vdots$	$\ddots$	$\vdots$	$\vdots$
A_a	(x_{a1}, y_{a1})	$\cdots$	(x_{ar}, y_{ar})	$(\bar{x}_{a\cdot}, \bar{y}_{a\cdot})$
			総平均	$(\bar{\bar{x}}, \bar{\bar{y}})$

ここで $\bar{x}_{i\cdot}, \bar{y}_{i\cdot}$ はそれぞれ各水準 A_i での平均 $\bar{x}_{i\cdot} = \dfrac{1}{r}\displaystyle\sum_{j=1}^{r} x_{ij}, \bar{y}_{i\cdot} = \dfrac{1}{r}\displaystyle\sum_{j=1}^{r} y_{ij}$

であり，$\bar{\bar{x}}, \bar{\bar{y}}$ はそれぞれ総平均 $\bar{\bar{x}} = \dfrac{1}{ar} \sum_{i=1}^{a} \sum_{j=1}^{r} x_{ij}, \bar{\bar{y}} = \dfrac{1}{ar} \sum_{i=1}^{a} \sum_{j=1}^{r} y_{ij}$ である．このデータに対して，次のデータの構造式を考える．

$$y_{ij} = \mu + \alpha_i + \beta x_{ij} + \varepsilon_{ij}$$

ただし $\sum_{i=1}^{a} \alpha_i = 0$ であり ε_{ij} は互いに独立に正規分布 $N\left(0, \sigma^2\right)$ に従う．

この式において β には添え字 i がついていない，つまり回帰直線 $y = \mu + \alpha_i + \beta x$ の傾きは水準に依らず等しく，x の値によって大小関係が逆転することはない．この表記により，水準間に差はないという仮説は $\alpha_1 = \alpha_2 = \cdots = \alpha_a = 0$ と表される．

$\alpha_1, \alpha_2, \ldots, \alpha_a$ および β は，$\alpha'_i = \mu + \alpha_i$ とおき，

$$\sum_{i=1}^{a} \sum_{j=1}^{r} \left(y_{ij} - \left(\alpha'_i + \beta x_{ij} \right) \right)^2$$

を最小化する値として，

$$\beta = \frac{\sum_{i=1}^{a} \sum_{j=1}^{r} (x_{ij} - \bar{x}_{i\cdot})(y_{ij} - \bar{y}_{i\cdot})}{\sum_{i=1}^{a} \sum_{j=1}^{r} (x_{ij} - \bar{x}_{i\cdot})^2}, \quad \alpha'_i = \bar{y}_{i\cdot} - \beta \bar{x}_{i\cdot} \ (i = 1, \ldots, a)$$

と求めることができ，この β を用いて

$y_{ij} - \beta x_{ij}, (i = 1, \ldots, a, j = 1, \ldots, r)$ を新たに観測データとしておきかえて前述の分散分析を行う．

それに先立ち，水準ごとの回帰直線が平行であるという仮定が満たされていることを確認する．その手順として水準ごとの回帰直線が平行であるという仮定を置かなかった場合の回帰直線 $y = \tilde{\alpha}_i + \tilde{\beta}_i x \ (i = 1, \ldots, a)$ の係数を求めると以下のようになる．

$$\tilde{\beta}_i = \frac{\sum_{j=1}^{r} (x_{ij} - \bar{x}_{i\cdot})(y_{ij} - \bar{y}_{i\cdot})}{\sum_{j=1}^{r} (x_{ij} - \bar{x}_{i\cdot})^2}, \ \tilde{\alpha}_i = \bar{y}_{i\cdot} - \tilde{\beta}_i \bar{x}_{i\cdot}.$$

これらを用いて，傾きが共通な回帰直線からの残差平方和

$$S_w = \sum_{i=1}^{a} \sum_{j=1}^{r} \left(y_{ij} - \left(\alpha'_i + \beta x_{ij} \right) \right)^2$$

を水準ごとの回帰直線からの残差平方和 $S_e = \sum_{i=1}^{a} \sum_{j=1}^{r} \left(y_{ij} - \left(\tilde{\alpha}_i + \tilde{\beta}_i x_{ij} \right) \right)^2$

と回帰の差 $S_r = S_w - S_e$ に分解する．自由度は観測値の総数 ar から係数の

個数を引いて S_w の自由度は $\phi_w = ar - (a+1)$, S_e の自由度は $\phi_e = ar - 2a$, S_r の自由度は $\phi_r = \phi_w - \phi_e = a - 1$ である. $V_r = S_r/\phi_r, V_e = S_e/\phi_e$ とおき, 水準ごとの回帰直線が平行であるという帰無仮説のもとで, 検定統計量 $F = V_r/V_e$ は自由度 $(a - 1, ar - 2a)$ の F 分布に従う. この値が自由度 $(a - 1, ar - 2a)$ の F 分布の上側 α 点より大きいならば, 帰無仮説を有意水準 α で棄却し, そうでないならば水準ごとの回帰直線が平行であるとして次の共分散分析を行う.

表 5.8 回帰の同質性の検定のための分散分析表

要因	平方和	自由度	平均変動	検定統計量
回帰の差	S_r	$\phi_r = a - 1$	$V_r = \dfrac{S_r}{\phi_r}$	$F = \dfrac{V_r}{V_e}$
水準ごとの回帰直線からの残差平方和	S_e	$\phi_e = ar - 2a$	$V_e = \dfrac{S_e}{\phi_e}$	
傾きだけが共通な回帰直線からの残差平方和	S_w	$\phi_w = ar - a - 1$	$V_w = \dfrac{S_w}{\phi_w}$	

水準間に差はないという帰無仮説 $\alpha_1 = \cdots = \alpha_a = 0$ のもとで, 水準間で共通の回帰直線 $y = \mu + \beta x$ を考えると β は 5.2.1 項のように与えられ, $\mu = \bar{\bar{y}} - \beta \bar{\bar{x}}$ となる. これらを用いて, 水準間で共通の回帰直線からの残差平方和 $S_t = \displaystyle\sum_{i=1}^{a} \sum_{j=1}^{r} (y_{ij} - (\mu + \beta x_{ij}))^2$ を, 傾きだけが共通の回帰直線からの残差平方和 S_w と水準間の変動の平方和 $S_b = S_t - S_w$ に分解する. 観測値の総数 ar から係数の個数を引いて S_t の自由度は $\phi_t = ar - 2$, S_w の自由度は $\phi_w = ar - (a+1)$, S_b の自由度は $\phi_b = \phi_t - \phi_w = a - 1$ である. $V_b = S_b/\phi_b, V_w = S_w/\phi_w$ とおき, 水準間に差はないという帰無仮説のもとで, 検定統計量 $F = V_b/V_w$ は自由度 $(a - 1, ar - a - 1)$ の F 分布に従う.

表 5.9 共分散分析のための分散分析表

要因	平方和	自由度	平均変動	検定統計量
水準間の平方和	S_b	$\phi_b = a - 1$	$V_b = \dfrac{S_b}{\phi_b}$	$F = \dfrac{V_b}{V_w}$
傾きだけが共通の回帰直線からの残差平方和	S_w	$\phi_w = ar - a - 1$	$V_w = \dfrac{S_w}{\phi_w}$	
全水準で共通の回帰直線からの残差平方和	S_t	$\phi_t = ar - 2$		

§5.2 回帰分析

5.2.1 線形単回帰

2変量 (X, Y) に対し，X と Y の関係をとらえるために，Y を X の式で表したい．最も単純な式として一次式 $Y = \alpha + \beta X$ を用いるものを線形単回帰という．ここで，X を**説明変数**，あるいは**独立変数**，Y を**目的変数**，**応答変数**，あるいは**従属変数**と呼び，直線 $Y = \alpha + \beta X$ を回帰直線と呼ぶ．2変量のデータ $(x_1, y_1), (x_2, y_2), \ldots, (x_n, y_n)$ が得られたとする．このデータに対して，次のデータの構造式を考える．

$$y_i = \alpha + \beta x_i + \varepsilon_i$$

ただし ε_i は互いに独立に正規分布 $N\left(0, \sigma^2\right)$ に従う．

データからこの α, β を求め，さらにこの関係に意味がある，つまり $\beta \neq 0$ かどうかを判断したい．x_i からこの関係式を使って y_i を推定した値 $\hat{y}_i = \alpha + \beta x_i$ と実際の y_i の差を残差 $e_i = y_i - (\alpha + \beta x_i)$ とする．残差の平方和

$$S_e = \sum_{i=1}^{n} e_i^2 = \sum_{i=1}^{n} (y_i - \alpha - \beta x_i)^2$$

を最小にする α, β の値 $\hat{\alpha}, \hat{\beta}$ は

$$\hat{\beta} = \frac{S_{xy}}{S_{xx}}, \ \hat{\alpha} = \bar{y} - \hat{\beta}\bar{x}$$

である．ただし $\bar{x} = \dfrac{1}{n}\sum_{i=1}^{n} x_i$, $\bar{y} = \dfrac{1}{n}\sum_{i=1}^{n} y_i$, $S_{xy} = \sum_{i=1}^{n}(x_i - \bar{x})(y_i - \bar{y})$, $S_{xx} = \sum_{i=1}^{n}(x_i - \bar{x})^2$ である．$\hat{\alpha} = \bar{y} - \hat{\beta}\bar{x}$ を回帰直線の方程式 $Y = \hat{\alpha} + \hat{\beta}X$ に代入することで $Y - \bar{y} = \hat{\beta}(X - \bar{x})$ となり，回帰直線は点 $(\bar{x}, \bar{y})$ を通ることがわかる．

残差平方和 S_e に $\hat{\alpha}, \hat{\beta}$ を代入して，残差平方和の最小値は

$$S_e = S_{yy} - \frac{S_{xy}^2}{S_{xx}} \tag{5.2.1}$$

となる. ただし $S_{yy} = \sum_{i=1}^{n} (y_i - \bar{y})^2$ である.

$\hat{\beta}$ の分母は 0 または正であり, 0 となるのは $x_1 = x_2 = \cdots = x_n = \bar{x}$ となるときだけである. それ以外のときは $\hat{\beta}$ の分母は正であるため, $\hat{\beta}$ の正負, つまり回帰直線の傾きの正負は S_{xy} の正負と一致する.

$$Cov(x, y) = \frac{1}{n-1} S_{xy}$$

を X と Y の**共分散**といい, それを X, Y それぞれの標準偏差で割った

$$\rho(x, y) = \frac{Cov(x, y)}{\sqrt{Var(x)}\sqrt{Var(y)}} = \frac{S_{xy}}{\sqrt{S_{xx}}\sqrt{S_{yy}}}$$

を X と Y の**相関係数**という.

元の変量 (X, Y) を

$$\begin{cases} U = aX + b \\ V = cY + d \end{cases}$$

と一次変換したとしよう. ただし逆変換できるように $a \neq 0, c \neq 0$ とする. このとき, (X, Y) の平均, 分散, 共分散, 相関係数と (U, V) のそれらとの間には次の関係式が成立する.

$$\begin{aligned} &\bar{u} = a\bar{x} + b, \bar{v} = c\bar{y} + d, \\ &Var(u) = a^2 Var(x), Var(v) = c^2 Var(y), \\ &Cov(u, v) = ac\, Cov(x, y), \\ &\rho(u, v) = (ac\,\text{の符号}) \times \rho(x, y) \end{aligned}$$

特に, 相関係数は, $ac > 0$ のとき, 一次変換によって不変である.

応答変数によっては, とり得る値の範囲に制限がある. 計数データならば値は 0 以上の整数であり, 故障率や死亡率など割合として計測されたデータならば 0 から 1 の間である. このような応答変数に対して回帰直線を当てはめると, 説明変数の値によっては応答変数の範囲から外れてしまう. このような問題に対しては, 応答変数の特性に合わせた統計モデルを考えて最尤法を用いた方がよいが, モデルによっては非線形最適化が必要となり陽に解けない. そこで計算が簡単な最小二乗法を用いるために応答変数の範囲の制限がなくなるように変換する. 計数データならば対数変換, 割合のデータならば**ロジット変換** $z = \log \frac{y}{1-y}$ などが用いられる.

5.2.2 回帰の分散分析

指定された回帰直線が統計的に意味があるか調べるために Y の総変動 S_{yy} を次のように分解する.

$$S_{yy} = \sum_{i=1}^{n} (y_i - \bar{y})^2 = \sum_{i=1}^{n} \left(\hat{\alpha} + \hat{\beta} x_i - \bar{y} \right)^2 + \sum_{i=1}^{n} \left(y_i - \left(\hat{\alpha} + \hat{\beta} x_i \right) \right)^2$$

(5.2.2)

右辺第一項は回帰による変動の平方和 S_R であり,右辺第二項は残差平方和で S_e と書く. (5.2.1) 式と (5.2.2) 式より

$$S_R = \frac{S_{xy}^2}{S_{xx}}$$

であり,この回帰による変動の平方和を Y の変動の総平方和で割った

$$R^2 = \frac{S_R}{S_{yy}} = \rho(x,y)^2$$

を**寄与率**,あるいは**決定係数**という. (5.2.1) 式の両辺を S_{yy} で割ることで

$$R^2 = \frac{S_{xy}^2}{S_{xx} S_{yy}} = 1 - \frac{S_e}{S_{yy}}$$

であるから, $0 \le R^2 \le 1$ であることがわかり, $-1 \le \rho(x,y) \le 1$ である. R^2 が 1 に近いことは S_e が小さいこと,つまり Y の変動の大半を回帰により説明できることを意味する.

それぞれの自由度は,観測値の個数から,観測値により計算された値の個数を引いて求められる. S_{yy} の自由度は $\phi_{yy} = n-1$, S_e の自由度は $\phi_e = n-2$, S_R の自由度は $\phi_R = \phi_{yy} - \phi_e = 1$ である. $V_R = S_R/\phi_R$, $V_e = S_e/\phi_e$ とおくと,帰無仮説 $\beta = 0$ のもとで,検定統計量 $F = V_R/V_e$ は自由度 $(1, n-2)$ の F 分布に従う. この値が自由度 $(1, n-2)$ の F 分布の上側 α 点より大きいならば,帰無仮説を有意水準 α で棄却し,回帰には意味があるとみなす. 以上の計算結果を分散分析表にまとめる(表 5.10).

表 5.10 分散分析表

要因	平方和 S	自由度 ϕ	平均変動 V	検定統計量 F
R	S_R	$\phi_R = 1$	$V_R = \dfrac{S_R}{\phi_R}$	$F = \dfrac{V_R}{V_e}$
e	S_e	$\phi_e = n-2$	$V_e = \dfrac{S_e}{\phi_e}$	
計	S_{yy}	$\phi_{yy} = n-1$		

5.2.3　線形重回帰

説明変数として複数の変量 $(X_1, X_2, \ldots, X_p)$ が存在する場合の線形回帰 $Y = \alpha + \beta_1 X_1 + \beta_2 X_2 + \cdots + \beta_p X_p$ を**線形重回帰**という.

p 個の説明変数 $(X_1, X_2, \ldots, X_p)$ と 1 つの目的変数 Y について表 5.11 のデータが得られたとする.

表 5.11　重回帰分析のデータ

個体番号	説明変数			応答変数
	X_1	$\cdots$	X_p	Y
1	x_{11}	$\cdots$	x_{1p}	y_1
$\vdots$	$\vdots$	$\ddots$	$\vdots$	$\vdots$
n	x_{n1}	$\cdots$	x_{np}	y_n
平均	$\bar{x}_1$	$\cdots$	$\bar{x}_p$	$\bar{y}$

このデータに対して，次の構造式を考える.

$$y_i = \alpha + \beta_1 x_{i1} + \beta_2 x_{i2} + \cdots + \beta_p x_{ip} + \varepsilon_i \tag{5.2.3}$$

ただし ε_i は互いに独立に正規分布 $N\left(0, \sigma^2\right)$ に従う. 残差平方和

$$S_e = \sum_{i=1}^{n} e_i^2 = \sum_{i=1}^{n} \left(y_i - (\alpha + \beta_1 x_{i1} + \beta_2 x_{i2} + \cdots + \beta_p x_{ip})\right)^2$$

を最小にする $\alpha, \beta_1, \beta_2, \ldots, \beta_p$ を求めるために，S_e を $\alpha, \beta_1, \beta_2, \ldots, \beta_p$ それぞれで偏微分した式を 0 とおくと，$\alpha, \beta_1, \beta_2, \ldots, \beta_p$ に関する $p + 1$ 元連立一次方程式

$$X^t X \beta = X^t y$$

を得る. ただし

$$X = \begin{pmatrix} 1 & x_{11} & x_{12} & \cdots & x_{1p} \\ 1 & x_{21} & x_{22} & \cdots & x_{2p} \\ \vdots & \vdots & \vdots & \ddots & \vdots \\ 1 & x_{n1} & x_{n2} & \cdots & x_{np} \end{pmatrix}, \quad \beta = \begin{pmatrix} \alpha \\ \beta_1 \\ \vdots \\ \beta_p \end{pmatrix}, \quad y = \begin{pmatrix} y_1 \\ y_2 \\ \vdots \\ y_n \end{pmatrix}$$

であり ^{t} は転置を表す. この解を $\hat{\alpha}, \hat{\beta}_1, \hat{\beta}_2, \ldots, \hat{\beta}_p$ とおき，これらを用いて i 番目の観測値の説明変数 $x_{i1}, x_{i2}, \ldots, x_{ip}$ から y_i を予測した値は

$$\hat{y}_i = \hat{\alpha} + \hat{\beta}_1 x_{i1} + \hat{\beta}_2 x_{i2} + \cdots + \hat{\beta}_p x_{ip}$$

となる．この予測値と実際の観測値の組 $(\hat{y}_1, y_1), (\hat{y}_2, y_2), \ldots, (\hat{y}_n, y_n)$ に対し，線形単回帰の場合と同様に相関係数を計算したものを，$(X_1, X_2, \ldots, X_p)$ と Y の**重相関係数**という．

一方，説明変数の1つ X_j と応答変数 Y の相関係数を求めるには，線形単回帰の場合と同様の計算をするのではなく，他の変数の影響を取り除いた後に相関係数を計算する．まず説明変数の残り $X_1, \ldots, X_{j-1}, X_{j+1}, \ldots, X_p$ を改めて説明変数とし，X_j と Y をそれぞれ応答変数とする2つの線形重回帰

$$X_j = a + b_1 X_1 + \cdots + b_{j-1} X_{j-1} + b_{j+1} X_{j+1} + \cdots + b_p X_p$$
$$Y = c + d_1 X_1 + \cdots + d_{j-1} X_{j-1} + d_{j+1} X_{j+1} + \cdots + d_p X_p$$

を考える．データに基づき最小二乗法により係数 $\hat{a}, \hat{b}_1, \ldots, \hat{b}_{j-1}, \hat{b}_{j+1}, \ldots, \hat{b}_p,$ $\hat{c}, \hat{d}_1, \ldots, \hat{d}_{j-1}, \hat{d}_{j+1}, \ldots, \hat{d}_p$ を求める．i 番目の観測値の説明変数 $x_{i1}, \ldots,$ $x_{i,j-1}, x_{i,j+1}, \ldots, x_{ip}$ を用いて x_{ij} および y_i を予測した値

$$\hat{x}_{ij} = \hat{a} + \hat{b}_1 x_{i1} + \cdots + \hat{b}_{j-1} x_{i,j-1} + \hat{b}_{j+1} x_{i,j+1} + \cdots + \hat{b}_p x_{ip}$$
$$\hat{y}_i = \hat{c} + \hat{d}_1 x_{i1} + \cdots + \hat{d}_{j-1} x_{i,j-1} + \hat{d}_{j+1} x_{i,j+1} + \cdots + \hat{d}_p x_{ip}$$

をそれぞれ実際の観測値 x_{ij}, y_i から引いた残差の組 $(x_{1j} - \hat{x}_{1j}, y_1 - \hat{y}_1),$ $(x_{2j} - \hat{x}_{2j}, y_2 - \hat{y}_2), \ldots, (x_{nj} - \hat{x}_{nj}, y_n - \hat{y}_n)$ に対し，線形単回帰の場合と同様に相関係数を計算したものを，X_j と Y の**偏相関係数**という．偏相関係数の正負は変量 X_j の係数 $\hat{\beta}_j$ の正負と一致する．

次に，(5.2.3) の回帰直線が統計的に意味があるか調べるために Y の総変動 S_{yy} を次のように分解する．

$$S_{yy} = \sum_{i=1}^{n} (y_i - \bar{y})^2 = \sum_{i=1}^{n} (\hat{y}_i - \bar{y})^2 + \sum_{i=1}^{n} (y_i - \hat{y}_i)^2$$

右辺第一項は回帰による変動の平方和 S_R であり，右辺第二項は残差平方和で S_e と書く．この回帰による平方和を Y の変動の総平方和で割った

$$R^2 = \frac{S_R}{S_{yy}}$$

を**寄与率**，あるいは**決定係数**といい，これは重相関係数の二乗に等しい．

それぞれの自由度は，観測値の個数から，観測値により計算された値の個数を引いて S_{yy} の自由度は $\phi_{yy} = n-1$，S_e の自由度は $\phi_e = n - (p+1)$，S_R の自由度は $\phi_R = \phi_{yy} - \phi_e = p$ である．$V_R = S_R/\phi_R$，$V_e = S_e/\phi_e$ とおく

と，帰無仮説 $\beta_1 = \beta_2 = \cdots = \beta_p = 0$ のもとで，検定統計量 $F = V_R/V_e$ は自由度 $(p, n - p - 1)$ の F 分布に従う．この値が自由度 $(p, n - p - 1)$ の F 分布の上側 α 点より大きいならば，帰無仮説を有意水準 α で棄却し，回帰には意味があるとみなす．以上の計算結果を分散分析表にまとめる（表5.12）.

表5.12　分散分析表

要因	平方和 S	自由度 ϕ	平均変動 V	検定統計量 F
R	S_R	$\phi_R = p$	$V_R = \dfrac{S_R}{\phi_R}$	$F = \dfrac{V_R}{V_e}$
e	S_e	$\phi_e = n - p - 1$	$V_e = \dfrac{S_e}{\phi_e}$	
計	S_{yy}	$\phi_{yy} = n - 1$		

コラム ▶▶ Column ······························ ●平均への回帰

　この節では主に観測されたデータを解析することを解説し，母集団分布に関する母数については帰無仮説 $\beta = 0$ しか扱わなかった．しかし，観測データを母集団分布に従って観測されるととらえ，回帰分析においても確率分布を考えてみる．

　簡単のため，確率変数 X, Y は同じ正規分布に従い，期待値は共に μ，分散は共に σ^2，X と Y の相関係数は ρ とする．このとき $X = x$ が与えられた下での Y の条件付き期待値と条件付き分散は

$$E[Y|X = x] = \mu + \rho(x - \mu), \quad V(Y|X = x) = \sigma^2(1 - \rho^2)$$

となる．条件付き期待値と条件付けない期待値 μ との差は

$$E[Y|X = x] - \mu = \rho(x - \mu)$$

であり，一般に $-1 < \rho < 1$ であるので，

$$|E[Y|X = x] - \mu| < |x - \mu|$$

となる．この不等式は，$X = x$ で条件付けた Y の期待値は元の x よりも期待値（母平均）μ に近いことを示している．これを「平均への回帰」という．特に相関係数 ρ が 0 に近ければ，$X = x$ で条件付けた Y の期待値は，条件付けない期待値 μ にほぼ等しい．

　「平均への回帰」は，例えばプロスポーツにおいて1年目に活躍した選手が2年目には1年目ほどには目立った活躍ができないという「2年目のジンクス」の説明にもなる．多くのルーキーの中には，1年目に'まぐれ'により実力以上の成績を

残した選手も少なからずいるであろう．そのような選手の成績が2年目の成績は
実力相応になることが「平均への回帰」により説明される．また，科学的根拠の
ない霊感商法がある程度の客を満足させることの説明にもなる．霊感商法の客は
運悪く何らかの不幸に遭った人が多いであろう．そのような人の今後は，実は霊
感商法に頼らなくても，多くの人の平均に近づく，つまり改善されるのであるが，
改善した人は「霊感商法のおかげ」と感謝することになる．

　一方，株式投資において，昨年大きく下がった株が，今年は値を戻すことを期待
して買うことを「平均への回帰」と称することもあるが，統計学における「平均へ
の回帰」が示していることは「今年の騰落率の期待値は去年の下落率ほど大きく
ない」ことだけであり，今年は値を戻すことを示してはいない．しかし昨年の運
用成績が良かった運用者達の，今年の運用成績の平均が昨年ほど良くないことは，
プロスポーツ選手の「2年目のジンクス」同様に「平均への回帰」で説明できる．

　また，分散に関する式 $V(Y|X=x) = \sigma^2(1-\rho^2)$ は，$X=x$ で条件付けること
により分散が小さくなること，そして相関係数が1または -1 により近いほど，分
散がより小さくなることを示している．これは相関係数が1または -1 に近いほ
ど，X に関する情報が Y の予測に役立つことを意味する．

§ **5.3** 分割表の解析

　5.1節では量を測ることで得られる計量値データに関し，水準間の相違の
有無を検定した．本節では個数を数えることで得られる計数値データに関し
て，水準間の相違の有無を検定する．

5.3.1　2×2分割表

　表5.13のようなデータを考える．例えば新薬の効果を確認するために A_1
群の $T_1.$ 人に新薬を与え，A_2 群の $T_2.$ 人に偽薬を与えて，それぞれに対して
効果があった群 B_1 となかった群 B_2 の人数を数えた場合を考える．

表 **5.13**　2×2分割表のデータ

水準	B_1	B_2	合計 $T_i.$
A_1	x_{11}	x_{12}	$T_1.$
A_2	x_{21}	x_{22}	$T_2.$
合計 $T_{\cdot j}$	$T_{\cdot 1}$	$T_{\cdot 2}$	T

関心があるのは，A_1 群で効果がある確率 p_{11} と A_2 群で効果がある確率 p_{21} が等しいかどうかである．確率を表5.14のようにおく．

表5.14　一様性の検定のための確率のおきかた

水準	B_1	B_2	合計
A_1	p_{11}	p_{12}	1
A_2	p_{21}	p_{22}	1

この確率を用いて，A_1 群で効果がある確率と A_2 群で効果がある確率が等しいという帰無仮説は $p_{11} = p_{21}$ と表される．この仮説の検定を**一様性の検定**という．

一方，予め A_1 群と A_2 群に割り振ることができず，観測毎に4つの $(A_1, B_1), (A_1, B_2), (A_2, B_1), (A_2, B_2)$ のどこに入るかを数え上げることもある．この場合，データは表5.13と同じであるが，確率は表5.15のようになりすべてのカテゴリーの合計が1となる．そして A_1, A_2 群と B_1, B_2 群が無関係であるという仮説は $p_{ij} = p_{i\cdot} \times p_{\cdot j}$ $(i = 1, 2\ j = 1, 2)$ と表される．この仮説の検定を**独立性の検定**という．

表5.15　独立性の検定のための確率のおきかた

水準	B_1	B_2	合計 $p_{i\cdot}$
A_1	p_{11}	p_{12}	$p_{1\cdot}$
A_2	p_{21}	p_{22}	$p_{2\cdot}$
合計 $p_{\cdot j}$	$p_{\cdot 1}$	$p_{\cdot 2}$	1

この2つの検定は，データのとり方，母集団のとらえ方が異なり，数式においてはどの部分の確率を足せば全確率1になるか，という部分が異なっている．しかし帰無仮説のもとで第一行 (p_{11}, p_{12}) と第二行 (p_{21}, p_{22}) が比例しているという点では同じであるため，同じ検定方法が利用できる．ここではこの検定のために使われる方法を2つ説明する．いずれの方法も，観測データに基づき帰無仮説のもとでの**期待度数**を計算し，それからのずれが実際の観測データ以上になる確率を計算する．

帰無仮説のもとで (A_i, B_j) の期待度数は，総数 T を行，列それぞれの割合 $\dfrac{T_{i\cdot}}{T}, \dfrac{T_{\cdot j}}{T}$ で割り振って $t_{ij} = \dfrac{T_i \cdot T_{\cdot j}}{T}$ である．

表5.16から，実際の観測データの表以上に'離れる'確率を計算する．

表5.16 期待度数

水準	B_1	B_2	合計 $T_i.$
A_1	t_{11}	t_{12}	$T_1.$
A_2	t_{21}	t_{22}	$T_2.$
合計 $T._j$	$T._1$	$T._2$	T

(1) フィッシャー検定 (Fisher's exact test)

　周辺度数 $T_i., T._j,\ (i = 1, 2\ j = 1, 2)$ で条件付けると，次の表

水準	B_1	B_2	合計 $T_i.$
A_1	y_{11}	y_{12}	$T_1.$
A_2	y_{21}	y_{22}	$T_2.$
合計 $T._j$	$T._1$	$T._2$	T

が観測される確率は**超幾何分布**により

$$\frac{{}_{T_1.}C_{y_{11}} \times {}_{T_2.}C_{y_{21}}}{{}_{T}C_{T._1}} = \frac{T_1.! T_2.! T._1! T._2!}{T! y_{11}! y_{12}! y_{21}! y_{22}!}$$

で与えられる．一連の表

	B_1	B_2
A_1	$x_{11} - 1$	$x_{12} + 1$
A_2	$x_{21} + 1$	$x_{22} - 1$

	B_1	B_2
A_1	x_{11}	x_{12}
A_2	x_{21}	x_{22}

	B_1	B_2
A_1	$x_{11} + 1$	$x_{12} - 1$
A_2	$x_{21} - 1$	$x_{22} + 1$

に対して，実際の観測データの表以上に期待度数から離れた表の確率をすべて足して，それが有意水準以下ならば帰無仮説を棄却する．片側検定の場合，$x_{11} \leq t_{11}$ ならば (A_1, B_1) の度数が x_{11} 以下の表の確率の合計を計算し，$x_{11} \geq t_{11}$ ならば (A_1, B_1) の度数が x_{11} 以上の表の確率の合計を計算する．両側検定の場合，実際の観測データ表と同じくらい反対側に離れている表を考えるので，期待度数からの乖離を表す値 $|y_{11}y_{22} - y_{12}y_{21}|$ を計算する．この式に期待度数を代入すると0になる．この値が実際の観測データ表での値以上であるすべての表の確率の合計を計算する．

(2) **カイ二乗検定** (χ^2 test)

　期待度数との差の二乗を期待度数で割った値をすべて足した

$$\chi^2 = \sum_{i=1}^{2} \sum_{j=1}^{2} \frac{(x_{ij} - t_{ij})^2}{t_{ij}} = \frac{T \times (x_{11}x_{22} - x_{12}x_{21})^2}{T_1. T_2. T._1 T._2}$$

の確率分布は帰無仮説のもとで自由度1の**カイ二乗分布**で近似できる．この値が自由度1のχ^2分布の上側α点より大きいならば，帰無仮説を有意水準αで棄却する．ただし，離散型であるχ^2の確率分布を連続型分布で近似しているため，**イエーツの補正**と呼ばれる補正を行い

$$\chi_0^2 = \frac{T \times (\max(0, |x_{11}x_{22} - x_{12}x_{21}| - T/2))^2}{T_1 \cdot T_2 \cdot T_{\cdot 1} T_{\cdot 2}}$$

を用いることもある．

　カイ二乗検定は近似を用いているため，総数Tが小さい（20以下）あるいは期待度数t_{ij}の中で一番小さい数が特に小さい（5以下）のときには近似が悪くなる．このような場合にはフィッシャー検定を用いたほうがよい．

5.3.2　マクネマー検定

　同じ人に対して時間をおいて2回意見を聞きその変化を調べる，あるいは同じ患者に処置を施し処置前との変化を調べるなど，同じ観測対象に対して同じことを2度調べて，差があるかを検定する問題を考える（表5.17）．

表5.17　対応のあるデータ

		1回目		合計$T_i.$
		A_1	A_2	
2回目	A_1	x_{11}	x_{12}	$T_1.$
	A_2	x_{21}	x_{22}	$T_2.$
合計$T_{.j}$		$T_{.1}$	$T_{.2}$	T

　表だけを見ると前項の分割表の独立性の検定と同じであるが，目的が異なるため検定の方法も全く異なる．独立性の検定においてはA_1, A_2とB_1, B_2の独立性を調べたが，今回は1回目と2回目の変化，つまり表のx_{12}とx_{21}が偏っているかを調べる．1回目と2回目で変化がないという帰無仮説のもとではx_{12}とx_{21}の部分の期待度数は共に$t_{12} = t_{21} = \dfrac{x_{12} + x_{21}}{2}$であり，観測数と期待度数との差の二乗を期待度数で割った値をすべて足した

$$\frac{(x_{12} - t_{12})^2}{t_{12}} + \frac{(x_{21} - t_{21})^2}{t_{21}} = \frac{(x_{12} - x_{21})^2}{x_{12} + x_{21}}$$

の確率分布は帰無仮説のもとで自由度1のカイ二乗分布で近似できる．イエーツの補正は

$$\chi_0^2 = \frac{(\max(0, |x_{12} - x_{21}| - 1))^2}{x_{12} + x_{21}}$$

で与えられる.この値が自由度 1 の χ^2 分布の上側 α 点より大きいならば,帰無仮説を有意水準 α で棄却する.これをマクネマー検定という.

　マクネマー検定は二項分布の正規近似を用いているため,$x_{12} + x_{21}$ が以下の計算を高速にできるほどに小さいならば,確率を直接計算したほうがよい.x_{12} と x_{21} のどちらかが有意に大きいかどうかを検定するのであるから,ケース数 $x_{12} + x_{21}$,母比率 $\frac{1}{2}$ での**母比率の検定**の計算を行う.この場合は片側検定も行うことができ,$N = x_{12} + x_{21}, m = \min(x_{12}, x_{21})$ とおいて,片側検定の**有意確率**すなわち P 値は

$$P = \sum_{i=0}^{m} {}_N C_i \left(\frac{1}{2}\right)^N$$

で与えられる.母比率が $\frac{1}{2}$ なので分布は対称であるから,両側検定の場合はこの値を 2 倍すればよい.これが有意水準以下ならば帰無仮説を棄却する.

5.3.3 $a \times b$ 分割表

　5.3.1 項で述べた 2×2 分割表の一様性の検定,独立性の検定は,$a \times b$ 分割表にも拡張できる.表 5.18 のようなデータを考える.

表 5.18 $a \times b$ 分割表のデータ

水準	B_1	$\cdots$	B_b	合計 $T_{i.}$
A_1	x_{11}	$\cdots$	x_{1b}	$T_{1.}$
$\vdots$	$\vdots$	$\ddots$	$\vdots$	$\vdots$
A_a	x_{a1}	$\cdots$	x_{ab}	$T_{a.}$
合計 $T_{.j}$	$T_{.1}$	$\cdots$	$T_{.b}$	T

一様性の検定のためには確率を表 5.19 のようにおく.

表 5.19 一様性の検定のための確率のおきかた

水準	B_1	$\cdots$	B_b	合計
A_1	p_{11}	$\cdots$	p_{1b}	1
$\vdots$	$\vdots$	$\ddots$	$\vdots$	$\vdots$
A_a	p_{a1}	$\cdots$	p_{ab}	1

　この確率を用いて,一様性の検定のための帰無仮説は,表 5.19 の縦の確率が各々等しい,つまり $p_{11} = \cdots = p_{a1}, \ldots, p_{1,b-1} = \cdots = p_{a,b-1}$ と表される.一方,独立性の検定のためには確率を表 5.20 のようにおく.A と B が独立であるという帰無仮説は $p_{ij} = p_{i.} \times p_{.j}$ $(i = 1, \ldots, a,\ j = 1, \ldots, b)$ と

表される.

表 5.20 独立性の検定のための確率のおきかた

水準	B_1	$\cdots$	B_b	合計 $p_{i\cdot}$
A_1	p_{11}	$\cdots$	p_{1b}	$p_{1\cdot}$
$\vdots$	$\vdots$	$\ddots$	$\vdots$	$\vdots$
A_a	p_{a1}	$\cdots$	p_{ab}	$p_{a\cdot}$
合計 $p_{\cdot j}$	$p_{\cdot 1}$	$\cdots$	$p_{\cdot b}$	1

いずれの帰無仮説のもとでも，データに基づく (A_i, B_j) の期待度数は，$t_{ij} = \dfrac{T_{i\cdot}T_{\cdot j}}{T}$ である（表5.21）.

表 5.21 期待度数

水準	B_1	$\cdots$	B_b	合計 $T_{i\cdot}$
A_1	t_{11}	$\cdots$	t_{1b}	$T_{1\cdot}$
$\vdots$	$\vdots$	$\ddots$	$\vdots$	$\vdots$
A_a	t_{a1}	$\cdots$	t_{ab}	$T_{a\cdot}$
合計 $T_{\cdot j}$	$T_{\cdot 1}$	$\cdots$	$T_{\cdot b}$	T

(1) フィッシャー検定 (Fisher's exact test)

周辺度数 $T_{i\cdot}, T_{\cdot j}, \ (i = 1, \ldots, a, \ j = 1, \ldots, b)$ で条件付けると，次の表

水準	B_1	$\cdots$	B_b	合計 $T_{i\cdot}$
A_1	y_{11}	$\cdots$	y_{1b}	$T_{1\cdot}$
$\vdots$	$\vdots$	$\ddots$	$\vdots$	$\vdots$
A_a	y_{a1}	$\cdots$	y_{ab}	$T_{a\cdot}$
合計 $T_{\cdot j}$	$T_{\cdot 1}$	$\cdots$	$T_{\cdot b}$	T

が観測される確率は

$$P(y_{11}, \ldots, y_{ab}) = \frac{T_{1\cdot}!T_{2\cdot}!\cdots T_{a\cdot}!T_{\cdot 1}!T_{\cdot 2}!\cdots T_{\cdot b}!}{T!y_{11}!\cdots y_{ab}!}$$

で与えられる.

$$\begin{cases} x_{ij} \leq t_{ij}であるような組 (A_i, B_j) に対しては y_{ij} \leq x_{ij} \\ x_{ij} \geq t_{ij}であるような組 (A_i, B_j) に対しては y_{ij} \geq x_{ij} \end{cases}$$

を満たすすべての組 $(y_{11}, \ldots, y_{ab})$ に対して $P(y_{11}, \ldots, y_{ab})$ を足して，それが有意水準以下ならば帰無仮説を棄却する．2×2 表における $|y_{11}y_{22} - y_{12}y_{21}|$ は定義できないため，両側検定する場合は片側検定の P 値を2倍することが多い．あるいは2級対応『統計学基礎』5.1.2項のように「観測結果と比べて出現する確率が小さい事象の確率」とすることもある.

(2) カイ二乗検定 (χ^2 test)

期待度数との差の二乗を期待度数で割った値をすべて足した

$$\chi_0^2 = \sum_{i=1}^{a} \sum_{j=1}^{b} \frac{(x_{ij} - t_{ij})^2}{t_{ij}} \tag{5.3.1}$$

の確率分布は帰無仮説のもとで自由度 $(a-1) \times (b-1)$ のカイ二乗分布で近似できる．この値が自由度 $(a-1) \times (b-1)$ の χ^2 分布の上側 α 点より大きいならば，帰無仮説を有意水準 α で棄却する．差の二乗を用いているため，両側検定のみ設定できる．

カイ二乗検定は近似であるため，期待度数 t_{ij} の中に1以下が1つでもあったり，5以下のものが20%あるような場合は近似が悪くなる．このような場合にはいくつかの群を併合するか，フィッシャー検定を用いたほうがよい．

━━━━ **コラム ▸▸ Column** ━━━━━ ‥‥‥‥‥‥‥‥‥‥‥‥‥‥‥‥‥‥‥ ●不完全データ

多種多様なデータを取り扱うときに考慮しなければならない問題の一つにデータの欠測がある．データの欠測は，特にデータ量が少ない場合に影響が大きいが，欠測の発生がランダムではなく何らかの条件に左右される場合，データ量が多い場合もその条件の影響を受けて偏りを生じることがある．したがって，欠損が生じる原因を調べ，適切に処理する必要がある．

偏りの問題の有無は分析者が仮定する欠測メカニズムに依存する．偏りの問題を引き起こす仮定を「無視できない」欠測メカニズム，偏りの問題を含まない仮定を「無視できる」欠測メカニズムと呼ぶ．欠測メカニズムは MCAR(Missing Completely At Random), MAR(Missing At Random), MNAR(Missing Not At Random) に分類される．MCAR ならば欠測は無視できるが，MAR の場合は推定の対象となるパラメータ及び推定方法に依存して無視できるか否かが決まる．

1変量データの場合，欠測が値に依存しないのならば，その欠測メカニズムは無視できるが，値に依存して欠測が生じる場合は無視できない．例えばダイエット法の評価において，効果があった人は結果を報告し，効果がなかった人は報告しない傾向があれば，ダイエット法の評価は実際よりも効果がある方向に偏ってしまい正しい評価ができない．多変量，例えば (X, Y) で欠測が Y のみに生じる場合，欠測が X, Y どちらの値にも依存しない場合が MCAR であり，欠測が X の値には依存するが Y の値には依存しない場合が MAR であり，これらは無視できる．それに対して欠測が X, Y の値に依存する場合が MNAR であり，無視できない．欠測の X への依存に関してはさらに，X が欠測の条件に合ったために欠測

した標本の数がわかる「打ち切り (censoring)」と欠測した標本の数すらわからない「トランケーション (truncation)」に分類される.

欠測データへの対処法として代表的なものは以下である.

(1) **欠測があるデータを取り除き完全データとして分析**
    変量の1つでも欠測している標本は,欠測していない変量も含めて削除する.
(2) **得られたデータを使って分析**
    標本平均など,欠測していない変量だけで利用可能なものにのみ,一部が欠測した標本も用いる.
(3) **欠測に値を代入して完全データの手法を適用**
    これにはさらに,欠測箇所に1つの値を代入する単一代入法と,複数個の値を代入し擬似的な完全データセットを複数個作成する多重代入法がある. 単一代入法には,代入する値の決め方によって「平均値代入」「乱数代入」「重回帰式による代入」「EMアルゴリズムによる代入」がある.
(4) **欠測をそのままモデル化**
    欠測が無視できない場合は,欠測値をそのまま,母集団のモデル化により解析する.

§5.4 ノンパラメトリック法

5.1節,5.2節で説明した分析法は,検定統計量の確率分布を求めるために,母集団分布が正規分布であり,さらに分散は一定であることを利用していた. 実際の解析において,母平均は未知であり検定が必要であるが,確率分布は既知で正確に正規分布であることがわかっていることは稀である. それでも,観測値の分布が正規分布に近く,標本サイズが大きければ,5.1節,5.2節で説明した検定統計量の分布の性質は近似的に成立しているため,広く用いられている.

しかし,観測値の分布が正規分布から大きく離れており,観測値が少なければ,これらの検定統計量の近似は妥当性を欠く. これに対し,観測値の大小関係のみを利用することで,未知の母集団分布に依存しない解析を行うことができる. この解析法は,母集団分布が正規分布のような有限個のパラメータで記述できる確率分布であるという仮定を用いないため,ノンパラメトリック法と呼ばれる.

5.4.1　符号検定

観測値 $z_1, z_2, \ldots, z_n$ に基づいて母集団分布の中央値が0であるか検定したい場合に用いる．対応のある2変量の観測値 $(x_1, y_1), (x_2, y_2), \ldots, (x_n, y_n)$ に基づいて，2変量の分布が等しいか検定したい場合は $z_i = x_i - y_i$, $(i = 1, \ldots, n)$ とおいて同じ方法を用いることができるが，この場合は後述するウィルコクソン符号付き順位和検定を用いたほうがよい．$z_1, z_2, \ldots, z_n$ の中で正の個数を m_1，負の個数を m_2 とし，0の個数は数えない．中央値は0であるという帰無仮説のもとで，正の個数の確率分布は二項分布 $B\left(m_1 + m_2, \dfrac{1}{2}\right)$ である．対立仮説が，中央値は正であるという片側対立仮説のとき，有意確率は

$$P = \sum_{i=0}^{m_2} {}_{m_1+m_2}C_i \left(\frac{1}{2}\right)^{m_1+m_2}$$

で与えられる．中央値は負であるという片側対立仮説のときは m_1 と m_2 を入れ替えて計算すればよい．中央値は0ではないという両側対立仮説のときは

$$P = 2\sum_{i=0}^{\min(m_1, m_2)} {}_{m_1+m_2}C_i \left(\frac{1}{2}\right)^{m_1+m_2}$$

で与えられる．

これらの式の組み合わせが計算できないほど $m_1 + m_2$ が大きいときは，二項分布の正規近似を用いる．正の個数の確率分布は正規分布 $N\left(\dfrac{m_1 + m_2}{2}, \dfrac{m_1 + m_2}{4}\right)$ で近似できるため，対立仮説が中央値は正であるという片側対立仮説のとき，有意確率は

$$P = \Phi\left(\frac{m_2 - m_1 + 1}{\sqrt{m_1 + m_2}}\right)$$

で与えられる．Φ は標準正規分布の分布関数であり，1を足しているのは**連続補正**である．中央値は負であるという片側対立仮説のときは m_1 と m_2 を入れ替えて計算すればよい．中央値は0ではないという両側対立仮説のときは

$$P = 2\Phi\left(\frac{-|m_2 - m_1| + 1}{\sqrt{m_1 + m_2}}\right)$$

で与えられる．

5.4.2　ウィルコクソン順位和検定（マン-ホイットニー U 検定）

　2つの母集団 X, Y からの観測値 $x_1, x_2, \ldots, x_m$ と $y_1, y_2, \ldots, y_n$ に対応がない場合，これらの観測値に基づいて，2変量の分布が等しいか検定するために用いる．$m + n$ 個の観測値 $x_1, x_2, \ldots, x_m, y_1, y_2, \ldots, y_n$ を小さい順に並べ替えて $i = 1, \ldots, m$ に対し x_i の順位，つまり x_i が小さい方から数えて何番目であるかを R_i と書く．例えば $x_1 = 2, x_2 = 0, y_1 = -4, y_2 = 5$ ならば，小さい順に並べると $-4, 0, 2, 5$ なので $R_1 = 3, R_2 = 2$ である．$m + n$ 個の整数 $1, \ldots, m, m+1, \ldots, m+n$ の中から m 個の整数の組 $R_1, R_2, \ldots, R_m$ を選び出す方法は $_{m+n}C_m$ 通りあるが，2変量の母集団分布が等しいという帰無仮説のもとで，どのような母集団分布であっても，$R_1, R_2, \ldots, R_m$ は $_{m+n}C_m$ 通りのすべてを同じ確率でとる．$W = \displaystyle\sum_{i=1}^{m} R_i$ とおくことで，帰無仮説のもとでの確率分布が母集団分布に依存しない検定統計量を作ることができる．この W をウィルコクソン順位和検定統計量という．しかし，並べ替えの計算は大変であり，$x_1, x_2, \ldots, x_m, y_1, y_2, \ldots, y_n$ の中に同じ値があった場合の処理も大変である．そこで関数

$$I(x, y) = \begin{cases} 1 & (x > y) \\ 0.5 & (x = y) \\ 0 & (x < y) \end{cases}$$

を定義し，

$$U = \sum_{i=1}^{m} \sum_{j=1}^{n} I(x_i, y_j)$$

とおくと，U の同じ値の処理と定数を除き W と一致する．この U をマン-ホイットニー U 検定統計量という．観測値 $x_1, x_2, \ldots, x_m, y_1, y_2, \ldots, y_n$ の中で2つ以上が同じ値となるものが t 種類あり，それぞれその値になる観測値の個数を $\tau_1, \tau_2, \ldots, \tau_t$ とすると2変量の母集団分布が等しいという帰無仮説のもとで U の確率分布は期待値と分散がそれぞれ

$$E(U) = \frac{mn}{2}, V(U) = \frac{mn(m+n+1)}{12} - \frac{mn}{12(m+n)(m+n-1)} \sum_{i=1}^{t} \tau_i(\tau_i^2 - 1)$$

である正規分布で近似される．特に $x_1, x_2, \ldots, x_m, y_1, y_2, \ldots, y_n$ の中に同じ値がなければ $V(U) = \dfrac{mn(m+n+1)}{12}$ となる．

　対立仮説が母集団 X の方が大きいという片側対立仮説のとき，有意確率は

$$P = 1 - \Phi\left(\frac{|U - E(U)| - 0.5}{\sqrt{V(U)}}\right)$$

で与えられる．Φ は標準正規分布の分布関数であり，0.5 を引いているのは連続補正である．どちらかが大きいという両側対立仮説のときは

$$P = 2\left(1 - \Phi\left(\frac{\max(0, |U - E(U)| - 0.5)}{\sqrt{V(U)}}\right)\right)$$

で与えられる．

5.4.3　ウィルコクソン符号付き順位和検定

2つの母集団 X, Y からの観測値に対応があり $(x_1, y_1), (x_2, y_2), \ldots, (x_n, y_n)$ である場合，これらの観測値に基づいて，2変量の分布が等しいか検定するために用いる．この場合は $z_i = x_i - y_i$，$(i = 1, \ldots, n)$ とおく．別の検定問題で，観測値 $z_1, z_2, \ldots, z_n$ に基づいて母集団分布が0に関して対称であるか検定したい場合にも用いることができる．

$z_1, z_2, \ldots, z_n$ を絶対値の小さい順に並べる．ただし0であるものは取り除き，残りを n' 個とする．各 $|z_i|$ の順位に z_i の正負に応じた符号をつけたものすべて足した値を R とする．例えば $z_1 = 2, z_2 = 0, z_3 = -4, z_4 = 5$ ならば，0を除いて絶対値の小さい順に並べると $2, 4, 5$ なので $R = 1 + (-2) + 3 = 2$ である．$|z_1|, |z_2|, \ldots, |z_n|$ の中に同じ値があった場合は順位の平均を用いる．例えば $z_1 = 2, z_2 = -2, z_3 = -4, z_4 = 5$ ならば，絶対値の小さい順に並べると $2, 2, 4, 5$ であり，2つの2の順位としては，順位1と2の平均 1.5 を用いて $R = 1.5 + (-1.5) + (-3) + 4 = 1$ となる．

0を除いた $|z_1|, |z_2|, \ldots, |z_n|$ の中で2つ以上が同じ値となるものが t 種類あり，それぞれその値になる観測値の個数を $\tau_1, \tau_2, \ldots, \tau_t$ とすると2変量の母集団分布が等しいという帰無仮説のもとで R の確率分布は期待値と分散が

$$E(R) = 0, \quad V(R) = \frac{n'(n'+1)(2n'+1)}{6} - \frac{1}{12}\sum_{i=1}^{t}\tau_i(\tau_i^2 - 1)$$

である正規分布で近似される．特に0を除いた $|z_1|, |z_2|, \ldots, |z_n|$ の中に同じ値がなければ $V(R) = \dfrac{n'(n'+1)(2n'+1)}{6}$ となる．

対立仮説が母集団 X の方が大きいという片側対立仮説のとき，有意確率は

$$P = 1 - \Phi\left(\frac{R - E(R) - 0.5}{\sqrt{V(R)}}\right)$$

で与えられる．Φ は標準正規分布の分布関数であり，0.5 を引いているのは連続補正である．どちらかが大きいという両側対立仮説のときは

$$P = 2\left(1 - \Phi\left(\frac{\max(0, |R - E(R)| - 0.5)}{\sqrt{V(R)}}\right)\right)$$

で与えられる．

5.4.4　順位相関係数

相関係数の検定に関しても，順位を用いることで母集団分布が正規分布である仮定を用いずに検定することができる．

(1) スピアマンの順位相関係数

2変量のデータ $(x_1, y_1), (x_2, y_2), \ldots, (x_n, y_n)$ に対し，$x_1, x_2, \ldots, x_n$ を小さい順に並べ替えて各 x_i の順位を R_i とする．$x_1, x_2, \ldots, x_n$ の中に同じ値があった場合は順位の平均を用いる．$y_1, y_2, \ldots, y_n$ に対しても同様に小さい順に並べ替えて各 y_i の順位を S_i とする．$(R_1, S_1), (R_2, S_2), \ldots, (R_n, S_n)$ に対し，2変量の数値データ同様に相関係数を計算したものをスピアマンの順位相関係数という．

スピアマンの順位相関係数は，数値データと同じ方法で検定できる簡便さがあるが，n が十分大きくないと正規近似が次のケンドールの順位相関係数より悪い．

(2) ケンドールの順位相関係数

2変量のデータ $(x_1, y_1), (x_2, y_2), \ldots, (x_n, y_n)$ に対し，x_i と x_j の大小関係が y_i と y_j の大小関係と一致する組 (i, j) の数に注目する．数値データの相関係数同様，最小値が -1，最大値が 1 になり，しかも同じ値があった場合も定義できるように次のように定義する．$I(\ )$ を定義関数，つまり $(\ )$ 内の条件が成立する場合は 1，成立しない場合は 0 となる関数とし

$$\tau = \frac{\sum_{i<j} I((x_i - x_j)(y_i - y_j) > 0) - \sum_{i<j} I((x_i - x_j)(y_i - y_j) < 0)}{\sqrt{\sum_{i<j} I(x_i \neq x_j) \times \sum_{i<j} I(y_i \neq y_j)}}$$

と定義する．

母集団に相関がないという帰無仮説の検定のためには τ の分子

$$K = \sum_{i<j} I((x_i - x_j)(y_i - y_j) > 0) - \sum_{i<j} I((x_i - x_j)(y_i - y_j) < 0)$$

を考える方が便利である．観測値 $x_1, x_2, \ldots, x_n$ の中に 2 つ以上が同じ値となるものが t_x 種類あり，それぞれその値になる観測値の個数を $\tau_{x1}, \tau_{x2}, \ldots,$ τ_{xt_x} とし，観測値 $y_1, y_2, \ldots, y_n$ の中に 2 つ以上が同じ値となるものが t_y 種類あり，それぞれその値になる観測値の個数を $\tau_{y1}, \tau_{y2}, \ldots, \tau_{yt_y}$ とすると，母集団に相関がないという帰無仮説のもとで，K の確率分布は期待値，分散がそれぞれ

$$E(K) = 0, V(K) = \frac{n(n-1)(2n+5) - V_x - V_y}{18} + \frac{T_x T_y}{2n(n-1)} + \frac{U_x U_y}{9n(n-1)(n-2)}$$

である正規分布で近似される．ただし

$$T_x = \sum_{i=1}^{t_x} \tau_{xi}(\tau_{xi}-1), U_x = \sum_{i=1}^{t_x} \tau_{xi}(\tau_{xi}-1)(\tau_{xi}-2), V_x = \sum_{i=1}^{t_x} \tau_{xi}(\tau_{xi}-1)(2\tau_{xi}+5)$$

$$T_y = \sum_{i=1}^{t_y} \tau_{yi}(\tau_{yi}-1), U_y = \sum_{i=1}^{t_y} \tau_{yi}(\tau_{yi}-1)(\tau_{yi}-2), V_y = \sum_{i=1}^{t_y} \tau_{yi}(\tau_{yi}-1)(2\tau_{yi}+5)$$

である．特に $x_1, x_2, \ldots, x_n$ の中に同じ値がなく，$y_1, y_2, \ldots, y_n$ の中に同じ値がなければ，$V(K) = \dfrac{n(n-1)(2n+5)}{18}$ となる．

対立仮説が，相関が正であるという片側対立仮説のとき，有意確率は

$$P = 1 - \Phi\left(\frac{K - E(K) - 1}{\sqrt{V(K)}}\right)$$

で与えられる．Φ は標準正規分布の分布関数であり，1 を引いているのは連続補正である．相関があるという両側対立仮説のときは

$$P = 2\left(1 - \Phi\left(\frac{\max(0, |K - E(K)| - 1)}{\sqrt{V(K)}}\right)\right)$$

で与えられる．

　シミュレーションは様々な学問分野において行われるが，統計学においては複雑な確率現象を調べるために乱数を用いたモンテカルロ・シミュレーションを行うことが多い．

　乱数を発生させる母集団分布を，観測データに基づいて定めるシミュレーションの方法を**ブートストラップ**という．母集団分布として観測データの経験分布を用いることが多く，これは観測データの中から標本を復元抽出することに相当する．観測データに何らかのパラメトリックモデルを当てはめ，モデルのパラメータに観測データから推定した値を代入した確率分布から乱数を発生させる方法を**パラメトリック・ブートストラップ**という．

　乱数を発生させる方法としては，コンピュータの演算による擬似乱数，何らかの物理現象の観測に基づく物理乱数が使われる．手軽さという点で擬似乱数を使うことが多く，現時点ではメルセンヌ・ツイスタ法を用いるのがよい．

■■■ **練習問題**

問 5.1　$(X, Y, Z)^T$ が平均ベクトルを $(0, 0, 0)^T$, 分散共分散行列を正値対称行列

$$\begin{pmatrix} 1 & \rho_{xy} & \rho_{xz} \\ \rho_{xy} & 1 & \rho_{yz} \\ \rho_{xz} & \rho_{yz} & 1 \end{pmatrix}$$

とする 3 変量正規分布に従うとき, 次の各問に答えよ.

〔1〕 $X = x$ を与えた下での Y の条件付き期待値を $E[Y|x] = \beta_x x$ としたときの x の係数 β_x を求めよ. また, $X = x$ を与えた下での Y の条件付き分散 $V[Y|x]$ を求めよ.

〔2〕 $X = x$ および $Z = z$ を与えた下での Y の条件付き期待値を $E[Y|x, z] = \alpha_x x + \alpha_z z$ としたときの x の係数 α_x と z の係数 α_z を求めよ. また, $X = x$ および $Z = z$ を与えた下での Y の条件付き分散 $V[Y|x, z]$ を求めよ.

〔3〕 上問〔1〕と〔2〕で求めた x の係数について, $\beta_x = \alpha_x$ となるための必要十分条件を示せ.

〔4〕 上問〔1〕と〔2〕で求めた Y の条件付き分散について, $V[Y|x] = V[Y|x, z]$ となるための必要十分条件を示せ.

問 5.2　肥満気味の人に対し，体重を下げる効果があるとされる2種類の減量プログラム A および B がある．肥満気味の人16名をランダムに8名ずつこれらのプログラムのいずれかに入ってもらい，プログラム前後で体重を測定してそれらの差（前値 − 後値）を求めたところ，以下のような結果が得られた．

プログラム	1	2	3	4	5	6	7	8	平均	標準偏差
A	-0.1	0.0	0.1	0.2	0.4	1.1	2.6	6.4	1.34	2.23
B	0.6	0.7	1.2	2.7	2.8	3.2	5.6	6.9	2.96	2.28

分析担当の S さんは2標本 t 検定により両プログラムの効果の違いを検定した．その結果，検定統計量の値は $t = 1.44$ で，自由度14の t 分布に基づく両側 P 値として $P = 0.172$ を得た．この検定結果を聞いた上司の T さんは，S さんに対しノンパラメトリックな Wilcoxon の順位和検定，すなわち両群の観測値を合わせて小さい順に順位をつけ片方の群の順位の合計（順位和）W を用いた検定，を行うよう指示した．以下の各問に答えよ．ただし，検定の有意水準は5% とする．

〔1〕　S さんが最初に行った検定が妥当性をもつための仮定を述べ，検定結果を解釈せよ．

〔2〕　T さんが指示した Wilcoxon の順位和検定はどのような条件の下で何を検定しているのかを説明せよ．

〔3〕　Wilcoxon の順位和検定での P 値の導出には，直接に確率計算をする方法（exact な方法）と正規近似に基づく方法とがある．Exact な方法とはどのようなものであるかを説明せよ．ただし実際に P 値を求める必要はない．

〔4〕　両プログラム間に差がないという帰無仮説 H_0 の下で，順位和 W の期待値はこの場合 $E[W|H_0] = 68$, $V[W|H_0] \simeq 90.67$ となる．$E[W|H_0] = 68$ であることを示せ．

〔5〕　正規近似による P 値の導出は，順位和 W が近似的に正規分布に従うことを利用する．この正規近似によって P 値を求め，S さんが最初に行った検定と比較した上で結果を解釈せよ．

■■■ チェックシート

- [ ] **分散分析について理解できたか**
  - [ ] 一元配置分散分析ができる
  - [ ] 二元配置分散分析ができる
  - [ ] 共分散分析ができる

- [ ] **回帰分析について理解できたか**
  - [ ] 単回帰分析ができる
  - [ ] 重回帰分析ができる

- [ ] **分割表の解析について理解できたか**
  - [ ] フィッシャー検定の計算ができる
  - [ ] カイ二乗検定の計算ができる

- [ ] **ノンパラメトリック検定について理解できたか**
  - [ ] 符号検定ができる
  - [ ] 順位和検定ができる

第 II 部

統計応用

第6章

統計応用共通手法

―― この章での目標 ――――――――――――――――

実験計画法の考え方と多変量解析の手法について学習する

- ■ 実験研究と観察研究の違いを理解する
- ■ 標本調査法の種類とそれぞれの意義について理解する
- ■ 実験計画法における直交表の活用方法を学ぶ
- ■ 重回帰モデルにおける最小二乗推定量の性質について理解する
- ■ 様々な多変量解析の手法について学ぶ

■■■ **Key Words**

- ・実験研究, 観察研究, 調査
- ・無作為抽出法, 層化抽出法, 2段抽出法, サンプルサイズの設計
- ・フィッシャーの3原則, ブロック化, 乱塊法, 一部実施要因計画
- ・重回帰モデル, ガウス-マルコフの定理, 残差分析, 変数選択, 一般化 最小二乗推定
- ・主成分分析, 因子分析, 判別分析, クラスター分析, ロジスティック回 帰分析

■■■■ 適用場面

(1) 鉄鋼工場において熱処理の温度が鉄鋼の硬度に与える影響を知るために，350℃, 400℃, 450℃ の 3 つの温度で実験を行うことを考える．各温度で 3 回ずつ，計 9 回の実験をすることにし，1 日に 3 回の実験が行えるとする．このとき，3 日間の実験をどのような順序で行えばいいだろうか？　また，実験結果をどのように解析すればいいだろうか？

(2) 2 水準因子が A, B, C, D の 4 つある場合に，8 回の実験で効率的に因子の効果を知るためには，どのような実験をすればよいだろうか？

(3) コンビニエンスストアの売上と店舗面積と駅からの徒歩時間と品数のデータが 6.4.2 項の表 6.7 のように与えられているとする．このデータに重回帰モデルを当てはめることが適切かどうかはどのように判断したらよいだろうか？

§ **6.1** 研究の種類

　統計学において，知りたいと思う対象への研究のアプローチの仕方は大まかに 2 つに分かれる．1 つは**実験研究** (experimental study) でもう 1 つは**観察研究** (observational study) である．観察研究は**調査** (survey) とも呼ばれる．人によって用語は異なり，すべての研究のアプローチの仕方を厳密に 2 つに分けることはできないが，一般的には以下のように分けて考えることが多い．

　まず，実験研究は研究対象に介入して行う研究のことである．実験というと，物理学や化学のように，実験室の中で一定の条件を設定して，仮説から導かれる現象を検証または再現する精密な実験を思い浮かべるが，ここでは，生物学や社会科学などにおける実験や農業試験などを含む幅広い意味で実験という言葉を用いている．例えば，新しく開発した医薬品の効果を調べるための臨床試験では，患者の群を新薬を投与する群（**処理群** (treatment group)）と投与しない群（**対照群** (control group)）の 2 つに分けて，その 2 つの群の間の効果の差異を測定する．この例では，研究者が介入して各患者をどちらの群に割り振るのかについて決めたりする．また，ある製品の製造

工程において，原料に加える添加剤の量が不良品率に与える影響を調べたい場合には，研究者が添加剤の量を何パターンか変えてみて，それぞれの場合における不良率を測定する．それによって，不良率を最小化する添加剤の量を推定したりする．実験研究においては，因果関係の原因となる操作や量に研究者が介入できる．よって，それらの原因が結果にどの程度影響するのかといった因果的な効果を推定することが比較的容易になる．

　一方で，観察研究は研究対象に介入せずに行う研究のことを指す．観察研究が用いられる例としては，家庭環境と犯罪歴との関係を調べる研究や，妊娠時の殺虫剤への暴露量と子供の知能との関係を調べる研究などが挙げられる．これらの研究においては，研究者が介入することは難しい．例えば，家庭環境と犯罪歴との関係を調べるために，ある家庭をより犯罪を起こしやすいと想定される家庭環境へと作り変えて実験することは，倫理上も技術上も難しいと考えられる．妊娠時の殺虫剤暴露量に介入するために，研究者が処理群に設定した妊婦に向けて殺虫剤を噴霧することもやはり倫理上の問題がある．このように，観察研究においては，研究者は因果関係の原因に介入できないため，因果的な効果について推定するのは難しい．因果的な効果の推定という面では，実験研究が向いているが，観察研究に頼らざるを得ない場合が多いのも事実である．また，まれな事象についての研究においても，観察研究は重要である．例えば，ある製品の不良率に興味がある場合，仮にその不良率がとても小さければ，実験研究によってその原因と因果的な効果を推定しようとすると，非常に多くの回数の実験が必要になり，コストがかかり過ぎてしまう．ある薬でごくまれに生じる可能性のある副作用について研究したい場合も，同様の理由と倫理上の理由で実験研究では難しい．まれな現象については，まず観察研究によってその現象の因果構造を推測し，仮説を立てることが研究の第1ステップになる．

§ **6.2** 標本調査法

6.2.1 標本調査法の種類

　統計学において，知りたいと思う対象の全体からなる集合を**母集団** (pop-

ulation) という．また，母集団に属するものを**個体** (individual) という．母
集団の例としては以下のようなものが考えられる．

例 6.2.1

(1)　ある野球チームの選手の平均身長を知りたいとき，その選手全員か
　　　らなる集合が母集団になる．

(2)　日本における内閣支持率を知りたいとき，その母集団は，日本の有
　　　権者全体からなる集合である．

(3)　日本人の国民性（ものの見方や考え方）を知りたいとき，その母集
　　　団は，日本人全体からなる集合である．

一番初めの野球チームの例では，母集団すべてについて調べるのは比較的簡
単である．しかし，それ以外の例に見られるように，一般的には母集団に属
するすべての個体について調べるのはかなり難しい．現実的な調査のため
に，母集団の一部を抽出することを**標本抽出** (sample selection) という．標
本抽出で得られたデータは母集団の一部なので，それらに基づく推測には誤
差が含まれる．よって，精度よく推測するためには，母集団の性質が十分に
反映されるように適切に標本抽出することが求められる．例えば，日本にお
ける内閣支持率を知りたいときに，与党支持者の中だけから標本抽出をして
しまうと，推測結果は偏ったものになってしまうので，このような標本抽出
は不適切である．

　標本抽出における偏りをなるべく少なくするための一番基本的な方法は**無
作為抽出法** (random sampling) である．この方法では，母集団に属する個体
がすべて同じ大きさの確率で抽出され，また，ある個体が標本として抽出さ
れることが他の個体が標本として抽出されるかどうかに影響を与えないこと
（独立性）も要求される．

　さて，日本人の国民性を知りたいとき，全数調査をするのはコスト的に困
難である．よって，全数調査をする代わりに無作為抽出によって十分な数の
標本を得て，その標本から母集団の性質を推測するという手続きをとるのが
一番考えやすい方法である．しかし，調査をするためには調査員を派遣する
必要がある場合もある．このような場合に無作為抽出をしようとすると，標
本が全国に散らばってしまい，調査は困難になってしまう．調査員を派遣す

るエリアを絞った方がコストの面では有利である．ただし，エリアを絞ると
きに偏った選び方をすると推測結果に響いてしまう．そのような場合に使わ
れるのが**2段抽出法** (two-stage sampling) である．2段抽出法では，まず，
日本全国の市区町村の中から，いくつかの市区町村を抽出する（1段目の抽
出）．そして，その選ばれた市区町村の中から適切に割り当てた人数分だけ
個体を抽出する（2段目の抽出）．各抽出が無作為抽出のときには**2段無作為
抽出法** (two-stage random sampling) と呼ばれる．このような手続きをとる
ことによって，標本の偏りを防ぎつつ調査のコストを抑えることができる．
2段以上の抽出をする場合もあり，それらはまとめて**多段抽出法** (multistage
sampling) と呼ばれる．

　母集団を「層」と呼ばれるいくつかの部分集合に分割し，各層の中で標本
抽出する方法を**層化抽出法** (stratified sampling) という．層に分割すること
自体は非確率的な作業である．また，層に分割する方法は研究の目的で異な
る．例えば，日本人の国民性が，年代と性別において，どのように異なって
いるのか興味がある場合には，年代と性別ごとに標本抽出を行う．これは，
比較のための層化抽出である．10代から60代までの男女を調査する場合，
「20代，女性」などが一つの層になり，母集団は全部で $6 \times 2 = 12$ 層に分割
される（層化）．この各12層において無作為抽出法により12組の標本を得
ることが層化抽出になる．また，母集団の性質を精度よく知りたい場合にも
層化抽出法が用いられる．この場合には，各層の中においては等質な集団が
形成されるように分割する必要がある．つまり，母集団の中にいくつかの異
質な集団がある場合に，それらが違う層になるように分割しておく．比較の
ための層化抽出では各層が等質な集団である必要はなかった点に注意が必要
である．この場合の層化抽出により得られた標本全体は，母集団におけるす
べての異質な集団から抽出された標本になっているため，母集団の性質の多
くを反映していると考えられる．

　層化抽出法と多段無作為抽出法を組み合わせて使う場合もあり，これは，
層化多段抽出法 (stratified multistage sampling) という．

6.2.2　サンプルサイズの設計

　母集団からの標本の抽出においては，その抽出方法も重要であるが，それ
と同時に，研究対象を解析するためには，どれくらいの数の個体を母集団か

表 **6.1**　検出力とサンプルサイズの関係

n	10	11	12	13	14	15	16
検出力	93.6%	95.3%	96.6%	97.5%	98.2%	98.7%	99.1%

ら抽出すれば十分であるのかということも考える必要がある．サンプルサイズが小さすぎれば信頼できる解析ができず，逆に，大きすぎるサンプルサイズの要求はコストの面から難しいこともある．

4.3 節において学んだ平均値の検定について考える．今，n 個の 1 次元の確率変数 $X_1, \ldots, X_n$ が正規分布 $N(\mu_1, \sigma^2)$ に従っているとする．ただし，分散 σ^2 は既知であるとする．得られた観測値を $x_1, \ldots, x_n$ とし，標本平均を $\bar{x} = \dfrac{1}{n} \sum_{i=1}^{n} x_i$ で表す．以下の仮説検定について考える．

$$\text{帰無仮説 } H_0: \ \mu_1 = \mu_0, \quad \text{対立仮説 } H_1: \ \mu_1 > \mu_0 \qquad (6.2.1)$$

もし，対立仮説が正しければ，標本平均 $\bar{x}$ は平均が $\mu_1 \neq \mu_0$ で分散が $\dfrac{\sigma^2}{n}$ の正規分布に従うので，サンプルサイズ n が大きければ大きいほど棄却される確率が高くなると考えられる．以下では，$\mu_0 = 0, \mu_1 = 1, \sigma^2 = 1$ で有意水準 5% のときに 95% 以上の確率で帰無仮説を棄却できるようにするためには，サンプルサイズ n がどのくらいあればいいのかを考える．そのために，まず，対立仮説が正しいときに帰無仮説が棄却される確率，つまり，検出力を計算する．標準正規分布に従う確率変数 Z に対して，z_0 を上側 5% 点 $(z_0 \approx 1.645)$ とすると，検出力は，

$$\Pr\left(\frac{\bar{x} - \mu_0}{\sigma/\sqrt{n}} \geq z_0 \right) = \Pr\left(\frac{(\bar{x} - \mu_1) + (\mu_1 - \mu_0)}{\sigma/\sqrt{n}} \geq z_0 \right)$$
$$= \Pr\left(\frac{\bar{x} - \mu_1}{\sigma/\sqrt{n}} \geq \frac{\mu_0 - \mu_1}{\sigma/\sqrt{n}} + z_0 \right)$$

となる．対立仮説が正しいという仮定の下では，$\dfrac{\bar{x} - \mu_1}{\sigma/\sqrt{n}}$ は標準正規分布に従うので，各 n の値についての検出力を計算できる (表 6.1)．表 6.1 より，n が 11 以上であれば，所望の検定を構成できることがわかる．

その他の検定の場合にも，想定される対立仮説の状況と，そのときの検出力から逆算してサンプルサイズの設計を行う．

統計学におけるよくある用語の誤用のトップ3に入るであろう間違いが「標本数」という言葉の使い方である．母集団から標本抽出した個体の数は，本当は「サンプルサイズ（標本の大きさ）」と呼ばれ，「標本数」という言葉を使うのは間違いなのである．そもそも「標本」というものは母集団から抽出した個体の集合を表すので，「標本数」という言葉は，標本抽出を繰り返し何セットも実施したときのそのセットの数を指すようである．筆者も昔，サンプルサイズの意味で標本数という言葉を使っていて，何人かの先生方に訂正させられた一人である．大体の場合においては文脈から意味がわかるので神経質になりすぎる必要はないが，やはり，正確な用語を使っていた方が勘違いを防げるので好ましい．「母数」という言葉の使い方も注意しないと怒られる可能性がある．「性犯罪被害の実際の母数はもっと多いと考えられる」といった文章のように，「母集団の中の個体の総数」という意味で「母数」という言葉が用いられたりするが，通常は，母数という言葉は母集団の従う分布の形を決める量（パラメータ）のことを指すので，それとは若干意味が異なる．「母数」を広い意味で考えれば「母集団の性質を表す量」なので完全な誤用ではないが，人によっては誤用だと感じるかもしれない．

§ **6.3** 実験計画法

6.3.1 フィッシャーの3原則と乱塊法

標本抽出において十分大きなサンプルサイズの確保が困難な場合には，標本の取り方をかなり工夫する必要がある．実験研究においては，サンプルサイズの大きい標本を得るのはコスト的に困難である場合が多いが，標本の取り方は研究者自身がある程度決めることができる．実験計画法は，実験研究において効率的に情報を得るための指針を与えてくれる．要因の効果を推測する分散分析や回帰分析などにおいて，小さなサンプルサイズから効率的に情報を得るための標本の抽出方法として使われることが多い．

実験計画法は，以下に述べる**フィッシャーの3原則** (principles of experimental design) と呼ばれる指針に基づいて構築されている（フィッシャー (Ronald Aylmer Fisher: 1890–1962) は近代統計学の発展に大きく貢献した英国の学者である）．

(1) **局所管理** (local control): 要因の効果を精度よく検出するため，実験の
場を層化して各層（ブロックという）内でできるだけ条件が均一になる
ようにすること．

(2) **無作為化** (randomization): コントロールできない実験条件の影響を偶
然誤差に転化するため，実験の順序や位置などを無作為に決めること．

(3) **繰り返し** (replication): 実験で生じる誤差分散の大きさを評価するため
に，同一条件下の実験を2回以上繰り返すこと．単なる繰り返しと，ブ
ロックの形での繰り返しの場合がある．なお replication の訳語として
は「反復」もよく用いられ，ブロック化の有無に関連して二つの用語を
区別することもある．

　「局所管理」と「無作為化」と「繰り返し」というフィッシャーの3原則に
基づいた実験計画法について説明していく前に，5章で出てきた**要因**あるい
は**因子** (factor) と**水準** (level) という用語の意味を明確にしておこう．実験計
画法における因子とは，実験において結果に影響を与えると想定している原
因のことである．例えば，鉄鋼工場において熱処理の温度が鉄鋼の硬度に与
える影響に興味がある場合には，温度が因子になる．また，水準とは，実験
において因子を量的または質的に変える場合における各段階のことである．
例えば，処理温度が鉄鋼の硬度に与える影響を調べるために，温度を「350
℃, 400℃, 450℃」と変えて実験する場合には，各温度が水準になる．この
例では，水準の数は3つである．

　今，1つの因子 A についての実験を考える．実験では，因子 A を3水準だ
け動かすとして，それぞれの水準を A_1, A_2, A_3 で表すとする．また，それぞ
れの水準で3回ずつ，計9回の実験を行うとする．さて，時間の制約により，
1日に3回だけ実験が行えるとする．このとき，計9回の実験順序を適切に
決めたい．

　まず，計9回の実験を完全に無作為に並べた実験をすることが思い浮かぶ．
これは，**完全無作為化実験** (completely randomized design) と呼ばれる．完
全無作為化実験は，フィッシャーの3原則のうち，「無作為化」と「繰り返
し」を満たした方法である．計9回の実験に対する完全無作為化実験とし
て，例えば，表 6.2 の上段の実験順序が得られたとする．実験の順番を無作
為に選んでいるので「無作為化」の原則を満たし，また，各水準が3回ずつ
繰り返されているので，「繰り返し」の原則も満たしている．

表 6.2 完全無作為化実験と乱塊法

	1日目			2日目			3日目		
完全無作為化実験	A_3	A_3	A_1	A_1	A_3	A_2	A_1	A_2	A_2
乱塊法	A_2	A_1	A_3	A_3	A_1	A_2	A_3	A_2	A_1

　ところで，表 6.2 の上段の完全無作為化実験の順序に従うと，1日目において水準 A_3 が2回行われることになっている．このような実験順序では，もし，日の違いが実験結果に影響を及ぼす場合，その効果が因子 A によって引き起こされた効果であると誤って推測されてしまう．例えば，ある製品の生産工場において因子 A が製品の不良率に与える影響を調べる実験をしているとする．そして，実際には，1日目の実験の担当者の技量や原材料ロットの違いなどの実験条件のせいで1日目の不良率が高めだったとする．この場合，1日目に水準 A_3 の実験を多く行っているため，不良率が高かったのは，水準を A_3 に設定していたためだと誤って判断されてしまう可能性がある．

　このような問題に対処するための手法が**乱塊法** (randomized block design) である．乱塊法はフィッシャーの3原則をすべて満たす．乱塊法では，まず，日の違いが実験結果に影響を及ぼすと想定される場合には，これも因子として取り上げて考えることにし，1日の中ではできるだけ実験条件が均一になるように努めて（局所管理），水準 A_1, A_2, A_3 の実験をそれぞれ1回ずつ行う．このとき，1日の中の実験条件を完全には均一にできないので，それによる効果を誤差として扱えるように，1日の中での3回の実験順序を無作為に決める（無作為化）．そして，1日3回の実験のセットを3日にわたり繰り返し，誤差の大きさを評価する（繰り返し）．結果として，例えば，表 6.2 の下段を得る．この実験の例のように，実験条件が均一ないくつかのブロックに分けて実験を実施することを**ブロック化** (blocking) といい，局所管理で使う因子のことを**ブロック因子** (blocking factor) という．この実験の例では，日がブロック因子である．

　乱塊法を用いた実験計画と解析の例を考える．鉄鋼工場において熱処理の温度が鉄鋼の硬度に与える影響を調べるために，350℃, 400℃, 450℃ の3つの水準で実験を行った．処理温度を因子 A で表し，3つの水準を A_1, A_2, A_3 で表すとする．以下では，A の効果があるかどうか（処理温度が硬度に影響するかどうか）の有意性を判定することについて考える．それぞれの水準で3回実験をすることにし，計9回の実験を行うとする．1日に3回だけ実

表6.3　データ

	B_1	B_2	B_3
A_1	1006	1042	1022
A_2	1004	1026	1036
A_3	963	996	946

表6.4　表6.3のデータに対する分散分析表

	自由度	偏差平方和	F 値	P 値
因子 A	2	3120.89	21.0555	0.007525 **
ブロック B	2	1460.22	9.8516	0.028478 *
残差 ε	4	296.44		

(*:5% 有意, **:1% 有意)

験が行えるとし，日の違いによる効果をブロック因子として取り上げることにする．ブロック因子である「日」を B で表すとすると，3日間の水準は B_1, B_2, B_3 などと表すことができる．1日の中の実験条件の違いによる効果を誤差として扱うことができるよう，乱塊法により順序を決めて（例えば，表6.2の下段の順序で）実験を行って，表6.3の結果を得たとする．ここで，表6.3は，2つの因子 A と B に対する繰り返しのない二元配置の形になっている．温度の効果の日による違いは誤差とみなして，5章で学習した手順によって分析できる．モデルは交互作用の項を含まない次の式で表現される．

$$Y_{ij} = \mu + A_i + B_j + \varepsilon_{ij} \tag{6.3.1}$$

ここで，A_i や B_j は平均 μ からの偏差を表すので，$\sum_{i=1}^{3} A_i = \sum_{j=1}^{3} B_j = 0$ であり，ε_{ij} は互いに独立に平均 0，分散 σ^2 の正規分布に従うとする．分散分析表を作ると，表6.4のようになり，因子 A の効果は1% 有意，ブロック効果（日による違い）は5% 有意である．

　この節において乱塊法の説明で用いた例では，効果を測定したい因子とブロック因子がともに1つの場合を扱っていたが，それらが2つ以上ある場合でも同様の考え方で乱塊法を適用できる．

6.3.2　直交表実験

　2水準をもつ因子が A, B, C, D と4つある場合を考える．各因子が2水準をもつので，水準のすべての組み合わせは全部で $2^4 = 16$ 通りである．すべ

ての水準の組み合わせに対して必ず1回以上実験を行う計画を，**完全実施要因計画** (full factorial designs) という．実験においては，なるべく完全実施要因計画を行うことが望ましいが，因子の数や水準の数が多い場合には水準の組み合わせの数が膨大になり，完全実施要因計画は現実的ではない．例えば，3水準の因子が4個で4水準の因子が6個ある場合に完全実施要因計画を行うためには，少なくとも $3^4 \cdot 4^6 = 331776$ 通りの実験をしなくてはならない．また，2水準の因子が4個の場合（水準の組み合わせは16通り）でも，コストの関係から8回までしか実験を行えないといった場合もありえる．このような場合には，完全実施をあきらめた実験計画を考えなくてはならない．完全実施要因計画でない実験計画を**一部実施要因計画** (fractional factorial design) という．

一部実施要因計画においては，直交表を用いた実験がよく行われる．直交表実験は，必ずしもフィッシャーの3原則を満たすわけではないが，回数の少ない実験の結果から効率的に情報を取り出すために考え出された実験方法である．ここで，「効率的」という言葉の意味は，状況や立場で異なる曖昧なものであることに注意する必要がある．以下では，「主効果同士が交絡しない」という直交表のある種効率的な一面について紹介する．**交絡** (confounding) とは，観測値において，ある要因の効果が，他の要因の効果と混ざってしまい，分離できない状態を指す．例えば，表 6.2 の上段の完全無作為化実験において1日目の不良率が高めだったときに，その原因が因子 A の水準の違いの効果なのか，実験した日の違い（ブロック因子 B の水準の違い）による効果なのかがわからなかった．このような状態を「因子 A は B と交絡している」と表現する．実は，乱塊法は，交絡を避けるための方法でもあった．

直交表の代表的なものとしては，2水準系，3水準系，混合系の3種類があるが，ここでは，2水準系の直交表の1つである，L_8 直交表と呼ばれるものについて考える．L という記号は，一番歴史のある直交表である**ラテン方格** (Latin square) の頭文字を由来としているようである．

L_8 直交表は表 6.5 で与えられる．この表の一番上の行の数字 $1, 2, \ldots, 7$ は単なる列番号であり，一番上の行以外の各行が1つの実験に対応している．また，一番左の列の数字 $1, 2, \ldots, 8$ は，単なる実験番号を表している．実験番号順に実験を行う必要はなく，通常は無作為に順番を決める．一番上の行と一番左の列以外の数字の1と2は，因子の水準に対応しており，実験者は，

表 6.5　L_8 直交表

	1	2	3	4	5	6	7
1	1	1	1	1	1	1	1
2	1	1	1	2	2	2	2
3	1	2	2	1	1	2	2
4	1	2	2	2	2	1	1
5	2	1	2	1	2	1	2
6	2	1	2	2	1	2	1
7	2	2	1	1	2	2	1
8	2	2	1	2	1	1	2

表 6.6　交互作用 $A \times B$

	A	B	$A \times B$
1	A_1	B_1	$(AB)_{11}$
2	A_1	B_1	$(AB)_{11}$
3	A_1	B_2	$(AB)_{12}$
4	A_1	B_2	$(AB)_{12}$
5	A_2	B_1	$(AB)_{12}$
6	A_2	B_1	$(AB)_{12}$
7	A_2	B_2	$(AB)_{11}$
8	A_2	B_2	$(AB)_{11}$

列番号にそれぞれ 1 つの因子を対応づけたりして実験を構成する．各列に因子を対応づけることを，**割り付け** (allocation) という．以下の例でみるように，必ずしもすべての列を何らかの因子に割り付ける必要はない．

コメント

　直交表において，水準の 2 を -1 に置き換えると，任意の 2 列の内積が 0 になる．つまり，任意の 2 列が直交しており，このことが，直交表という名前の由来になっている．

主効果モデルに対する直交表の性質

　例として，実験者が，L_8 直交表において列番号 $1, 2, 4, 7$ を選んで因子 A, B, C, D を割り付けた場合を考える．このとき，例えば，L_8 直交表の実験番号 2 の実験は，$A_1 B_1 C_2 D_2$ という水準の実験（因子 A, B, C, D の水準がそれぞれ A_1, B_1, C_2, D_2 である実験）を行うことを意味している．2 水準の因子が 4 つ（水準組み合わせが $2^4 = 16$ 通り）で，実験回数が 8 回なので，この実験計画は，一部実施要因計画である．さて，8 回の実験によって，$y_{1111}, y_{1122}, y_{1212}, y_{1221}, y_{2112}, y_{2121}, y_{2211}, y_{2222}$ という観測値が得られたとする．ここで，y の添え字は因子 A, B, C, D の水準を表しており，例えば，y_{1122} は，$A_1 B_1 C_2 D_2$ という水準の実験における観測値であるとする．因子 A, B, C, D の各水準 $A_i B_j C_k D_l$ における Y に対する効果が，以下の主効果モデルで表される場合を考える．

$$Y_{ijkl} = \mu + A_i + B_j + C_k + D_l + \varepsilon_{ijkl} \tag{6.3.2}$$

ここで，A_i, B_j, C_k, D_l は平均 μ からの偏差を表すので，

$$\sum_{i=1}^{2} A_i = \sum_{j=1}^{2} B_j = \sum_{k=1}^{2} C_k = \sum_{l=1}^{2} D_l = 0 \tag{6.3.3}$$

であると仮定している. ε_{ijkl} は互いに独立に平均 0, 分散 σ^2 の正規分布に従うノイズであるとする. 今考えている L_8 直交表の割り付けの場合において, 主効果同士が交絡しないことを, 因子 A に注目して考える. まず, $A_1(=-A_2)$ の値は,

$$\frac{1}{8}\left(Y_{1111} + Y_{1122} + Y_{1212} + Y_{1221} - Y_{2112} - Y_{2121} - Y_{2211} - Y_{2222}\right)$$

によって不偏推定できることがわかる. 実際, (6.3.2)を上の式に入れて期待値をとると, 表 6.5 の直交表で A の各水準において他の因子の水準 $1, 2$ が同数回ずつ現れることと, (6.3.3)の仮定によって,

$$E\left[\frac{1}{8}\left\{(Y_{1111} + Y_{1122} + Y_{1212} + Y_{1221})\right.\right.$$
$$\left.\left. - (Y_{2112} + Y_{2121} + Y_{2211} + Y_{2222})\right\}\right]$$
$$= \frac{1}{8}\left[\{4A_1 + 2(B_1 + B_2) + 2(C_1 + C_2) + 2(D_1 + D_2)\}\right.$$
$$\left. - \{4A_2 + 2(B_1 + B_2) + 2(C_1 + C_2) + 2(D_1 + D_2)\}\right]$$
$$= \frac{1}{8}(4A_1 - 4A_2) = \frac{1}{8}(4A_1 + 4A_1) = A_1$$

となる. つまり, 他の因子 B, C, D の効果によらずに, A の効果の大きさを不偏推定できることがわかる. また, 他の因子 B, C, D についても同様の結果が成り立つことを確かめることができる. 以上により, 直交表が「主効果同士が交絡しない」という好ましい性質をもっていることがわかる. 直交表以外の実験においては, 必ずしもこの性質は成り立たない.

交互作用が存在するモデルに対する直交表の性質

次の例として, 真のモデルが A と B の 2 因子交互作用 $A \times B$ をもつ以下の場合を考える.

$$Y_{ijkl} = \mu + A_i + B_j + C_k + D_l + (AB)_{ij} + \varepsilon_{ijkl} \tag{6.3.4}$$

ここで, A_i, B_j, C_k, D_l について (6.3.3)を仮定している. ε_{ijkl} は平均 0, 分散 σ^2 の正規分布に従うノイズであるとする. さらに, 2 因子交互作用 $(AB)_{ij}$ は, 主効果からの偏差を表すので,

$$\sum_{i=1}^{2}(AB)_{ij} = \sum_{j=1}^{2}(AB)_{ij} = 0 \tag{6.3.5}$$

であると仮定している. まず, 実験者が, L_8 直交表の列番号 $1, 2, 3, 4$ に

因子 A, B, C, D を割り付けた場合について考える．すると，$(6.3.5)$ より，$(AB)_{11} = (AB)_{22}$ と $(AB)_{12} = (AB)_{21}$ が成り立つので，この割り付けの実験における因子 $A, B, A \times B$ の水準を実験番号順に並べると，表 6.6 のようになる．これと表 6.5 の L_8 直交表の $1, 2, 3$ 列を見比べると，2 因子交互作用 $A \times B$ の動きは，L_8 直交表の 3 列目と全く同じであることがわかる．今，3 列目には，因子 C を割り付けているのであるが，これは，2 因子交互作用 $A \times B$ と全く区別がつかない．つまり，因子 C は $A \times B$ という 2 因子交互作用と交絡してしまっている．この C と $A \times B$ の交絡のように，その効果が全く区別できない状態を**完全交絡** (complete confounding) という．完全交絡ではないが，部分的に交絡している場合は**部分交絡** (partial confounding) という．このような交絡の何が問題なのかというと，因子 C の主効果の大きさ C_k の不偏推定量が構築できないのである．実は真のモデルが $(6.3.4)$ の場合，先程の例のように，列番号 $1, 2, 4, 7$ に因子 A, B, C, D を割り付け，さらに，列番号 3 に 2 因子交互作用 $A \times B$ を割り付けると，それぞれの因子の主効果と交互作用 $A \times B$ が交絡しないことを確かめることができる．

　そもそも直交表は，効果が小さいと想定される高次の交互作用などを無視することで，実験回数を減らすことを可能にしている．よって，どのようにうまく割り付けたとしても，一部実施要因計画の直交表では，交絡無しですべての交互作用を同時に推定することはできない．ただし，直交表実験においては，小さな部分交絡を許してより多くの因子を割り付けて推定する方法もよく用いられたりするため，交絡しないことが最も優先されるということでもない．

§**6.4** 重回帰分析

6.4.1 重回帰モデル

　5 章で扱った重回帰モデルについて考える．p 次元の説明変数からなる n 個の観測値が与えられたとき，重回帰モデルは，以下のような式で表される．

$$Y_i = \beta_0 + \beta_1 x_{i1} + \cdots + \beta_p x_{ip} + \varepsilon_i, \quad (i = 1, \ldots, n) \qquad (6.4.1)$$

ここで，x_{ij} は i 番目の観測値の j 番目の説明変数を表し，Y_i は i 番目の観測

値の被説明変数 (目的変数) を表している. また, $x_{i1}, \ldots, x_{ip}$ は非確率的であるとする. これらの式をベクトルと行列で表すために, $\boldsymbol{Y}, \boldsymbol{\beta}, X, \boldsymbol{\varepsilon}$ を以下のようにおく.

$$\boldsymbol{Y} = \begin{pmatrix} Y_1 \\ Y_2 \\ \vdots \\ Y_n \end{pmatrix}, \boldsymbol{\beta} = \begin{pmatrix} \beta_0 \\ \beta_1 \\ \vdots \\ \beta_p \end{pmatrix}, X = \begin{pmatrix} 1 & x_{11} & \ldots & x_{1p} \\ 1 & x_{21} & \ldots & x_{2p} \\ \vdots & \vdots & & \vdots \\ 1 & x_{n1} & \ldots & x_{np} \end{pmatrix}, \boldsymbol{\varepsilon} = \begin{pmatrix} \varepsilon_1 \\ \varepsilon_2 \\ \vdots \\ \varepsilon_n \end{pmatrix}$$

ここで, X は**計画行列** (design matrix) と呼ばれる. すると, (6.4.1)は, 次のように表される.

$$\boldsymbol{Y} = X\boldsymbol{\beta} + \boldsymbol{\varepsilon} \tag{6.4.2}$$

以下では, Y_i の観測値を y_i で表し, $\boldsymbol{y} = (y_1, \ldots, y_n)^T$ とする. ここで, T は行列の転置を表し, $X^T X$ は正則 (逆行列を持つ) と仮定する. さて, 5章でみたように, $\boldsymbol{\beta}$ の**最小二乗推定量** (least squares estimator)$\hat{\boldsymbol{\beta}} = (\hat{\beta}_0, \hat{\beta}_1, \ldots, \hat{\beta}_p)^T$ は以下で与えられる.

$$\hat{\boldsymbol{\beta}} = (X^T X)^{-1} X^T \boldsymbol{y} \tag{6.4.3}$$

最小二乗推定量 $\hat{\boldsymbol{\beta}}$ に基づく y_i の**予測値** (predicted value) を $\hat{y}_i = \hat{\beta}_0 + \hat{\beta}_1 x_{i1} + \cdots + \hat{\beta}_p x_{ip}$ で表すことにし, 予測値ベクトルを

$$\hat{\boldsymbol{y}} = X\hat{\boldsymbol{\beta}} \tag{6.4.4}$$

とおく. また, i 番目の観測値における**残差** (residual) を $\hat{e}_i = y_i - \hat{y}_i$ とし, 残差ベクトルを $\hat{\boldsymbol{e}} = \boldsymbol{y} - \hat{\boldsymbol{y}}$ とする.

以下, 重回帰モデルにおける最小二乗推定量の性質について考えていくが, その前に用語の定義をする.

定義 6.4.1

- $\boldsymbol{y}$ の線形関数の形で表される推定量を**線形推定量** (linear estimator) という. つまり, ε に依存しない非確率的な行列 C を用いて, $\tilde{\boldsymbol{\beta}} = C\boldsymbol{y}$ の形で表される推定量 $\tilde{\boldsymbol{\beta}}$ を線形推定量という.

- 不偏な線形推定量を**線形不偏推定量** (linear unbiased estimator) という. つまり, $\boldsymbol{\beta}$ に対する線形推定量 $\tilde{\boldsymbol{\beta}}$ が $E[\tilde{\boldsymbol{\beta}}] = \boldsymbol{\beta}$ を満たすとき, $\tilde{\boldsymbol{\beta}}$ は $\boldsymbol{\beta}$ の線形不偏推定量という.

- $\boldsymbol{\beta}$ の線形不偏推定量 $\tilde{\boldsymbol{\beta}}$ の分散共分散行列が, 正定値の意味で最小のとき, $\tilde{\boldsymbol{\beta}}$ は $\boldsymbol{\beta}$ の**最良線形不偏推定量** (best linear unbiased estimator,

略して BLUE) であるという．つまり，任意の $\boldsymbol{\beta}$ の線形不偏推定量 $\tilde{\boldsymbol{\beta}}'$ に対して $\mathrm{Var}[\tilde{\boldsymbol{\beta}}'] - \mathrm{Var}[\tilde{\boldsymbol{\beta}}]$ が半正定値であるとき，$\tilde{\boldsymbol{\beta}}$ は $\boldsymbol{\beta}$ の最良線形不偏推定量であるという．

コメント

上の「最良線形不偏推定量」などの定義は，「推定値」の性質ではなく，「推定量」の性質についての定義であることに注意が必要である．また，最良線形不偏推定量であるためには，ある特定の $\boldsymbol{\beta}$ に対して定義の条件が成立すればよいわけではなく，任意の $\boldsymbol{\beta}$ に対し，観測値の関数として，推定量が定義の条件を満たす必要がある．すなわち，最良とは一様最小分散のことである．

最小二乗推定量は $C = (X^T X)^{-1} X^T$ とおけば明らかに線形推定量である．また，以下の定理により，最小二乗推定量は，誤差が平均 0 のときに，線形不偏推定量であることがわかる．

定理 6.4.2　　重回帰モデルの誤差について，$E[\boldsymbol{\varepsilon}] = 0$ が成り立つとする．このとき，最小二乗推定量 $\hat{\boldsymbol{\beta}}$ は $\boldsymbol{\beta}$ の不偏推定量である．

証明：$E[\hat{\boldsymbol{\beta}}] = \boldsymbol{\beta}$ を示せばよい．これは (6.4.4) と定理の仮定によって，以下のように示される．

$$E[\hat{\boldsymbol{\beta}}] = E[(X^T X)^{-1} X^T \boldsymbol{y}] = E[(X^T X)^{-1} X^T (X\boldsymbol{\beta} + \boldsymbol{\varepsilon})]$$
$$= (X^T X)^{-1}(X^T X)\boldsymbol{\beta} + (X^T X)^{-1} X^T E[\boldsymbol{\varepsilon}] = \boldsymbol{\beta} \qquad \square$$

さらに，以下の**ガウス-マルコフの定理** (Gauss-Markov theorem) によって，最小二乗推定量は，誤差が平均 0 で独立同一分布のときに，最良線形不偏推定量であることがわかる．

定理 6.4.3　　計画行列 X は非確率的であり，$E[\boldsymbol{\varepsilon}] = 0$ が成り立つとする．また，$\boldsymbol{\varepsilon}$ の分散共分散行列が，ある正の実数 σ^2 によって $\mathrm{Var}[\boldsymbol{\varepsilon}] = E[\boldsymbol{\varepsilon}\boldsymbol{\varepsilon}^T] = \sigma^2 I_n$ と表されるとする．ここで I_n は n 次単位行列である．このとき，最小二乗推定量 $\hat{\boldsymbol{\beta}}$ は $\boldsymbol{\beta}$ の推定量として最良線形不偏推定量である．

証明：$\tilde{\beta}$ を任意の線形不偏推定量とすると，$\tilde{\beta} = Cy$ と表せる．さらに，不偏性と $E[\varepsilon] = 0$ の仮定により，

$$\beta = E[\tilde{\beta}] = E[Cy] = CE[X\beta + \varepsilon] = CX\beta \qquad (6.4.5)$$

である．任意の β について上の等式が成立するので，$CX = I_{p+1}$ である．次に，$E[\varepsilon] = 0$ と $E[\varepsilon\varepsilon^T] = \sigma^2 I_n$ という仮定により，最小二乗推定量 $\hat{\beta}$ の分散共分散行列 $\mathrm{Var}[\hat{\beta}]$ は，

$$\begin{aligned}
\mathrm{Var}[\hat{\beta}] &= \mathrm{Var}[(X^T X)^{-1} X^T y] \\
&= (X^T X)^{-1} X^T \mathrm{Var}[y] X (X^T X)^{-1} \\
&= (X^T X)^{-1} X^T E[\varepsilon\varepsilon^T] X (X^T X)^{-1} \\
&= \sigma^2 (X^T X)^{-1}
\end{aligned} \qquad (6.4.6)$$

と与えられる．あとは，$\mathrm{Var}[\tilde{\beta}] - \mathrm{Var}[\hat{\beta}]$ が半正定値であることを示せば，定理が示される．さて，$D = C - (X^T X)^{-1} X^T$ とおけば，C は $C = D + (X^T X)^{-1} X^T$ と表すことができる．すると，

$$\begin{aligned}
\mathrm{Var}[\tilde{\beta}] &= C\mathrm{Var}[y]C^T = CE[\varepsilon\varepsilon^T]C^T = \sigma^2 CC^T \\
&= \sigma^2 \{D + (X^T X)^{-1} X^T\}\{D + (X^T X)^{-1} X^T\}^T \\
&= \sigma^2 DD^T + \sigma^2 (X^T X)^{-1} = \sigma^2 DD^T + \mathrm{Var}[\hat{\beta}]
\end{aligned}$$

となる．ここで，DD^T は半正定値行列なので，以上より，$\mathrm{Var}[\tilde{\beta}] - \mathrm{Var}[\hat{\beta}]$ は半正定値である． □

6.4.2 残差分析と変数選択

6.4.2.1 残差分析

(6.4.1)の誤差 $\varepsilon_1, \ldots, \varepsilon_n$ が，それぞれ平均 0，分散 σ^2 の正規分布に独立に従っているとする．観測値に対して，重回帰モデルを当てはめたときに，もし，真のモデルが重回帰モデルに従っているとすると，残差 $\hat{e}_i = y_i - \hat{y}_i$ は正規分布に従った振る舞いをする．この性質を利用し，残差を分析することで，重回帰モデルの妥当性を検証することを**残差分析** (residual analysis) という．

例として，コンビニエンスストアの売上と店舗面積と駅からの徒歩時間と品数のデータが表 6.7 のように与えられている場合を考える．店舗面積を x_{i1}，駅からの徒歩時間を x_{i2}，品数 x_{i3} を説明変数として，売上 Y_i を説明する以下の重回帰モデルについて考える．

表 **6.7** コンビニエンスストアの売上データ

売上 y_i	店舗面積 x_{i1}	徒歩時間 x_{i2}	品数 x_{i3}	予測値 $\hat{y}_i$	残差 $\hat{e}_i$
50	158	10	3900	51.39	-1.39
36	102	7	3400	38.71	-2.71
47	112	3	3500	48.44	-1.44
54	123	3	3400	50.63	3.37
59	160	5	3800	59.42	-0.42
48	131	5	3600	50.70	-2.70
49	138	10	3800	45.61	3.39
47	110	5	3500	44.66	2.34
51	135	5	3500	51.08	-0.08
49	141	7	3500	49.36	-0.36

$$Y_i = \beta_0 + \beta_1 x_{i1} + \beta_2 x_{i2} + \beta_3 x_{i3} + \varepsilon_i, \quad (i = 1, \ldots, n) \qquad (6.4.7)$$

$\boldsymbol{\beta}$ の最小二乗推定値を求めると，$\hat{\boldsymbol{\beta}} = (2.24, 0.257, -1.63, 0.00638)^T$ となり，予測値 $\hat{y}_i$ と残差 $\hat{e}_i = y_i - \hat{y}_i$ は，表 6.7 のようになる．横軸に $\hat{y}_i$，縦軸に残差 $\hat{e}_i$ をプロット（**残差プロット** (residual plot)）すると図 6.1 のようになる．残差プロットに規則性が認められれば，残差が単に正規分布に従っているとは考えづらくなる．

また，残差の正規 Q-Q プロットは図 6.2 のようになる．データが正規分布に従っている場合には，正規 Q-Q プロットの点がおおよそ直線上に並ぶ．この例では，サンプルサイズが小さいため判断しづらいが，これらのプロットから，残差はおおよそ正規分布に従っていると考えられ，式 (6.4.7)の重回帰モデルの当てはめは妥当であるといえる．

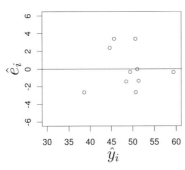

図 **6.1** 残差プロット

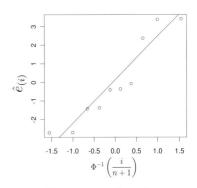

図 **6.2** Q-Q プロット

> **コメント**

> $(t_1, \ldots, t_n)$ を観測値とし，$t_{(1)} \leq \cdots \leq t_{(n)}$ をその順序統計量とする．$(t_1, \ldots, t_n)$ の正規 Q-Q プロット（normal Q-Q plot, Q は quantile を表す）は，横軸が標準正規分布の分位点 $\Phi^{-1}\left(\dfrac{1}{n+1}\right), \ldots, \Phi^{-1}\left(\dfrac{n}{n+1}\right)$ で，縦軸が $(t_{(1)}, \ldots, t_{(n)})$ の値の散布図で与えられる．$(t_1, \ldots, t_n)$ が独立に同じ正規分布 $N(\mu, \sigma^2)$ から発生していれば，$\dfrac{t_i - \mu}{\sigma}$ が標準正規分布に従い，$\dfrac{t_{(i)} - \mu}{\sigma} \approx \Phi^{-1}\left(\dfrac{i}{n+1}\right)$ であると考えられるので，正規 Q-Q プロットの点はおおよそ直線上に並ぶ．なお Φ^{-1} の引数として $i/(n+1)$ 以外のものを用いることもある（2級対応『統計学基礎』4.3.3 項参照）．

6.4.2.2 変数選択

重回帰モデルにおいて，説明変数が無駄に多すぎると，予測の意味では好ましくなく，また，解釈も難しくなってしまう．さらに，説明変数同士が強い相関をもっている場合，$(X^T X)^{-1}$ の計算が不安定になり，最小二乗推定が不自然な結果を導いてしまうことが知られている．説明変数同士が強い相関をもっている場合を，**多重共線性**（multicolinearlity）が生じている，という．以下では，説明変数を機械的に選ぶ方法について考える．

変数選択の規準についてはいくつかあるが，ここでは，3章で紹介した**赤池情報量規準**（Akaike information criterion 略して AIC）を用いることにする．p 個の説明変数をもつ重回帰モデルにおける AIC は，以下のように表される．

$$AIC = -2(\text{最大対数尤度}) + 2(\text{パラメーター数}) \tag{6.4.8}$$

$$= n\left\{\log\frac{2\pi S_e}{n} + 1\right\} + 2(p+2) \tag{6.4.9}$$

ここで，S_e は，今考えている重回帰モデルにおける残差平方和で $S_e = \displaystyle\sum_{i=1}^{n}(y_i - \hat{y}_i)^2$ で与えられる．AIC は，その値が小さいモデルのほうが望ましいと考える規準である．AIC を用いた変数選択の手順としては以下のものなどがよく使われる．

変数増加法 説明変数がない定数項のみのモデルから出発して，変数を1つ付け加えたときに AIC を一番小さくする変数を付け加えていく方法．説明変数を付け加えても AIC が減少しない場合は，そこで終了する．

変数減少法　すべての説明変数を入れた重回帰モデルから出発して，変数を
　　　1つ削除したときにAICを一番小さくする変数を削除していく方法．説
　　　明変数を削除してもAICが減少しない場合は，そこで終了する．

変数増減法　説明変数がない定数項のみのモデルから出発して，変数を1つ
　　　付け加えたときにAICを一番小さくする変数を付け加える．もしAIC
　　　を減少させる説明変数がなければ定数項のみのモデルで終了する．そう
　　　でない場合には，変数を1つ付け加えるか，または，1つ削除したとき
　　　に一番AICを小さくするモデルを次々に選んでいく．変数を付け加え
　　　ても削除してもAICが減少しなくなったら，そこで終了する．

変数選択の規準は，AIC以外のものでも構わないが，5章で紹介した決定係
数 R^2 は変数選択の規準としてそのまま用いることはできない．決定係数 R^2
は，当てはまりの良さを測る尺度であり，値が大きいほうが望ましいと考え
る規準である．よって，R^2 を増加させるように変数を選択していけばいい
ように思われるが，ある重回帰モデルと，それに変数を追加したモデルの2
つのモデルを考えると，変数を追加したモデルの方が必ず決定係数が大き
くなる（または等しくなる）．つまり，変数を追加すればするほど決定係数
は大きくなってしまう．そこで，決定係数 R^2 ではなく，以下の**自由度調整
済み決定係数** (the coefficient of determination adjusted for the degrees of
freedom)$\tilde{R}^2$ が変数選択の規準として用いられることもある．

$$\tilde{R}^2 = 1 - \frac{\sum_{i=1}^{n}(y_i - \hat{y}_i)^2/(n-p-1)}{\sum_{i=1}^{n}(y_i - \bar{y})^2/(n-1)} \tag{6.4.10}$$

この $\tilde{R}^2$ は，値が大きいほうが望ましいと考える規準であり，変数選択の規
準として使うときには，AICとは逆に，$\tilde{R}^2$ の値が増加していくように変数
を選択していく．自由度調整済み決定係数 $\tilde{R}^2$ は，決定係数 R^2 とは違って，
変数を追加しても必ずしも値が大きくなるとは限らない．ただし，自由度調
整済み決定係数は負の値を取ることもあり，この場合，当てはまりの良さの
尺度としての意味を求めることは難しくなる．

6.4.3　一般化最小二乗推定

定理 6.4.3（ガウス-マルコフの定理）によって，最小二乗推定量が最良線
形不偏推定量であることを導いたが，その定理が成立する条件として，誤差
項の独立同一分布性を仮定していた．つまり，誤差項の分散が，ある正の実

数 σ^2 によって

$$\mathrm{Var}[\boldsymbol{\varepsilon}] = E[\boldsymbol{\varepsilon}\boldsymbol{\varepsilon}^T] = \sigma^2 I_n \tag{6.4.11}$$

と表されるという仮定をおいていた．ここでは，この仮定が成り立たず，誤差項において

$$E[\boldsymbol{\varepsilon}] = 0,\ \mathrm{Var}[\boldsymbol{\varepsilon}] = E[\boldsymbol{\varepsilon}\boldsymbol{\varepsilon}^T] = \sigma^2 \Omega \tag{6.4.12}$$

が成立する場合を考える．ただし，Ω は正定値行列であり，既知であるとする．また，計画行列 X については，前と同じく非確率的であると仮定する．$\Omega = I_n$ であれば，定理 6.4.3 の条件が成り立つため，通常の最小二乗推定量 $\hat{\boldsymbol{\beta}} = (X^T X)^{-1} X^T \boldsymbol{y}$ が最良線形不偏推定量になるが，$\Omega \neq I_n$ のときには，この定理は使うことができない．

(6.4.12)の仮定の下で $\boldsymbol{\beta}$ の最良線形不偏推定量を求めるために，重回帰モデルの式を定理 6.4.3 が使える形に変形することを考える．まず，Ω は正定値行列なので，直交行列 Q と対角成分が正の対角行列 Λ を用いて，$\Omega = Q\Lambda Q^T$ と表すことができる．ここで，$P = \Lambda^{-\frac{1}{2}} Q^T$ とおき，さらに，$\boldsymbol{Y}^* = P\boldsymbol{Y}$，$X^* = PX$，$\boldsymbol{\epsilon}^* = P\boldsymbol{\epsilon}$ とおく．そして，(6.4.2)に左から P をかけると，以下の式を得る．

$$\boldsymbol{Y}^* = X^* \boldsymbol{\beta} + \boldsymbol{\varepsilon}^* \tag{6.4.13}$$

この式における最小二乗推定量は，

$$\hat{\boldsymbol{\beta}} = (X^{*T} X^*)^{-1} X^{*T} \boldsymbol{y}^* \tag{6.4.14}$$

で与えられる．定理 6.4.2 により，この $\hat{\boldsymbol{\beta}}$ は不偏推定量である．さて，Ω は非確率的であるので，$X^* = PX$ も非確率的である．また，以下が成立する．

$$E[\boldsymbol{\varepsilon}^*] = E[P\boldsymbol{\varepsilon}] = PE[\boldsymbol{\varepsilon}] = 0, \tag{6.4.15}$$

$$\mathrm{Var}[\boldsymbol{\varepsilon}^*] = E[\boldsymbol{\varepsilon}^* \boldsymbol{\varepsilon}^{*T}] = E[P\boldsymbol{\varepsilon}\boldsymbol{\varepsilon}^T P^T] = PE[\boldsymbol{\varepsilon}\boldsymbol{\varepsilon}^T]P^T \tag{6.4.16}$$

$$= P\Omega P^T = (\Lambda^{-\frac{1}{2}} Q^T)(Q\Lambda Q^T)(Q\Lambda^{-\frac{1}{2}}) = I_n \tag{6.4.17}$$

よって，(6.4.14)の最小二乗推定量 $\hat{\boldsymbol{\beta}}$ は，定理 6.4.3 の条件を満たすので，最良線形不偏推定量である．(6.4.14)の最小二乗推定量 $\hat{\boldsymbol{\beta}}$ を得る推定方法を，通常の最小二乗推定と区別するために，**一般化最小二乗推定** (generalized least squares, 略して GLS) という. (6.4.14)の最小二乗推定量 $\hat{\boldsymbol{\beta}}$ を $\boldsymbol{y}, X, \Omega$ を用いて書き直すと,

$$\hat{\boldsymbol{\beta}} = ((PX)^T PX)^{-1}(PX)^T P\boldsymbol{y} = (X^T \Omega^{-1} X)^{-1} X^T \Omega^{-1} \boldsymbol{y} \quad (6.4.18)$$

となっており, 通常の最小二乗推定量 ($\Omega = I_n$ のとき) の一般化の形になっていることがわかる.

§ 6.5 各種多変量解析法

6.5.1 主成分分析

主成分分析 (principal component analysis, 略して PCA) は, 高い次元のデータを, なるべく情報を保ったまま, 低い次元に縮約する方法である. 例えば, 様々な経済指標から, 少数の総合的な指標を構成したい場合などに使われる.

第1主成分

p 次元の変数ベクトル $\boldsymbol{X} = (X_1, \ldots, X_p)^T$ をある軸に射影したときに, その分散を最大にするような軸を**第1主成分** (the first principal component) という. 例えば, 図 6.3 の散布図においては, 直線が第1主成分 (この方向に射影したときに最も分散が大きい) と考えられる. 回帰分析において, 回帰モデルの誤差 (被説明変数の軸の方向に対する誤差) の二乗和を最小化していた場合とは違って, 主成分分析では軸へ射影したときの垂線の長さの二乗和を最小化している.

まず, 変数ベクトルに対する第1主成分は, 以下のように定式化できる. p 次元の確率変数ベクトル $\boldsymbol{X} = (X_1, \ldots, X_p)^T$ に対し, 長さ1のベクトル

$$\boldsymbol{w} = (w_1, \ldots, w_p)^T, \ \sqrt{\boldsymbol{w}^T \boldsymbol{w}} = 1 \quad (6.5.1)$$

を考える. $\boldsymbol{w}$ の方向への射影

$$Y = \boldsymbol{w}^T \boldsymbol{X} = w_1 X_1 + \cdots + w_p X_p \quad (6.5.2)$$

を考え, $Y = \boldsymbol{w}^T \boldsymbol{X}$ の分散を最大にする $\boldsymbol{w}$ を求める. この $\boldsymbol{w}$ を第1主成分 (係数ベクトル) という. このことを踏まえ, 次に, 標本における第1主成分

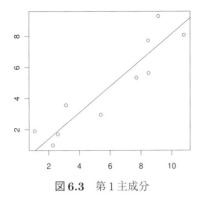

図 **6.3** 第 1 主成分

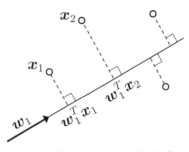

図 **6.4** 第 1 主成分の主成分得点

を考える. n 個の p 次元データ $\boldsymbol{x}_1, \ldots, \boldsymbol{x}_n$ が与えられたとき, これらのデータからなる行列を

$$X = \begin{pmatrix} \boldsymbol{x}_1^T \\ \vdots \\ \boldsymbol{x}_n^T \end{pmatrix} = \begin{pmatrix} x_{11} & x_{12} & \ldots & x_{1p} \\ x_{21} & x_{22} & \ldots & x_{2p} \\ \vdots & \vdots & \ddots & \vdots \\ x_{n1} & x_{n2} & \ldots & x_{np} \end{pmatrix} \qquad (6.5.3)$$

とおく. X に対する標本分散共分散行列 (variance-covariance matrix) を V とすると, n 個の 1 次元データ $(\boldsymbol{w}^T \boldsymbol{x}_1, \ldots, \boldsymbol{w}^T \boldsymbol{x}_n)^T$ から求まる標本分散は,

$$\boldsymbol{w}^T V \boldsymbol{w} \qquad (6.5.4)$$

と表される. この標本分散を最大にする $\boldsymbol{w}$ が第 1 主成分である. ここで, 以下の定理が成り立つ.

定理 6.5.1 V を対称行列とする. $\sqrt{\boldsymbol{w}^T \boldsymbol{w}} = 1$ という条件の下での $\boldsymbol{w}^T V \boldsymbol{w}$ の最大値は, V の最大固有値 λ_1 である. また, $\boldsymbol{w}$ が λ_1 に対応する長さ 1 の固有ベクトル $\boldsymbol{w}_1$ であるときに最大値が達成される.

よって, 標本分散を最大にする長さ 1 のベクトルは, 標本分散共分散行列 V の最大固有値 λ_1 の固有ベクトル $\boldsymbol{w}_1 = (w_{11}, \ldots, w_{p1})^T$ である. また, このときの標本分散 $\boldsymbol{w}_1^T V \boldsymbol{w}_1$ は最大固有値 λ_1 に等しい.

主成分得点と因子負荷量

n 個の p 次元データ $(\boldsymbol{x}_1, \ldots, \boldsymbol{x}_n)^T$ の各々と $\boldsymbol{w}_1$ との内積

$$\boldsymbol{w}_1^T \boldsymbol{x}_i, \ (i = 1, \ldots, n) \tag{6.5.5}$$

を第1主成分の**主成分得点** (principal component score) という．これは，第1主成分における各個体の分布を表している（図 6.4）．また，

$$\sqrt{\lambda_1} \boldsymbol{w}_1 \tag{6.5.6}$$

を第1主成分の**主成分負荷量** (principal component loading) または**因子負荷量** (factor loading) という．主成分負荷量の各成分の値は，標準化された第1主成分得点と元の変数の共分散，元の変数を標準化して分析した場合には相関係数，に等しい．第2主成分以下も同様である．

第2主成分，第3主成分

　第2主成分は，第1主成分と直交する軸のうちで分散を最大にする軸として与えられる．第3主成分は，第1主成分と第2主成分に直交する軸のうちで分散を最大にする軸として与えられる．第4主成分も同様である．また，以下のことが成り立つ．

> **定理 6.5.2**　V を $\boldsymbol{X}$ の標本分散共分散行列とする．V の固有値を大きい順に $\lambda_1, \lambda_2, \ldots, \lambda_p$ とし，対応する固有ベクトルを $\boldsymbol{w}_1, \boldsymbol{w}_2, \ldots, \boldsymbol{w}_p$ とする．このとき，各データの第 k 主成分は $\boldsymbol{w}_k$ から得られ，その標本分散は λ_k に等しい．

このように第1主成分,$\ldots$, 第 k 主成分 $(k \leq p)$ を，それらがデータの変動を十分に説明していると考えられるまでとる．第 k 主成分まででデータの変動を十分に説明しているかどうかは，以下の式で与えられる第 k 主成分までの**累積寄与率** (cumulative contribution ratio) で判断することが多い．

$$\frac{\lambda_1 + \cdots + \lambda_k}{\lambda_1 + \cdots + \lambda_p} \tag{6.5.7}$$

累積寄与率は，k が増えると 1 に近づいていく．第 k 主成分までの累積寄与率が 1 に近ければ，第 k 主成分までで変動を十分に説明しているといえる．また，第 k 主成分の**寄与率** (contribution ratio) は $\lambda_k / (\lambda_1 + \cdots + \lambda_p)$ で与

えられる．さらに，第 k 主成分における主成分得点や主成分負荷量は，第 1 主成分のときと同様に定義される．

今までの説明において，分散共分散行列を基にして主成分分析を行ったが，分散共分散行列のかわりに相関行列を用いる方法もある．これらは変数を基準化してあれば結果は同じになるが，一般には異なった結果になる．

6.5.2 因子分析

因子分析 (factor analysis) は，p 次元の変数 $(X_1, \ldots, X_p)$ の振る舞いを，より少数の**共通因子** (common factor)$(F_1, \ldots, F_k)$, $(k < p)$ の線形結合で表現する構造を発見することを目的としている．構造を式で表せば，

$$
\begin{aligned}
X_1 &= \mu_1 + \lambda_{11}F_1 + \cdots + \lambda_{1k}F_k + U_1 \\
X_2 &= \mu_2 + \lambda_{21}F_1 + \cdots + \lambda_{2k}F_k + U_2 \\
&\;\;\vdots \\
X_p &= \mu_p + \lambda_{p1}F_1 + \cdots + \lambda_{pk}F_k + U_p
\end{aligned}
\tag{6.5.8}
$$

となる．ここで，λ_{rj} は，X_1 から X_p まで共通に効いてくる因子 F_j の重みであり，**因子負荷量** (factor loading) と呼ばれる．これらは未知のパラメータである．また，U_r は X_r のみに効いてくる因子で，**独自因子** (unique factor) と呼ばれる．μ_r は X_r の平均を表す．例えば，図 6.5 のように，「国語，英語，数学，理科，社会」の 5 つの科目の能力を「文系，理系」の 2 つの共通因子で説明したい場合などに因子分析を適用する．

今，(6.5.8)を行列とベクトルで表すために，p 行 k 列の行列 Λ を $\Lambda = \{\lambda_{rj}\}, (r = 1, \ldots, p, j = 1, \ldots, k)$ とおく．Λ を**因子負荷量行列** (factor

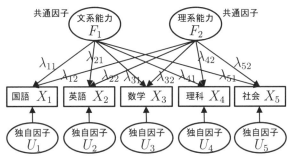

図 **6.5** 因子分析モデルの例

loading matrix）という．さらに，$\boldsymbol{X} = (X_1, \ldots, X_p)^T$, $\boldsymbol{\mu} = (\mu_1, \ldots, \mu_p)^T$, $\boldsymbol{F} = (F_1, \ldots, F_k)^T$, $\boldsymbol{U} = (U_1, \ldots, U_p)^T$ とおくと，(6.5.8)は以下のように表せる．

$$\boldsymbol{X} = \boldsymbol{\mu} + \Lambda \boldsymbol{F} + \boldsymbol{U} \tag{6.5.9}$$

独自因子と共通因子の間には，$E[\boldsymbol{U}\boldsymbol{F}^T] = O$ という仮定がなされる．これは，独自因子と共通因子が無相関であるという仮定である．独自因子 $\boldsymbol{U}$ については，$E[\boldsymbol{U}] = \boldsymbol{0}$ と $\mathrm{Var}[\boldsymbol{U}] = D$ という仮定がなされる．ここで，D は対角要素が正の値の対角行列を表す．つまり，異なる独自因子同士は無相関であると仮定する．また，共通因子 $\boldsymbol{F}$ については，$E[\boldsymbol{F}] = \boldsymbol{0}$ と $\mathrm{Var}[\boldsymbol{F}] = \Phi$ という仮定がなされる．ここで，Φ は正定値行列を表す．$\Phi = I_k$ の場合（異なる共通因子同士が無相関の場合）には，(6.5.9)のモデルを**直交モデル** (orthognal model) という．そうでない場合（異なる共通因子間に相関があるような場合）には，(6.5.9)のモデルを**斜交モデル** (oblique model) という．

　後で述べるように，因子分析の解には不定性があるので，何らかの制約を課さない限りは，(6.5.9)におけるパラメータの推定値は一意には求まらない．そこで，因子分析では，まず，直交モデルで推定して，その後で解釈しやすいように「回転」を施すといったことが行われる．n 個の p 次元データ $\boldsymbol{x}_1, \ldots, \boldsymbol{x}_n$ が与えられたとして，直交モデルの場合で (6.5.9)におけるパラメータを推定することを考える．まず，$\boldsymbol{\mu}$ は標本平均 $\bar{\boldsymbol{x}} = \dfrac{1}{n}\displaystyle\sum_{i=1}^{n} \boldsymbol{x}_i$ で求められる．次に，X が (6.5.9)のモデルに従うとすると，直交モデルの場合には，X の分散共分散行列 $\Sigma = \{\sigma_{rr'}\}, (r, r' = 1, \ldots, p)$ は，以下のように分解される．

$$\Sigma = \{\sigma_{rr'}\} = \Lambda\Lambda^T + D \tag{6.5.10}$$

　一方，標本分散共分散行列は $S = \dfrac{1}{n-1}\displaystyle\sum_{i=1}^{n}(\boldsymbol{x}_i - \bar{\boldsymbol{x}})(\boldsymbol{x}_i - \bar{\boldsymbol{x}})^T$ で与えられ，(6.5.9)のモデルが正しければ，この標本分散共分散行列は，(6.5.10)と近い値をとるはずである．よって，Λ, D の推定値は，S と Σ の不一致度を表す**不一致度関数** (discrepancy function) $d(S, \Sigma)$ を決めて，それを最小化する Λ, D として求めることができる．不一致度関数としては，分散共分散行列の各要素の差異の二乗の和

$$d(S, \Sigma) = \sum_{r=1}^{p} \sum_{r'=1}^{p} (s_{rr'} - \sigma_{rr'})^2 = \text{tr}\{(S - \Sigma)^2\} \tag{6.5.11}$$

などを用いたりする。その他の不一致度関数の例としては，最尤法に基づくものなどがある。

回転の不定性

　因子分析モデルには，回転の不定性と呼ばれる性質があり，(6.5.9)の関係を満たす $\Lambda, \boldsymbol{F}$ は，一意には定まらない。今，T を任意の正則な行列として，$\Lambda^* = \Lambda T$, $\boldsymbol{F}^* = T^{-1}\boldsymbol{F}$ とおくと，

$$\begin{aligned} \boldsymbol{X} &= \boldsymbol{\mu} + \Lambda \boldsymbol{F} + \boldsymbol{U} = \boldsymbol{\mu} + \Lambda(TT^{-1})\boldsymbol{F} + \boldsymbol{U} \\ &= \boldsymbol{\mu} + \Lambda^* \boldsymbol{F}^* + \boldsymbol{U} \end{aligned} \tag{6.5.12}$$

となり，$\Lambda^*, \boldsymbol{F}^*$ もまた (6.5.9) の関係を満たし，解の不定性があることがわかる。$\Lambda^* = \Lambda T$ と $\boldsymbol{F}^* = T^{-1}\boldsymbol{F}$ という変換を T による因子軸の回転という。因子分析では，結果の解釈をしやすくするために，何らかの基準を設けて因子軸を回転するといったことが通常行われる。T が直交行列 ($T^T T = I_k$) であるときの因子軸の回転を**直交回転** (orthogonal rotation) という。回転前の共通因子について $\text{Var}[\boldsymbol{F}] = I_k$ （直交モデルの場合）であれば，$\text{Var}[\boldsymbol{F}^*] = T^T \text{Var}[\boldsymbol{F}]T = I_k$ なので，直交回転を施した後も直交モデルであり，共通因子は互いに無相関である。直交回転としては，バリマックス基準 $\sum_{j=1}^{k} \{\sum_{r=1}^{p} \lambda_{rj}^4 - \frac{1}{p}(\sum_{r=1}^{p} \lambda_{rj}^2)^2\}$ を最大にする**バリマックス回転** (varimax rotation) がよく用いられる。バリマックス回転では，因子負荷量の二乗の分散を最大化しており，なるべく $\lambda_{rj}^2 \geq 0$ の値が散らばるように Λ が選ばれるため，Λ の中で0に近い値をもつ要素と絶対値の大きな値をもつ要素とに分かれやすくなる。因子負荷行列 Λ がこのような構造をもつ場合のことを**単純構造** (simple structure) をもつと表現する。Λ が単純構造をもっている場合には分析結果の解釈が容易になる。また，T が直交行列でない場合を**斜交回転** (oblique rotation) という。回転前には直交モデルであっても，斜交回転を施すと共通因子間はもはや無相関ではなくなり，相関を許した斜交モデルになる。現実には，共通因子間が無相関であるという仮定は考えにくいため，最近では，斜交回転が用いられることが多くなってきているようである。代表的な斜交回転の方法として，計算が割合簡単な**プロマックス回転** (promax rotation) がある。

6.5.3　判別分析

　母集団がいくつかの群に分かれているとする．どの群に属するかは未知の個体の観測値が与えられたときに，その観測値のもつ特徴を使ってどの群に属するかを判別する基準を構築することを**判別分析** (discriminant analysis) という．判別の方法には多くの種類があるが，この節では，相関比というものを最大化することによる線形判別の方法を扱う事にする．ここでは2群の判別を扱う．観測値の次元は一般に p であるが，簡単のため $p = 2$ として説明する．つまり，各個体 i のもつ特徴が2次元ベクトル (X_{i1}, X_{i2}) で表される場合を考える．

判別関数の求め方

　まず，各個体がどの群に属すのかがわかっているデータを用いて，**判別関数** (discriminant function) を作る．判別関数とは，個体の観測値を入力すると，判別の基準になるような量を返してくれる関数のことである．例えば，図 6.6 のように2次元上に2群（○ と △ の2群）のデータが与えられたとする．このとき，Y の軸に射影してデータを見ることで2つの群をうまく判別できそうだと思われる．そこで，変数 X_{i1}, X_{i2} に対して，判別のために有効な変数（判別関数）Y を

$$Y = \beta_1 X_1 + \beta_2 X_2 \tag{6.5.13}$$

という X_1 と X_2 の線形結合の形で作る．そして，Y についての2つの群の間の分散（群間分散）が，母集団全体の分散に対してなるべく大きくなるような β_1 と β_2 の値を求める．さて，以下の表のように2次元上の2群のデータが与えられたとする．

群	個体 i	X_1	X_2
	1	$x_{11}^{(1)}$	$x_{12}^{(1)}$
1	$\vdots$	$\vdots$	$\vdots$
	n_1	$x_{n_1 1}^{(1)}$	$x_{n_1 2}^{(1)}$
	1	$x_{11}^{(2)}$	$x_{12}^{(2)}$
2	$\vdots$	$\vdots$	$\vdots$
	n_2	$x_{n_2 1}^{(2)}$	$x_{n_2 2}^{(2)}$

そして，群 k の個体 i の Y の値を以下のように表すとする．

$$y_i^{(k)} = \beta_1 x_{i1}^{(k)} + \beta_2 x_{i2}^{(k)}$$

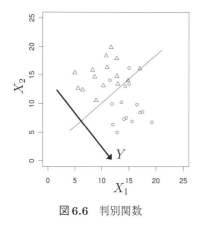

図 **6.6**　判別関数

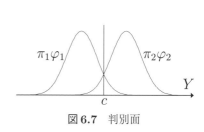

図 **6.7**　判別面

このとき，群 k における Y と X_j の値の平均や，母集団全体の Y の平均は以下のようになる．

$$\bar{y}^{(k)} = \frac{1}{n_k} \sum_{i=1}^{n_k} y_i^{(k)}, \ \bar{x}_{\cdot j}^{(k)} = \frac{1}{n_k} \sum_{i=1}^{n_k} x_{ij}^{(k)},$$

$$\bar{y} = \frac{1}{n_1 + n_2} \sum_{k=1}^{2} \sum_{i=1}^{n_k} y_i^{(k)}$$

また，母集団全体の Y の偏差平方和（総偏差平方和）は以下のように分解される．

$$\underbrace{\sum_{k=1}^{2} \sum_{i=1}^{n_k} (y_i^{(k)} - \bar{y})^2}_{総偏差平方和 \, S_T} = \underbrace{\sum_{k=1}^{2} n_k (\bar{y}^{(k)} - \bar{y})^2}_{群間偏差平方和 \, S_B} + \underbrace{\sum_{k=1}^{2} \sum_{i=1}^{n_k} (y_i^{(k)} - \bar{y}^{(k)})^2}_{群内偏差平方和 \, S_W}$$

このとき，**相関比** (correlation ratio) の二乗は，

$$\eta^2 = \frac{S_B}{S_T}$$

で与えられる量である．相関比の二乗 η^2 の分子は群間偏差平方和であり，β_1 と β_2 を変化させたときに相関比が大きくなるということは，Y に射影した各群の中心間の距離が相対的により離れていくことを意味する．よって，良い判別関数 Y を求めるために，η^2 を最大にする $\boldsymbol{\beta} = (\beta_1, \beta_2)$ を求めることにする．

　ここで，η^2 は，$\eta^2 = \dfrac{1}{1 + (S_W/S_B)}$ とも表され，その最大化は (S_B/S_W) の最大化と同値であるので，これを最大化する β を求めることにする．また，(S_B/S_W) を最大化する β には定数倍の任意性がある（β の定数倍も β と同じ (S_B/S_W) の値をもつ）が，以下の式で与えられる β が (S_B/S_W) を最大化する解の一つであることが計算によって確かめられる．

$$\begin{pmatrix} \beta_1 \\ \beta_2 \end{pmatrix} = \begin{pmatrix} s_{11} & s_{12} \\ s_{21} & s_{22} \end{pmatrix}^{-1} \begin{pmatrix} \bar{x}_{\cdot 1}^{(1)} - \bar{x}_{\cdot 1}^{(2)} \\ \bar{x}_{\cdot 2}^{(1)} - \bar{x}_{\cdot 2}^{(2)} \end{pmatrix}$$

ここで $s_{jj'}$ は，各群内における分散共分散行列を合併（"プールした" あるいは "こみにした"）したものであり，以下のように与えられる．

$$s_{jj'} = \frac{1}{n_1 + n_2 - 2} \sum_{k=1}^{2} \sum_{i=1}^{n_k} (x_{ij}^{(k)} - \bar{x}_{\cdot j}^{(k)})(x_{ij'}^{(k)} - \bar{x}_{\cdot j'}^{(k)})$$

判別の手順

　得られた判別関数 $Y = \beta_1 X_1 + \beta_2 X_2$ を用いて，(x_1^*, x_2^*) をもつある個体（どちらの群に属するかは分からない個体）を判別することを考える．簡単のため，各群の比率が既知である場合を考える．また，各群は正規分布に従っているとする．母集団に対する群1の比率を π_1，群2の比率を π_2 とし，群1と群2の Y の分布の密度関数をそれぞれ φ_1 と φ_2 で表すことにする．このとき，基準点 c を設けて，判別関数の値が c よりも大きいか小さいかをみてどちらの群に属するかを決めることにする．すると，判別を誤る確率を最小にする c の値は，

$$\pi_1 \varphi_1(c) = \pi_2 \varphi_2(c) \tag{6.5.14}$$

を満たす c であることがわかる（図 6.7 参照）．特に，$\pi_1 = \pi_2$ ならば，群1の Y の平均値と群2の Y の平均値の中点が c になる．このようにして与えられた c を基準にして，$y^* = \beta_1 x_1^* + \beta_2 x_2^*$ が c より大きいか小さいかでどちらの群に属するかを決める．

6.5.4　クラスター分析

　判別分析におけるデータでは，各個体がどの群に属するのかについての情報が与えられていた．このような情報なしで個体を分類する基準を構築する

ことを**クラスター分析** (cluster analysis) という．クラスターとは「房」とか「群」などの意味をもっている．この節では，群のことをクラスターと呼ぶことにする．与えられる n 個の p 次元データを以下のように表すとする．

個体 i	X_1	X_2	$\dots$	X_p
1	x_{11}	x_{12}	$\dots$	x_{1p}
$\vdots$	$\vdots$	$\vdots$	$\ddots$	$\vdots$
n	x_{n1}	x_{n2}	$\dots$	x_{np}

クラスター分析では，まず，各個体間の非類似度（距離）を指定する．個体 i と個体 i' の間の非類似度 $d_{ii'}$ としては，以下の**ミンコフスキー距離** (Minkowski distance) が使われることが多い．

$$d_{ii'} = \left(\sum_{j=1}^{p} |x_{ij} - x_{i'j}|^{\nu} \right)^{\frac{1}{\nu}}, \ (\nu > 0) \tag{6.5.15}$$

ここで，ν は事前に設定するパラメーターで，$\nu = 2$ でユークリッド距離になり，$\nu = \infty$ のときは最大距離 $\max_{j} |x_{ij} - x_{i'j}|$ になる．非類似度としては，ユークリッド距離またはその二乗が用いられることが多いようである．クラスター分析は，この非類似度をもとに解析していく手法であり，階層的な手法と非階層的な手法に分かれる．

階層的クラスター分析

　階層的クラスター分析 (hierarchical cluster analysis) は，まず，各個体がそれぞれ 1 つのクラスターをなしている（n 個のクラスターがある）という状態から出発して，一番 d_{qr} の小さい（非類似度の小さい）クラスターの組 q と r を融合して新しいクラスター s を次々に作っていくという手法である．ここで，合併したクラスターとそれ以外のクラスターとの非類似度を新しく決めないといけないが，その決め方にもいくつかの方法がある．よく使われるのは，**ウォード法** (Ward method) であり，q と r を融合して新しく作られたクラスター s とそれ以外のクラスター t との非類似度 d_{st} を

$$d_{st} = \frac{n_q + n_t}{n_s + n_t} d_{qt} + \frac{n_r + n_t}{n_s + n_t} d_{rt} - \frac{n_t}{n_s + n_t} d_{qr} \tag{6.5.16}$$

で更新していく方法である．ここで n_i はクラスター i に含まれる個体の数である．また，非類似度の更新方法としては，**最短距離法** (nearest neighbor

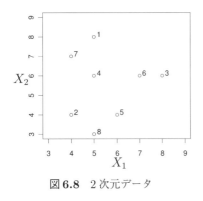

図**6.8**　2次元データ

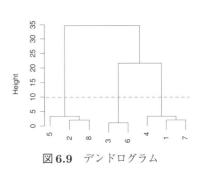

図**6.9**　デンドログラム

method) もよく使われる．この方法では，非類似度を $d_{st} = \min(d_{qt}, d_{rt})$ で更新していく．クラスターを融合していく様子は，階層的であり，それが階層的クラスター分析という名前の由来になっている．例えば，図 6.8 のような8個の○で表される2次元データが与えられたとする．ここで，図 6.8 の○の横の数字は各個体の番号を表しているとする．このデータに対して，非類似度をユークリッド距離の二乗にし，非類似度の更新方法としてウォード法を用いて階層的クラスター分析をしていくと，図 6.9 のような**デンドログラム** (dendrogram) または**樹形図** (tree diagram) と呼ばれるグラフを得る．デンドログラムの横軸には各個体が並び，縦軸はクラスターを融合したときの距離を表している．例えば，横に引いた点線で切るようにしてクラスターを作ると，{2,5,8}, {3,6}, {1,4,7} の3つのクラスターができる．デンドログラムのどこを切るのかの絶対的な基準があるわけではなく，クラスターによる分類がデータの特徴をよくとらえているかどうかで切る場所を判断したりする．

非階層的クラスター分析

非階層的クラスター分析 (non-hierarchical cluster analysis) には，様々な手法があるが，よく使われるのは，k-**平均法** (k-means method) である．これは，クラスターの平均を使って k 個に分類していくことから，このような名前が付いている．k-平均法では，以下のような更新アルゴリズムをクラスターが変化しなくなるまで繰り返すことにより，クラスターを構築する．

(1) k 個の p 次元ベクトル $\boldsymbol{\mu}^{(1)}, \dots, \boldsymbol{\mu}^{(k)}$ を初期点として適当に選び，これらを，クラスター $1, \dots, k$ の平均だと考える．

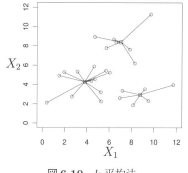

図 **6.10** k-平均法

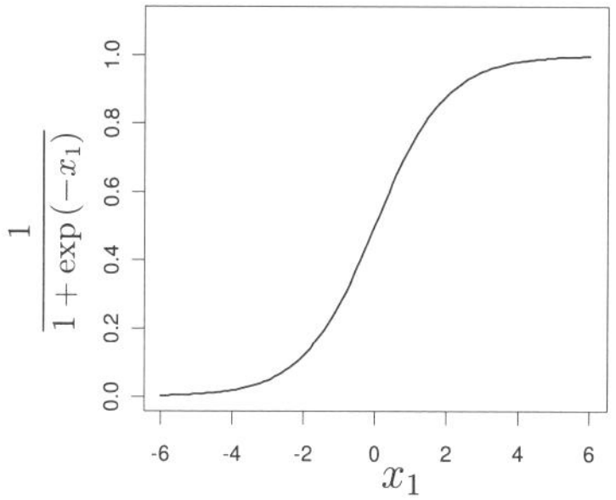

図 **6.11** ロジスティック関数

(2) 各個体 $\boldsymbol{x}_i = (x_{i1}, \ldots, x_{ip})$ に対し，$\boldsymbol{\mu}^{(1)}, \ldots, \boldsymbol{\mu}^{(k)}$ の中で $\boldsymbol{\mu}^{(j)}$ が一番近ければ，その個体をクラスター j に割り振る．

(3) クラスターが変化しなければ終了．そうでなければ，各クラスターの平均を (2) で求めた新しいクラスターに基づいて計算し直し，$\boldsymbol{\mu}^{(1)}, \ldots, \boldsymbol{\mu}^{(k)}$ の値をそれらの平均の値で更新して (2) に戻る．

階層的クラスター分析の場合とは違って，アルゴリズムの各ステップでクラスターが変化する様子は階層的ではない．k-平均法は初期点に大きく依存することが経験的に知られており，初期点の与え方も様々な方法が存在する．図 6.10 は ◯ で表される 25 個の 2 次元データに k-平均法を適用した例である．図 6.10 の例では，3 つのクラスターに分けており，□ がそれぞれのクラスターの中心を表している．

6.5.5 ロジスティック回帰分析

ロジスティック回帰分析 (logistic regression analysis) は，被説明変数 Y が 0 と 1 の 2 値である場合に使われる回帰分析の手法である．例えば，生物の生死などは 0 と 1 の値をとる 2 値の質的変数と考えることができるが，殺虫剤の濃度に対する害虫の死亡率をモデル化する場合などに，このようなロジスティック回帰分析が適用される．また，群の判別を確率的に行いたい場合にも，ロジスティック回帰分析を用いることができる．

$\boldsymbol{x} = (x_1, \ldots, x_p)$ が与えられたときに，Y が 1 をとる確率を $q(\boldsymbol{x})$ で表すとする．このとき，ロジスティック回帰分析では，確率 $q(\boldsymbol{x})$ と説明変数 $\boldsymbol{x} = (x_1, \ldots, x_p)$ との関係を以下のロジスティック関数 $q(\boldsymbol{x}; \boldsymbol{\beta})$ で近似する．

$$q(\boldsymbol{x}) = q(\boldsymbol{x};\boldsymbol{\beta}) = \frac{1}{1 + e^{-(\beta_0 + \beta_1 x_1 + \cdots + \beta_p x_p)}} = \frac{1}{1 + e^{-\boldsymbol{\beta}^T \boldsymbol{x}}} \quad (6.5.17)$$

ここで，$\boldsymbol{\beta} = (\beta_0, \beta_1, \ldots, \beta_p)^T$ がパラメータであり，これらの値を観測値から推定する．次元が $p = 1$ の場合，ロジスティック関数は，$q(x;\boldsymbol{\beta}) = \dfrac{1}{1 + e^{-(\beta_0 + \beta_1 x_1)}}$ である．次元が $p = 1$ で $\beta_0 = 0, \beta_1 = 1$ の場合のロジスティック関数は図 6.11 の曲線のようになる．$\boldsymbol{x}$ が与えられたとき，Y は成功確率 $q(\boldsymbol{x};\boldsymbol{\beta})$ のベルヌーイ分布に従う．

観測値 $(\boldsymbol{x}_1, y_1), (\boldsymbol{x}_2, y_2), \ldots, (\boldsymbol{x}_n, y_n)$ が与えられたとする．ここで，$\boldsymbol{x}_i = (x_{i1}, x_{i2}, \ldots, x_{ip})^T$ であり，観測値の番号を添え字に付け加えて書いている．すると，ロジスティックモデルの尤度は以下のようになる．

$$\prod_{i=1}^{n} q(\boldsymbol{x}_i;\boldsymbol{\beta})^{y_i} (1 - q(\boldsymbol{x}_i;\boldsymbol{\beta}))^{(1-y_i)} \quad (6.5.18)$$

この尤度を最大化する $\boldsymbol{\beta}$ を解析的に求めることはできないので，ニュートン-ラフソン法 (Newton-Raphson method) などの数値解析手法によって近似的に求める．

■■■ 練習問題

問 6.1 ある大学では新入生に対し，入学時に Listening(x_1) と Reading(x_2) からなる英語のテストを行っている．この大学の英語の教授は，入学時の英語のテストと学期末試験の点数 (y) との関係に興味をもち，重回帰モデル

$$Y_i = \beta + \beta_1 x_{1i} + \beta_2 x_{2i} + \varepsilon_i \quad (i = 1, ..., n) \quad (a)$$

により入学時の英語のテストの点数と学期末試験結果との関係を調べることにした．

〔1〕 重回帰モデル (a) に通常置かれる仮定を示せ．

〔2〕 教授は実際に 10 名の学生についてデータを取り，以下の結果を得た．

ID	Listening	Reading	Total	Score(Y)
1	250	150	400	53
2	300	250	550	74
3	300	300	600	99
4	200	150	350	66
5	200	200	400	45
6	200	200	400	69
7	250	200	450	59
8	350	300	650	86
9	200	200	400	38
10	250	150	400	46
平均	250	210	460	63.5
標準偏差	52.705	56.765	102.198	19.271

そして (x_1, x_2) と y との関係に関する重回帰分析を行い，以下の結果を得た．これらの数値が何を示すかを，統計をよく知らない人に対して説明せよ．

重相関係数	0.793
決定係数	0.629
自由度調整済み決定係数	0.523

	自由度	平方和	平均平方	F 比	P-値
回帰	2	2101.392	1050.696	5.926	0.031
残差	7	1241.108	177.301		
合計	9	3342.500			

	係数	標準誤差	t 値	P-値
切片	-1.938	21.502	-0.090	0.931
Listening	0.099	0.126	0.786	0.457
Reading	0.194	0.117	1.660	0.141

〔3〕 教授はまた,「Listeningのみ」,「Readingのみ」を説明変数とする単回帰分析も行った. 以下の表はその分析結果の一部である.

変数	係数	P-値	決定係数	調整決定係数
Listeningのみ	0.254	0.026	0.483	0.418
Readingのみ	0.262	0.009	0.596	0.545
Totalのみ	0.148	0.007	0.619	0.572

これらの結果および上問〔2〕の重回帰分析の結果を, 定期試験結果の予測ではどの変数を用いるのがいいかを含め, 論述せよ.

〔4〕 教授は, 上問〔2〕のListeningおよびReadingに加え, Totalも説明変数に加えた3変数での重回帰分析を行おうとしている. どのような結果が得られると考えるか. またそうなると考えた理由を述べよ.

問6.2 ある中学校における生徒120名の5教科(国語, 社会, 数学, 理科, 英語)の期末試験の結果の要約統計量(平均値, 標準偏差, 相関行列)は以下のようであった.

平均・標準偏差

変数	平均値	標準偏差
国語	58.400	13.810
社会	48.917	9.772
数学	44.033	13.769
理科	49.283	7.514
英語	59.508	7.503

相関行列

変数	国語	社会	数学	理科	英語
国語	1.000	0.840	0.206	0.283	0.577
社会	0.840	1.000	0.366	0.426	0.620
数学	0.206	0.366	1.000	0.819	0.453
理科	0.283	0.426	0.819	1.000	0.464
英語	0.577	0.620	0.453	0.464	1.000

このデータに対し, 主成分分析および因子分析をある統計ソフトウェアを用いて行った結果は以下のようであった.

このデータはいずれも点数という同じ尺度であるから必ずしも標準化する必要はないが, 偏差値を使う意味で標準化したデータを用いて分析を行った.

主成分分析

主成分	固有値		
	固有値	寄与率	累積寄与率
1	3.030	0.606	0.606
2	1.219	0.244	0.850
3	0.431	0.086	0.936
4	0.178	0.036	0.971
5	0.143	0.029	1.000

変数	固有ベクトル				
	主成分1	主成分2	主成分3	主成分4	主成分5
国語	0.436	0.515	0.290	0.065	-0.676
社会	0.487	0.364	0.312	-0.179	0.708
数学	0.411	-0.571	0.086	-0.677	-0.198
理科	0.435	-0.512	0.212	0.708	0.050
英語	0.464	0.120	-0.875	0.063	0.021

因子分析

変　数	因子負荷量	
	因子1	因子2
国語	0.720	0.589
社会	0.814	0.431
数学	0.755	-0.574
理科	0.752	-0.438
英語	0.695	0.127

〔1〕 要約統計量から何がわかるかを，統計に詳しくない人に対して説明せよ．

〔2〕 主成分分析と因子分析の違いについて簡潔に説明せよ．

〔3〕 主成分分析の結果，何が分かったのかを述べよ．また，主成分負荷量を

$$主成分負荷量 = \sqrt{固有値} \times 固有ベクトル$$

によって計算して，第1および第2主成分の平面上に各科目の主成分負荷量をプロットし，結果を解釈せよ．

〔4〕 因子分析の結果の因子負荷量の値を基に〔3〕と同様にプロットし，結果を解釈せよ．また，因子軸の回転を行うとしたらどのように行えばよいかを，単純構造とは何かを説明しつつ示した上で，回転した後の結果を解釈せよ．

問 6.3　説明変数 x の値 $0, 1, 2, 3, 4$ のそれぞれに対し，3つの目的変数 $y^{(1)}$，$y^{(2)}$，$y^{(3)}$ の値が以下の表のように観測された．表には目的変数の観測値に加え，各変数の平均値 $\bar{x}$, $\bar{y}^{(1)}$, $\bar{y}^{(2)}$, $\bar{y}^{(3)}$ および偏差平方和

$$A_x = \sum_{i=1}^{5}(x_i - \bar{x})^2, \quad A_j = \sum_{i=1}^{5}(y_i^{(j)} - \bar{y}^{(j)})^2 \quad (j = 1, 2, 3)$$

ならびに x と $y^{(j)}$ との偏差積和

$$A_{x,j} = \sum_{i=1}^{5}(x_i - \bar{x})(y_i^{(j)} - \bar{y}^{(j)}) \quad (j = 1, 2, 3)$$

が記入してある．以下の各問に答えよ．

変数						平均値	偏差平方和	偏差積和
x	0.0	1.0	2.0	3.0	4.0	2.0	10.0	
$y^{(1)}$	0.5	0.0	1.5	1.0	2.5	1.1	3.7	5.0
$y^{(2)}$	0.5	0.5	2.5	2.5	4.5	2.1	11.2	10.0
$y^{(3)}$	0.5	1.5	4.5	5.5	8.5	4.1	41.2	20.0

〔1〕　3組の回帰直線

$$y^{(j)} = a^{(j)} + b^{(j)}x \quad (j = 1, 2, 3)$$

を求めよ．

〔2〕　x と $y^{(2)}$ との散布図を描き，そこに上問〔1〕で求めたうちの $j = 2$ に対応した回帰直線 $y^{(2)} = a^{(2)} + b^{(2)}x$ を描き入れよ．

〔3〕　3つの回帰式の決定係数（寄与率）および残差平方和を求めよ．

〔4〕　上記の結果から，回帰係数の推定精度ならびに説明変数 x から目的変数 y を予測する際の予測精度を含め，3つの回帰式それぞれの特徴を論ぜよ．

〔5〕　回帰直線 $y^{(2)} = a^{(2)} + b^{(2)}x$ の 95% 信頼区間，すなわち x が与えられたときの $y^{(2)}$ の条件付き期待値の 95% 信頼区間を x の関数とみたものの概形を上問〔2〕の散布図に描き加えよ．

問 6.4 下の表は 2010 年に南アフリカで開催されたサッカーのワールドカップ・グループリーグ全 48 試合における各チームのゴール数である．各ゴール数は互いに独立であると仮定したとき，以下の各問に答えよ．なお，パラメータ λ のポアソン分布の確率関数は

$$p(x) = \frac{\lambda^x}{x!} e^{-\lambda} \quad (x = 0, 1, 2, ...)$$

で与えられる．

ゴール数	0	1	2	3	4	5	6	7	計
度数	35	35	18	5	2	0	0	1	96

〔1〕 このデータの分析を依頼された A さんは，サッカーのゴール数はポアソン分布に従うと想定した．そのような想定ができるとする理由を述べよ．

〔2〕 上の表のサッカーのゴール数の標本平均 $\bar{x}$ を求め，この標本平均がポアソン分布のパラメータ λ の点推定値となる根拠を述べよ．

〔3〕 上のデータがポアソン分布に従うという帰無仮説に対する適合度の検定を行い，その結果を述べよ．

〔4〕 グループリーグでの得点分布のパラメータ λ はワールドカップの各開催で同じと想定する．この想定の下で 2014 年のワールドカップ・ブラジル大会での λ の 95% 信頼区間を求めよ．

■■■ チェックシート

☐ **研究の種類の違いを理解したか**
　☐ 実験研究の利点と欠点を理解した
　☐ 観察研究の利点と欠点を理解した

☐ **標本調査法について理解したか**
　☐ 様々な標本抽出方法について理解した
　☐ サンプルサイズの設計指針について理解した

☐ **実験計画法の考え方を理解したか**
　☐ フィッシャーの3原則と乱塊法について理解した
　☐ 直交表を使った実験計画について理解した

☐ **重回帰モデルの性質について理解したか**
　☐ ガウス−マルコフの定理の意味について理解した
　☐ 残差分析や変数選択の方法について理解した
　☐ 一般化最小二乗推定の手法について理解した

☐ **様々な多変量解析の手法について理解したか**
　☐ 主成分分析の手法を理解した
　☐ 因子分析の手法を理解した
　☐ 判別分析の手法を理解した
　☐ クラスター分析の手法を理解した
　☐ ロジスティック回帰分析の手法を理解した

第 7 章

人文科学分野キーワード

本章以降は，各応用分野のキーワード解説を行う．

§ **7.1** データの取得法

7.1.1 実験と準実験

実験研究 (experimental study) とは説明変数を研究者が操作し，それによって応答変数がどのように変化するかを調べる研究デザインである．説明変数が応答変数に及ぼす因果性について統計学的に議論する場合には，研究者による変数の操作の有無以上に対象個体の独立変数の各水準への割り当てが研究者によって無作為に行われていること，すなわち**無作為割り当て** (random assignment) が行われていることが実験研究の根幹である．一方，**調査観察研究** (observational study) はそうした無作為割り当てを伴わない研究デザインである．

準実験研究 (quasi-experimental study) はこの両者の中間的な位置づけにあり，現実的な制約により独立変数の各水準への割り当てをランダムに行うことができないが，研究設計や統計分析の工夫によって独立変数の応答変数への因果性を統計学的に議論する研究デザインの総称である．教育や経済をはじめ，人文科学・社会科学分野においては関心のある研究対象についての変数の操作が困難である場合が多い．準実験研究から得られたデータについ

ては，本来の実験研究から得られるはずのデータのうち一部が欠測している
とみなす欠測データ解析からの方法論（**Rubin の因果モデル**）や，応答変
数に影響を与えうる共変量の影響を回帰関係を仮定せずに除去する**傾向スコ
ア解析** (propensity score analysis) を用いて因果性を統計学的に推論するこ
とができる．

7.1.2　調査の設計と実践

　人文科学分野における量的な調査研究は，多くの場合**質問紙** (question-
naire) を用いて実施される．1つの質問紙にはたくさんの項目が含まれ，各
項目に対する回答が一定のルールによって得点化される．この際の数値割
り当ての規則を**尺度** (scale) という．とくに，ある項目において質問文が自
身にどの程度当てはまるかを，「1. あてはまる 2. ややあてはまる 3. どち
らとも言えない 4. ややあてはまらない 5. あてはまらない」 といった順序
カテゴリーのうちから1つを選んで選択する得点化のしかたを**評定尺度法**
(rating scale method) という．

　評定尺度法を用いる場合，日本人の回答は，5件法や7件法など奇数段階
の尺度においては「どちらとも言えない」といった中央のカテゴリーに集中
しがちであり**中心化傾向** (central tendency) が大きいとされる．これを回避
するため，6件法など偶数の評定段階が利用されることもある．また，項目
に対して「わからない」という回答や無回答は，推定量に偏りを与えたりそ
の分散を大きくする可能性がある．したがって，これらがなるべく少なくな
るように実施環境などを工夫することが望ましい．

　調査実施の第1段階は，研究目的に鑑みて，その調査により何を測定した
いのかを明確にすることである．この検討には，調査対象となる集団の選定
も含まれる．第2段階では質問紙の項目を作成する．自由記述や面接による
事前調査や，既存の類似した目的の質問紙，内容的に関連する文献，専門家
の知見などを利用して項目の素材を集める．その後，収集された項目を取捨
選択し，並べ順にも配慮しつつ予備調査用の質問紙を作成する．

　第3段階ではこれを用いて予備調査を実施する．実際に調査を実施する
と，しばしば項目の内容が誤解されたり，大多数が「あてはまる」もしくは
「あてはまらない」と回答してしまって個人差を測定する機能を果たせなかっ
たり（それぞれ**天井効果** (ceiling effect)・**床効果** (floor effect) という），と
いった不適切な項目が見つかる．また信頼性や妥当性についても検討を行い

(7.5節参照)，これらの結果から不適切と考えられる項目を削除もしくは修正したり，新たに項目を追加したりといった質問紙の修正と再編集を第4段階として行う．この第3・第4段階，すなわち予備調査と質問紙の修正・再編集を重ねて，より洗練され，信頼性や妥当性の高い質問紙を完成させていく．

§ **7.2** データの集計

7.2.1 クロス集計

調査では，通常1つだけではなく複数の項目についてのデータを収集する．そのため，複数の変数間の関係を分析することになる．調査で収集される変数が質的変数である場合には，2変数間の関係を調べるために**分割表**（**クロス表** (cross table) とも呼ばれる）を作成して分析を行うことが多い．分割表は行方向と列方向に並べた2つの変数がクロスしているため，この形にデータを集計することを**クロス集計**と呼ぶ．分割表の解析については5.3節を参照してほしい．本節では5.3節の表記を用いて論じる．

7.2.2 連関の指標

表5.18の $a \times b$ 分割表を考える．ここで2つの質的変数 A（その水準が $A_1, ..., A_a$）と B（その水準が $B_1, ..., B_b$）の間の連関の大きさを定量的に表す，いくつかの指標が知られている．代表的なものとして，**クラメールの連関係数** (Cramer's contingency coefficient)（**クラメールの V** とも呼ばれる）

$$V = \sqrt{\frac{\chi_0^2}{(\min(a,b) - 1)T}} \tag{7.2.1}$$

と，**ピアソンの連関係数** (Pearson's contingency coefficient)

$$C = \sqrt{\frac{\chi_0^2}{(T + \chi_0^2)}} \tag{7.2.2}$$

とがある．ここで χ_0^2 は (5.3.1) で定義した量である．これらの連関係数は2変数が独立なときに0をとり，連関が大きいほど1に近い値をとる．

また，とくに表5.13のように $a = b = 2$ である 2×2 クロス表の場合には，

$$\phi = \frac{x_{11}x_{22} - x_{12}x_{21}}{\sqrt{T_1.T_2.T_.1T_.2}} \tag{7.2.3}$$

が**ファイ係数** (phi coefficient) と呼ばれる連関の大きさの指標となる．ファイ係数は，その絶対値がクラメールの連関係数と一致する．

7.2.3　四分相関

引き続き 2×2 クロス表を考える（表 5.13）．このとき観測変数 A（その水準が A_1, A_2）と B（その水準が B_1, B_2）はいずれも 2 値変数であるが，この背後に連続的な変数 X と Y が存在し，それをある値 c_A, c_B において 2 値化した変数が A と B である

$$A = \begin{cases} A_1 & (X > c_A \text{のとき}) \\ A_2 & (X \leq c_A \text{のとき}) \end{cases} \quad B = \begin{cases} B_1 & (Y > c_B \text{のとき}) \\ B_2 & (Y \leq c_B \text{のとき}) \end{cases} \tag{7.2.4}$$

と考えることにする．また，(X, Y) は 2 変量正規分布 $\phi(x, y, \rho)$ に従うとする．このとき，A が 1 かつ B が 1 の値をとる確率 p_{11} は

$$p_{11} = P(A = A_1, B = B_1) = \int_{c_A}^{\infty} \int_{c_B}^{\infty} \phi(x, y, \rho) dx dy \tag{7.2.5}$$

と表現できる．p_{12}, p_{21}, p_{22} も同様に $\phi(x, y, \rho)$ の積分によって表現できる．このとき，2 変量正規分布の相関 ρ のことを**四分相関** (tetrachoric correlation) という．つまり四分相関は，2 値変数の背後に仮定する，連続的な 2 変量正規分布に従う確率変数間の相関係数である．表 5.13 のクロス表における確率（表 5.14）に多項分布モデルを仮定すると，尤度関数は

$$\frac{T!}{x_{11}!x_{12}!x_{21}!x_{22}!} p_{11}^{x_{11}} p_{12}^{x_{12}} p_{21}^{x_{21}} p_{22}^{x_{22}} \tag{7.2.6}$$

となる．これを最大化するような c_A, c_B, ρ を同時最尤推定などで求めることにより，四分相関の推定値を得ることができる．

§ **7.3** 多変量データ分析法

7.3.1 数量化理論・コレスポンデンス分析

数量化理論 (quantification theory) は林知己夫の開発した，質的な多変量データ分析のための一群の方法論である．数量化という名称は，質的な変数に対し何らかの基準を最大化するような数量を付与することに由来する．数量化理論には数量化1類~6類の6つの方法論があるが，とくに1類~4類までの4種類がよく知られている．多変量解析では，目的変数のことを**外的基準** (external criterion) と呼ぶことがある．数量化1・2類は外的基準がある場合の分析法であるのに対し，数量化3・4類は外的基準がない場合の分析法である．

数量化1類は外的基準があり，かつそれが量的な変数である分析法である．説明変数は質的変数であるが，外的基準を最もよく予測する数値を説明変数の各カテゴリーに対して付与する．これは説明変数が量的である場合には重回帰分析に対応し，ダミー変数を用いた重回帰分析であるということができる．この観点からは分散分析と数量化1類は同種の方法論であるが，数量化1類においては各変数（要因）の有意性を検定することよりも，その効果の解釈に重点がおかれる．

今，対象iの量的な外的基準を$y_i (i = 1, ..., m)$とし，また説明変数については対象iが項目jのk番目のカテゴリーに該当するとき$n_{ijk} = 1$，そうでないとき$n_{ijk} = 0$とするダミー変数表示を考える $(j = 1, \ldots, n; k = 1, \ldots, N_j)$．この設定のもとで，項目$j$のカテゴリー$k$に対して数量$x_{jk}$を与え，

$$y_i' = \sum_{j=1}^{n} \sum_{k=1}^{N_j} x_{jk} n_{ijk} + c \tag{7.3.1}$$

という線形式によって二乗誤差$\sum_{i=1}^{m} (y_i - y_i')^2$が最小となるような$x_{jk}$および定数項$c$を求めるのが数量化1類の問題である．

$r_{jk} = \sum_{i=1}^{m} \dfrac{n_{ijk}}{m}$を項目$j$のカテゴリー$k$に該当する対象の割合とするとき，定数項$c$は

$$c = \sum_{i=1}^{m} \frac{y_i}{m} - \sum_{j=1}^{n} \sum_{k=1}^{N_j} x_{jk} r_{jk} \tag{7.3.2}$$

により求められる. また, x_{jk} は $\boldsymbol{A}$ を $(jk, j'k')$ 要素が

$$a_{jk,j'k'} = \frac{1}{m} \sum_{i=1}^{m} n_{ijk} n_{ij'k'} - r_{jk} r_{j'k'} \tag{7.3.3}$$

によって与えられる $\displaystyle\sum_{j=1}^{n} N_j$ 次正方行列, $\boldsymbol{b}$ を (jk) 要素が

$$b_{jk} = \frac{1}{m} \sum_{i=1}^{m} y_i n_{ijk} - \sum_{i=1}^{m} \frac{y_i}{m} r_{jk} \tag{7.3.4}$$

で与えられるベクトルとするとき, 方程式

$$\boldsymbol{Ax} = \boldsymbol{b} \tag{7.3.5}$$

の解 $\boldsymbol{x}$ の要素値として求められる.

数量化2類は, 説明変数に加えて外的基準も質的な変数である場合の分析法である. m 個の対象のうち, m_h 個が外的基準のカテゴリー (群と呼ぶ) $G_h(h = 1, ..., g)$ に属しているとする $(\sum_{h=1}^{g} m_h = m)$. また数量化1類の場合と同様に, 群 h に属する対象 i が項目 j の k 番目のカテゴリーに該当するとき $n_{ijk}^{(h)} = 1$, そうでないとき $n_{ijk}^{(h)} = 0$ とするダミー変数表示を与える. この設定のもとで, 項目 j のカテゴリー k に対して数量 x_{jk} を与え, 群 h の対象 i に

$$y_i^{(h)} = \sum_{j=1}^{n} \sum_{k=1}^{N_j} x_{jk} n_{ijk}^{(h)} \tag{7.3.6}$$

で表される数量 $y_i^{(h)}$ を与える.

m 個の全対象についての得点の全分散を V_T, g 個の群間の分散を V_B とおく. このとき, 相関比 $\eta^2 = \dfrac{V_B}{V_T}$ を最大にする $\boldsymbol{x}$ の要素である数量 x_{jk} と, それを (7.3.6) に代入して求められる数量 $y_i^{(h)}$ を求めるのが数量化2類の問題である.

r_{jk} を全対象のうち項目 j のカテゴリー k に該当するものの割合，$r_{jk}^{(h)}$ を群 G_h に属する対象のうち項目 j のカテゴリー k に該当するものの割合とし，

$$t_{jk,j'k'} = \sum_{h=1}^{g} \sum_{i=1}^{m_h} \frac{1}{m} n_{ijk}^{(h)} n_{ij'k'}^{(h)} - r_{jk}r_{j'k'} \tag{7.3.7}$$

$$b_{jk,j'k'} = \sum_{h=1}^{g} \frac{1}{m} m_h r_{jk}^{(h)} r_{j'k'}^{(h)} - r_{jk}r_{j'k'} \tag{7.3.8}$$

により要素が与えられる $\sum_{j=1}^{n} N_j$ 次正方行列をそれぞれ $\boldsymbol{T}, \boldsymbol{B}$ とすると，$\eta^2 = \lambda$ を最大にする $\boldsymbol{x}$ は

$$\boldsymbol{Tx} = \lambda \boldsymbol{Bx} \tag{7.3.9}$$

の最大固有値に対応する固有ベクトルとして与えられる．

　数量化 3 類は，外的基準がないときに，質的な変数における内的一貫性の観点から各カテゴリーの数量化を行う方法である．これは質的変数に対する主成分分析もしくは因子分析に対応する．行方向に m 個の個体・列方向に n 個の項目 $(m \geq n)$ が並び，個体 i が項目 j に応答すれば $n_{ij} = 1$，そうでなければ $n_{ij} = 0$ とする．また (i,j) 要素が n_{ij} である $m \times n$ 行列を $\boldsymbol{N}_{XY}$，第 i 対角要素が $n_{i.} = \sum_{j=1}^{n} n_{ij}$ である対角行列を $\boldsymbol{N}_X$，第 j 対角要素が $n_{.j} = \sum_{i=1}^{m} n_{ij}$ である対角行列を $\boldsymbol{N}_Y$ とする．このとき，数量化 3 類の目的は，制約条件

$$\sum_{i=1}^{m} n_{i.}x_i = \sum_{j=1}^{n} n_{.j}y_j = 0 \tag{7.3.10}$$

のもとで，相関係数 $r_{xy} = \dfrac{\sum_{i=1}^{m}\sum_{j=1}^{n} n_{ij}x_iy_j}{\sqrt{\sum_{i=1}^{m} n_{i.}x_i^2}\sqrt{\sum_{j=1}^{n} n_{.j}y_j^2}}$ を最大化する x_i, y_j を求めることである．これは，方程式

$$\boldsymbol{N}_{XY}' \boldsymbol{N}_X^{-1} \boldsymbol{N}_{XY} \boldsymbol{y} = \lambda \boldsymbol{N}_Y \boldsymbol{y} \tag{7.3.11}$$

$$\boldsymbol{x} = \frac{1}{\sqrt{\lambda}} \boldsymbol{N}_X^{-1} \boldsymbol{N}_{XY} \boldsymbol{y} \tag{7.3.12}$$

の解として与えられる．ただし $\lambda = r_{xy}^2$ であり，$'$ は転置を表す．なお，数量化 3 類は**コレスポンデンス分析** (correspondence analysis) と等価な方法で

あることが知られている．さらに，**双対尺度法** (dual scaling)，**等質性分析**
(homogeneity analysis) も同種の方法であり，様々な研究者により重要な問
題と認識され開発された歴史があることがわかる．

数量化 4 類は，複数の対象間の類似度を表す類似度データが得られたとき
に，各対象を低次元ユークリッド空間上に布置する方法であり，多次元尺度
構成法の先駆と言える．いま n 個の対象があり，対象 i と対象 j の間の類似
度を表す指標を e_{ij} とする．このとき，各対象 $i, j, ...$ に対して数値 $x_i, x_j, ...$
を割り当て，平均 0・分散 1 の制約条件

$$\sum_{i=1}^{n} \frac{x_i}{n} = 0, \quad \sum_{i=1}^{n} \frac{x_i^2}{n} = 1 \tag{7.3.13}$$

のもとで

$$Q = -\sum_{i=1}^{n}\sum_{j=1}^{n} e_{ij}(x_i - x_j)^2 \tag{7.3.14}$$

を最大化するような x_i^* $(i = 1, ..., n)$ を求めるのが数量化 4 類である．

δ_{ij} をクロネッカーのデルタとするとき，(i, j) 要素が $(1 - \delta_{ij})e_{ij}$ である
$n \times n$ 行列を $\boldsymbol{E}$，第 i 対角要素が $\displaystyle\sum_{j=1}^{n} e_{ij}$ $(i \neq j)$ である $n \times n$ 対角行列を

$\boldsymbol{E}_1$，第 j 対角要素が $\displaystyle\sum_{i=1}^{n} e_{ij}$ $(i \neq j)$ である $n \times n$ 対角行列を $\boldsymbol{E}_2$ とする．ま
た $\boldsymbol{H} = \boldsymbol{E} + \boldsymbol{E}' - \boldsymbol{E}_1 - \boldsymbol{E}_2$ とすると，求める解 x^* は固有方程式

$$\boldsymbol{H}\boldsymbol{x} = \lambda\boldsymbol{x} \tag{7.3.15}$$

の第 1 固有値に対応する固有ベクトルとなる．

7.3.2 パス解析

パス解析 (path analysis) は重回帰分析モデルを拡張した線形モデルである．重回帰モデルは複数の説明変数が 1 つの応答変数を説明・予測するモデルであるのに対し，パス解析のモデルは説明変数・応答変数がともに複数であってよく，また変数が，ある変数との関係では説明変数となり別の変数との関係では応答変数であるような場合も許す．このようにパス解析モデルは柔軟性が高く，分析者が考えた観測変数間の説明・応答関係を表す因果モデルを分析することができる．

例えば，5 つの観測変数 $x_1, ..., x_5$ に対して，次のようなモデルを考えることができる．

$$\begin{aligned} x_1 &= b_1 x_4 + e_1 \\ x_2 &= b_2 x_4 + b_3 x_5 + e_2 \\ x_3 &= b_5 x_1 + b_6 x_2 + b_4 x_5 + e_3 \end{aligned} \qquad (7.3.16)$$

こうしたパス解析モデルは，図 7.1 のような**パス図** (path diagram) によって表現されることが多い．パス図では観測変数を長方形で，誤差を円で表し，説明変数から応答変数へと矢印（パス）を引く．各パスにはパス係数が対応する．また，相関を仮定する変数間には両方向の矢印を引く．

母数の制約や推定，モデル選択に関するモデルは，パス解析をさらに潜在変数を含む場合へと拡張した構造方程式モデルの項で扱う．7.4.2 項を参照のこと．

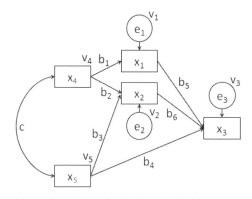

図 7.1 (7.3.16) のパス解析モデルを表したパス図

7.3.3 潜在変数

実際にデータとして観測される変数を観測変数と呼ぶのに対し，直接観測されない変数を**潜在変数** (latent variable) と呼ぶ．とくに，物理的な実体があるわけではないが，抽象的な対象ながら我々が共有している「知能」「不安」「価値観」といった心理的な潜在変数のことを**構成概念** (construct) という．人文科学分野では，上記に加え人の選好や性格など，潜在変数である構成概念が関心の対象である場合が多い．観測変数の測定と統計的モデリングを通して，潜在変数は間接的に測定される．

観測変数と潜在変数の各々が量的変数・質的変数のいずれを扱うかによって，代表的な潜在変数を扱うモデルは表7.1のように分類することができる．このうち，量的な観測変数の背後に量的な潜在変数を考える**因子分析** (factor analysis) は 6.5.2 項ですでに解説したが，本節で一部補足を行う．その後，潜在クラス分析と，潜在特性分析の1つである項目反応理論を扱う．

表7.1 代表的な潜在変数を扱う統計モデル・分析法

観測変数	潜在変数	
	量的	質的
量的	因子分析	潜在プロファイル分析
質的	潜在特性分析	潜在クラス分析

7.3.4 因子分析

6.5.2 項で扱ったのは，因子負荷行列 Λ の $p \times k$ の要素がすべて未知である場合の因子分析であった．これを，とくに**探索的因子分析** (exploratory factor analysis) と呼ぶ．一方，Λ の要素のうちの多くが，分析者の仮説を反映して 0 に固定されている場合もある．これを**確証的因子分析** (confirmatory factor analysis) と呼ぶ．探索的因子分析では 6.5.2 項で扱った**回転の不定性** (rotational indeterminacy) が存在する．一方，確証的因子分析においては Λ の多くの要素が 0 に固定され推定しなくてよいため，Λ, F が一意に定まり，回転の不定性は存在しない．確証的因子分析は 7.4.2 項で扱う構造方程式モデルの下位モデルとして扱うことができる．単に因子分析という場合には，探索的因子分析のことを指す場合が多い．

§ **7.4** 潜在構造モデル

7.4.1　潜在クラス分析

　潜在クラス分析 (latent class analysis) は質的な観測変数の背後に質的な潜在変数を考える分析法であり，各観測対象が少数の**潜在クラス**のうちいずれかに属すると考える．p 変量データ $\boldsymbol{x} = (x_1, x_2, ..., x_p)'$ があり，各 x_i は 0 または 1 の値をとる 2 値変数とする．このとき，観測変数の背後に K 個 $(j = 0, 1, ..., K-1)$ の潜在クラスがある潜在クラスモデルは，

$$f(\boldsymbol{x}) = \sum_{j=0}^{K-1} \eta_j \prod_{i=1}^{p} \pi_{ij}^{x_i} (1 - \pi_{ij})^{1-x_i} \tag{7.4.1}$$

と表される．ただし η_j はランダムに選んだ個人がクラス j に所属する事前確率であり，$\displaystyle\sum_{j=0}^{K-1} \eta_j = 1$ である．このとき，ある個人の観測値 $\boldsymbol{x}$ が得られたときにその個人が潜在クラス j に所属する条件付き確率は

$$h(j|\boldsymbol{x}) = \eta_j \frac{\prod_{i=1}^{p} \pi_{ij}^{x_i} (1 - \pi_{ij})^{1-x_i}}{f(\boldsymbol{x})} \tag{7.4.2}$$

によって与えられる．これを各クラス j について計算し，最も所属確率の高いクラスにその個人が所属すると考える．

　同様に，観測値が 2 値ではなく多値のカテゴリカル変数の場合には，x_i を

$$x_i(s) = \begin{cases} 1 & (変数 i の s 番目のカテゴリーの値をとったとき) \\ 0 & (それ以外のとき) \end{cases} \tag{7.4.3}$$

と定義しなおす．このとき $\displaystyle\sum_{s} x_i(s) = 1$ であり，ある個人のデータ全体は $\boldsymbol{x} = (x_1, x_2, ..., x_p)'$ となる．これを用いて (7.4.1), (7.4.2) と同様にモデルやクラスへの所属の条件付き確率を与えることができる．

7.4.2　構造方程式モデル・共分散構造分析

　パス解析を，さらに潜在変数を含む場合へと拡張したのが**構造方程式モデ
ル** (structural equation model) である．構造方程式モデルを用いた分析は
構造方程式モデリング，または共分散構造分析と呼ばれる．構造方程式モデ
ルは，観測変数と潜在変数をともに独立変数としても応答変数としても用い
ることができるのが特徴である．

　構造方程式モデルのパス図の例を図 7.2 に示す．このモデルは，

$$x_1 = f_1 b_1 + e_1$$
$$x_2 = f_1 b_2 + e_2 \qquad\qquad (7.4.4)$$
$$x_3 = f_1 b_3 + e_3$$

という，観測変数 x_1, x_2, x_3 によって潜在変数 f_1 を測定している部分（f_2, f_3
についても同様）と，

$$f_2 = f_1 b_9 + e_{10} \qquad\qquad (7.4.5)$$
$$f_3 = f_2 b_{10} + e_{11}$$

のように潜在変数間の説明・応答関係を表す部分とがある．前者 (7.4.4)
のように観測変数によって潜在変数を測定する方程式群を**測定方程式**
(measurement equation)，後者 (7.4.5) のように潜在変数間，もしくは観
測変数間の因果関係や説明・応答関係をモデリングする方程式群を**構造方程
式** (structural equation) という．潜在変数を測定するためには測定方程式が
必要なので，潜在変数の構造方程式モデルは測定方程式と構造方程式をとも

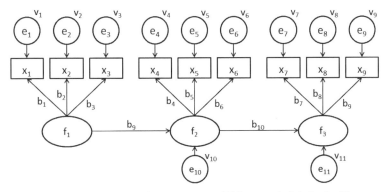

図 7.2　(7.4.4) および (7.4.5) のパス解析モデルを表したパス図

にモデルの中に含む. パス解析は, 観測変数の構造方程式モデルということができる. また因子分析は, 測定方程式のみを含む構造方程式モデルということができる.

より一般的に構造方程式モデルを表現することを考える. 従属変数をまとめたベクトルを $\boldsymbol{\eta}$, 説明変数をまとめたベクトルを $\boldsymbol{\xi}$, 誤差変数ベクトルを $\boldsymbol{e}$ とする. このとき, 構造方程式モデルは

$$\boldsymbol{\eta} = \boldsymbol{\nu}_1 + \boldsymbol{\Lambda}_1\boldsymbol{\eta} + \boldsymbol{\Lambda}_2\boldsymbol{\xi} + \boldsymbol{e} \tag{7.4.6}$$

と表現される. ここで $\boldsymbol{\Lambda}_1$ はパス係数の行列であり, $\boldsymbol{\nu}_1$ は切片である. このとき $\boldsymbol{\eta}$ と $\boldsymbol{\xi}$ はいずれも観測変数・潜在変数のいずれをも要素としうることに注意する. (7.4.6) の各母数に加え, 説明変数の平均 $\boldsymbol{\nu}_2$ と分散共分散が推定すべき母数となる.

これは

$$\begin{pmatrix} \boldsymbol{\eta} \\ \boldsymbol{\xi} \end{pmatrix} = \begin{pmatrix} \boldsymbol{\nu}_1 \\ \boldsymbol{\nu}_2 \end{pmatrix} + \begin{pmatrix} \boldsymbol{A}_{11} & \boldsymbol{A}_{12} \\ \boldsymbol{O} & \boldsymbol{O} \end{pmatrix} \begin{pmatrix} \boldsymbol{\eta} \\ \boldsymbol{\xi} \end{pmatrix} + \begin{pmatrix} \boldsymbol{e} \\ \boldsymbol{\xi} - \boldsymbol{\nu}_2 \end{pmatrix} \tag{7.4.7}$$

と書き直すことができる. これは RAM(reticular action model) と呼ばれる構造方程式モデルの一記法である. すべての変数から観測変数を取り出す指示変数の行列を G とし, 観測変数を $\boldsymbol{x} = \boldsymbol{G}(\boldsymbol{\eta}', \boldsymbol{\xi}')'$ と取り出すと, 観測変数 $\boldsymbol{x}$ の平均ベクトルと共分散行列はそれぞれ

$$\mathrm{E}(\boldsymbol{x}) = \boldsymbol{G}(\boldsymbol{I} - \boldsymbol{A})^{-1} \begin{pmatrix} \boldsymbol{\nu}_1 \\ \boldsymbol{\nu}_2 \end{pmatrix} \tag{7.4.8}$$

$$\mathrm{Var}(\boldsymbol{x}) = \boldsymbol{G}(\boldsymbol{I} - \boldsymbol{A})^{-1}\mathrm{Var}\left[\begin{pmatrix} \boldsymbol{e} \\ \boldsymbol{\xi} - \boldsymbol{\nu}_2 \end{pmatrix}\right] (\boldsymbol{I} - \boldsymbol{A}')^{-1}\boldsymbol{G}' \tag{7.4.9}$$

となる. 前者を**平均構造** (mean structure), 後者を**共分散構造** (covariance structure) と呼ぶ. モデルの平均構造・共分散構造と観測変数から得られた平均ベクトル・共分散行列の実現値とが当てはまるように, 最尤法や重み付き最小二乗法などを用いて母数を推定する. なお, 平均構造に関心がない場合には共分散構造のみを当てはめることも多い. 構造方程式モデルは**共分散構造分析** (covariance structure analysis) とも呼ばれるが, この名前はこの推定原理に由来している.

構造方程式モデルは分析者が変数間の説明・応答関係を自分の仮説にあった形でモデリングできるため, モデル構築の自由度が伝統的な多変量解析

に比して格段に大きい. そのため, モデルがデータに対してどれだけ当てはまっているかを示す**適合度** (goodness of fit) の評価が重要となり, GFI をはじめとする多くの**適合度指標** (goodness of fit index) が提案されている. 適合度指標の中には, 当てはまりが最大のときに 1・最小のときに 0 をとるなどといったかたちで基準化されているものが多くある.

　構造方程式モデルは非常に柔軟にモデルを構成できるという利点があるが, 一方で留意すべき点も多くある. 統計モデルの母数解が 1 組しかないことをそのモデルが**識別される** (identified) というが, 構造方程式モデルでは識別されないモデルをいくらでも作ることができる. 識別性の必要条件として, 観測変数の数を k とするとき, 母数の数が $k(k+1)/2$ 以下であることという条件がよく知られている. しかしこれはあくまで必要条件にすぎず, この条件を満たしていても識別されないモデルはいくらでも存在することに注意する. また別の問題点として, 分散母数が負の値に推定されるような**不適解** (improper solution) が発生してしまうこともある. 不適解はモデルがデータに適合していない場合や標本サイズが小さすぎる場合に発生しやすいが, 不適解が生じても適合度指標はよい値を示すこともあるのでやはり注意が必要である.

7.4.3　多次元尺度構成法

　多次元尺度構成法 (multidimensional scaling, MDS) は, 複数の対象間の非類似度を観測し, 各対象を低次元ユークリッド空間上に布置する多変量解析法である. 対象 i と対象 j との間の非類似度を s_{ij} とし, これを集めた n 次の非類似度行列 $\boldsymbol{S} = \{s_{ij}\}$ を考える. このとき, s_{ij} を変換した $f(s_{ij})$ の値を

$$f(s_{ij}) \approx d_{ij}(\boldsymbol{X}) = \sqrt{\sum_{l=1}^{k}(x_{il} - x_{jl})^2} \tag{7.4.10}$$

と近似するような $n \times k$ $(k < n)$ の布置行列 $\boldsymbol{X}$ を求めることが多次元尺度構成法の目的である. この推定は, 典型的には**ストレス** (stress) と呼ばれる二乗誤差

$$\sigma_r(\boldsymbol{X}) = \sum_{i=1}^{n} \sum_{j=i+1}^{n} \left(f(s_{ij}) - d_{ij}(\boldsymbol{X})\right)^2 \tag{7.4.11}$$

を最小化することによって行われる. ストレスには (7.4.11) のほかにもいろ

いろな形が提案されている.

関数 $f(\cdot)$ がパラメトリックな場合を**計量 MDS**(metric MDS) といい，$f(s_{ij}) = s_{ij}$ である場合の**絶対 MDS**(absolute MDS)，$f(s_{ij}) = b \cdot s_{ij}$ である場合の**比 MDS**(ratio MDS)，$f(s_{ij}) = b \cdot s_{ij} + a$ である場合の**間隔 MDS**(interval MDS) などがある．一方，$f(\cdot)$ が順序関係のみを保存する場合を**非計量 MDS**(nonmetric MDS) という．

計量 MDS の最も単純な場合として，誤差がない場合，すなわち $f(s_{ij}) = s_{ij} = d_{ij}(\boldsymbol{X})$ である場合に距離行列 $\boldsymbol{D}$ から布置 $\boldsymbol{X}$ を復元する問題を考える．このとき，$d_{ij}(\boldsymbol{X})^2$ を要素とする行列を $\boldsymbol{D}^{(2)}$ とすると，これは

$$\boldsymbol{D}^{(2)} = \operatorname{diag}(\boldsymbol{X}\boldsymbol{X}')\mathbf{1}' - 2\boldsymbol{X}\boldsymbol{X}' + \mathbf{1}\operatorname{diag}(\boldsymbol{X}\boldsymbol{X}')' \tag{7.4.12}$$

と表すことができる．また，$\boldsymbol{D}^{(2)}$ の各要素にランダムに誤差が入る場合にも，同じ考え方を利用することができる．これを利用して，**古典的 MDS** においては観測非類似度行列の各要素を二乗した $\boldsymbol{S}^{(2)}$ に対して，まず中心化行列 $\boldsymbol{J} = \boldsymbol{I} - \dfrac{1}{n}\mathbf{1}\mathbf{1}'$ を用いて二重中心化 $\boldsymbol{B} = -\dfrac{1}{2}\boldsymbol{J}\boldsymbol{S}^{(2)}\boldsymbol{J}$ を行い，この固有値分解を $\boldsymbol{B} = \boldsymbol{Q}\boldsymbol{\Lambda}\boldsymbol{Q}'$ としたとき，$\boldsymbol{\Lambda}$ の最初の $p \times p$ 部分を $\boldsymbol{\Lambda}_+$，$\boldsymbol{Q}$ の最初の p 列を $\boldsymbol{Q}_+$ として $\boldsymbol{X} = \boldsymbol{Q}_+ \boldsymbol{\Lambda}_+^{1/2}$ と布置行列を得る．このように計量 MDS の単純な場合では解析的に解を求められるが，一般に非計量 MDS では反復計算が不可欠である．

§ **7.5** テストの分析

7.5.1 テストの信頼性

テストの**信頼性** (reliability) は，測定値が一貫している度合いを表す概念である．**古典的テスト理論** (classical test theory) においては，受験者母集団におけるテスト得点 X が，真のテスト得点成分 T と，それと独立な測定誤差 E の和

$$X = T + E \tag{7.5.1}$$

であると考える．このとき，テストの**信頼性係数** (reliability coefficient)ρ_X^2 は，測定値の分散 σ_X^2 に占める真値の分散 σ_T^2 の割合

$$\rho_X^2 = \frac{\sigma_T^2}{\sigma_X^2} = \frac{\sigma_X^2 - \sigma_E^2}{\sigma_X^2} = 1 - \frac{\sigma_E^2}{\sigma_X^2} \tag{7.5.2}$$

として定義される．これより $0 \le \rho_X^2 \le 1$ であり，測定誤差が少ないほど信頼性係数は大きな値をとる．

　この信頼性係数を実際のテストデータから推定することを考える．全体テスト X が，n 個の部分テスト（または項目）Y_i に $X = Y_1 + \cdots + Y_n$ と分割されると考える．また，各受験者 i について，部分テスト Y_g と Y_f による測定は，その真値 τ_{if} と τ_{ig} が

$$\tau_{if} = \tau_{ig} + b_{fg} \tag{7.5.3}$$

と，部分テスト f, g に依存するが個人 i には依存しない定数 b_{fg} だけ異なることを許す．誤差分散は各部分テストで異なってもよいとする．以上のような測定を**本質的タウ等価測定** (essential tau-equivalent measurement) という．この本質的タウ等価測定のもとで導かれる信頼性係数

$$\alpha = \frac{n}{n-1} \left(1 - \frac{\sum_{i=1}^{n} \sigma_{Y_i}^2}{\sigma_X^2} \right) \tag{7.5.4}$$

を，**クロンバックの α** (Cronbach's α) という．そして (7.5.4) の母分散を標本からの推定値で置き換えた量が，しばしば母集団における信頼性係数の推定値として利用される．

　一方，古典的テスト理論に代わるテストのモデルである項目反応理論においては，信頼性は情報関数として与えられる．これについては項目反応理論の項を参照されたい．

7.5.2　妥当性（外的妥当性・内的妥当性）

　テストの**妥当性** (validity) は，テストが本来目的とする内容を実際に測定できている度合いを表す．信頼性はテストの測定の一貫性を定量的に表すのみで，その測定の目的や内容に照らし合わせての評価は行われない．それに対し，妥当性はテストが測定しようとしている対象を実際にどれだけ適切に測定できているかを評価する．したがって，テストを現実に用いるにあたっては信頼性以上に妥当性は重要である．しかしながら，このようにテストの内容的・意味的側面に踏み込むため，妥当性は統計学的な方法論だけから検証できるわけではない．

テストで測定される構成概念の妥当性については，さらにテストを構成する各項目などのテストの内部に焦点をあてた**内的妥当性** (internal validity)と，そのテスト得点とほかの外的な変数（同じ構成概念の指標・異なる構成概念の指標・臨床的診断など）との関連の側面からみた**外的妥当性** (external validity) とに分けられる．

内的妥当性を検証していく過程においては，項目作成のプロセス，項目間の関係，本来テストが測定したい構成概念と各項目の間の関係が問題となる．とくに，そのテストが本来測りたいものを測定できている程度を表す概念を**内容的妥当性** (content validity) という．内容的妥当性は，しばしば専門家によって評価され，複数の専門家による評価が一貫しているほど内容的妥当性が高いと考えられる．本来測定するべきその構成概念の範囲を網羅しているかどうかも内容的妥当性の重要な側面とされる．一方，テストの**次元性** (dimensionality)，つまり理論的な構成概念の次元と対応した次元がテストで得られているかどうかも，内的妥当性の観点からは重要な一面である．テストの次元性は因子分析や多次元版の項目反応理論モデルを用いて検証される．次元性が確認できたら，各次元の測定の一貫している度合い，つまり信頼性が重要になる．このことから，しばしば信頼性は妥当性の必要条件であると言われる．

一方の外的妥当性について，よく利用されるのは外的基準との関係を調べる**基準連関妥当性** (criterion-related validity）であり，これはそのテストと別の指標との相関によって評価される．同じもしくは類似した構成概念を測る指標と相関が高いことを指す**収束的妥当性** (convergent validity），および異なる構成概念を測る指標と相関が低いことを指す**弁別的妥当性** (discriminant validity）がある．

7.5.3 項目反応理論

項目反応理論（item response theory，IRT）は古典的テスト理論と同様テストのモデルであり，受験者の特性（能力）母数と項目の母数とが分離されていることが特徴である．IRTモデルの1つである3母数ロジスティック (three parameter logistic, 3-PL) モデルにおいては，受験者 i がテスト項目 j に正答する確率が

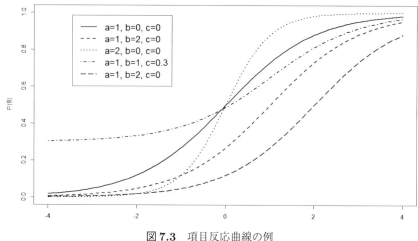

図 **7.3**　項目反応曲線の例

$$P(\theta_i) = c_j + (1 - c_j)\frac{\exp[a_j(\theta_i - b_j)]}{1 + \exp[a_j(\theta_i - b_j)]} \tag{7.5.5}$$

によって与えられる．ここで θ_i は学力や達成度など，項目反応理論で個人差を測定する対象となる潜在変数であり，これを**潜在特性** (latent trait) 母数という．また，横軸に潜在特性 θ をとり，縦軸に (7.5.5) 式の正答確率をとって描いた曲線を**項目特性曲線** (item characteristic curve, ICC) と呼ぶ．

(7.5.5) 式の a_j, b_j, c_j はそれぞれ項目の特徴を表す母数である．a_j は項目特性曲線の傾斜の度合いを表し，これが大きいほど同じ特性値の差に対しても正答確率が大きく変動することから項目識別力 (item discriminating power) 母数という．b_j は項目特性曲線の立ち上がる位置を表し，これが大きいほど正答が難しい項目であることから項目困難度 (item difficulty) 母数と呼ぶ．また c_j は項目特性曲線の下方漸近線を表し，特性値がどんなに低くとも偶然項目に正答できる確率を表すことから当て推量 (item guessing) 母数という．3-PL の項目反応理論を用いるテストでは，各項目はこれらの 3 つの固有の母数値をもつ．図 7.3 はいくつかの a_j, b_j, c_j の値に対応する項目特性曲線の例である．

3-PL モデルの推定には通常大きな標本サイズが必要であるため，項目母数として a_j と b_j のみを含む 2-PL モデルや，b_j のみを含む 1-PL モデル（別名ラッシュモデル (Rasch model)）が利用されることも多い．なお，表 7.1 の分類の観点からは，項目反応理論の各種モデルは潜在特性モデルのひとつ

であると理解できる．

　IRT では古典的テスト理論と異なり，受験者の母数 θ_i と項目母数 a_j, b_j, c_j とが分離されているため，テストの**等化** (equating) と呼ばれる方法論によって異なる実施回のテスト項目を同一尺度 θ 上に位置づけることができる．逆に，等化が行われたテスト項目群（項目プールと呼ばれる）を利用すれば，異なる実施回の異なる項目に回答した受験者どうしを同一尺度 θ 上に位置づけることができる．これは IRT モデルを利用することの大きな利点のひとつである．

　IRT では，古典的な信頼性の指標の代わりに，潜在特性 θ_i の関数として測定の精度を表す，テスト項目の**情報関数** (information function)

$$I_j(\theta) = \frac{(P_j')^2}{P_j(\theta)(1 - P_j(\theta))} \tag{7.5.6}$$

を利用することができる．ここで P_j' は $P_j(\theta)$ の θ についての導関数である．またテスト内のすべての項目 j について $I_j(\theta)$ の和をとったものが，テスト全体の情報関数となる．情報関数は項目母数のみに依存し受験者母数に依存しないので，最も精度よく測定したい特性値 θ の値の範囲が既知の場合には，テスト全体に含める項目の情報関数を考慮しながらその目的にふさわしいテストを編集することができる．これも古典的テスト理論にはない IRT の特長のひとつである．

■■■ **練習問題**

問 7.1　大学院生の A 君は，被験者に一定時間音楽を聴かせることにより脈拍数が変化するかどうかの実験を行うことにした．A 君は無作為に選んだ 20 名の被験者に対し，まず 30 秒間の脈拍数を計測し，一定時間音楽を聴かせた後で再び各被験者の 30 秒間の脈拍を計測した．音楽を聴かせる前（処置前）と聴かせた後（処置後）での 20 名の脈拍値の平均と標本（不偏）分散および処置前後値間の相関係数の値は以下のようであった．

	処置前	処置後
平均	33.3	30.4
分散	36.0	40.0
相関係数	0.7	

A 君は，処置前の脈拍値の期待値を μ_1 とし，処置後の脈拍値の期待値を μ_2 として，仮説

$$H_0 : \mu_1 = \mu_2 \quad \text{vs.} \quad H_1 : \mu_1 \neq \mu_2$$

を検定することにした．脈拍値は概ね正規分布に従っていることは確認でき，かつ被験者数はそう多くないので，A 君は「等分散を仮定した 2 標本 t 検定」により検定を行ったところ，先輩の B さんに「その検定法は間違いである」と指摘された．

〔1〕　A 君の導出した t 値はいくらか．また，その t 値に基づいて (1) の仮説を検定した場合，結果はどうなるか．

〔2〕　B さんの指摘に基づき，正しい検定の検定統計量の値を示すとともに検定結果を示せ．

〔3〕　上問〔1〕の検定と〔2〕の検定の違いを述べると共に，どのような場合に両検定の結果が違ってくるのかを論ぜよ．

問 7.2　ある大学のある学科では入学時に英語のテストを行い，その結果で学生を上位クラス，下位クラスに分け，クラスごとに授業を行った後，学期末に両クラス共通の試験を実施して成績を評価している．ある年の学科の入学者は 100 名で，かれらのテスト結果は

全体（人数 =100）：平均値 =45.41，標準偏差 =13.50

であり，100名のうち平均値以上であった53名を上位クラス，平均値以下の47名を下位クラスに分けた．各クラスにおける平均値と標準偏差は以下のようであった．

上位クラス (人数 =53): 平均値 =55.89, 標準偏差 =7.21
下位クラス (人数 =47): 平均値 =33.60, 標準偏差 =8.01

そして授業終了後の学期末試験の結果は以下のようであった．

上位クラス (人数 =53): 平均値 =54.74, 標準偏差 =12.33
下位クラス (人数 =47): 平均値 =37.62, 標準偏差 =14.30

また，入学時の点数と期末試験の点数間の相関係数は

全体:0.588, 上位クラス:0.278, 下位クラス:0.304

であった．

〔1〕 学生全体の入学時の素点 x から偏差値（平均50, 標準偏差10に基準化した点数）t への変換を $t = ax + b$ とした場合の a と b を求めよ．また，偏差値 $t = 60$ に対応する素点 x はおおよそ何点か．

〔2〕 下位クラス担当の A 教授は，入学時の平均値33.60と学期末試験の平均値37.62間の平均値を比較するため対応のある t 検定を行った結果，t 統計量の値は1.955で，自由度46の t 分布から求めた片側 P 値は0.028であった．この検定結果を解釈せよ．その際，上位クラスでは入学時に比べ期末試験時に平均点が下がっていることを考慮せよ．

〔3〕 上位クラスおよび下位クラスのそれぞれにおいて，入学時のテストの点数 (x) から学期末試験の点数 (y) を予測する単回帰モデル $y = a + bx$ を求め，入学時のテストの平均値 $x = 45.41$ における y の予測値をそれぞれの回帰式から求めよ．また，両クラスで傾きは同じで切片のみが異なる回帰直線を求める求め方を述べよ（実際に求める必要はない）．

〔4〕 ここでのデータを例にとって平均への回帰（回帰効果）とは何かを分かりやすく説明し，平均への回帰が存在する場合のデータ解析上の留意点を述べよ．

問 7.3　ある大学では，新入生全員に対し4月の入学時に Listening (L) と Reading (R) からなる英語の試験を受験させている．今年度の試験における大学全体での Listening の点数，Reading の点数および Total $(T = L + R)$ の点数それぞれの平均値と標準偏差は以下のようであった．

Listening (L)：平均値 $M_L = 250$, 標準偏差 $S_L = 80$
Reading (R)：平均値 $M_R = 200$, 標準偏差 $S_R = 75$
Total (T)：　　平均値 $M_T = 450$, 標準偏差 $S_T = 145$

　以下の各問に答えよ．ただし，点数 (L, R) の分布は2変量正規分布であると仮定する．

〔1〕　Listening の点数と Reading の点数との相関係数はいくらか．

〔2〕　Listening の点数と Reading の点数の差 $D = L - R$ の平均値 M_D および標準偏差 S_D はそれぞれいくらか．

〔3〕　英語の S 講師はこの大学で文学部のクラスと経済学部のクラスを1つずつ受け持っている．この大学での英語のクラスのクラスわけは学籍番号順である．S 講師は，文学部と経済学部ではこの英語の試験の点数に差があるかどうかを調べるため，自分の受け持っているクラスの学生で英語の試験の点数を調査し，合計点 T について以下の結果を得た．S 講師は，文学部クラスのほうが平均点が30点も高かったことから文学部の学生のほうが経済学部の学生よりも英語の試験の点数の平均値が高いのではないかと考えた．S 講師の考えが正しいかどうかを有意水準5%で検定せよ．

	学生数	平均	標準偏差
文学部クラス	32	520.5	140.0
経済学部クラス	30	490.5	130.0

〔4〕　この大学では，1年間の授業終了時に再度英語の試験を実施している．上問〔3〕の S 講師の担当クラスで各学生の2度の英語の試験の点数を調べたところ，入学時に実施した英語の試験の点数とくらべて，1年間の授業終了時に実施した2度目の英語の試験の点数のほうが平均15点上がっていた．S 講師は自分の授業に自信をもっていて，英語の試験の点数が上がったのは自分の授業の効果であると主張している．S 講師の主張の妥当性は S 講師の担当授業のデータから検証可能であるか．検証

可能である場合はどのようにすればよいかを述べ，検証可能でないならば何故できないのかその理由を述べよ.

問 7.4　ある相談所では心の悩みをかかえている人の相談にのっている．相談所への新規の来訪者には心理テスト（悩みをかかえているほど点数が高い）を実施しているが，これまでの実績から，心のケアを必要とする人の心理テストの点数の分布は近似的に $N(70, 10^2)$ であり，単に経過観察をすればよい人の点数の分布は近似的に $N(50, 10^2)$ であることがわかっている．また，ケアを必要とする人の割合は相談者全体の 25% とのことである．以下の各問に答えよ．なお，正規分布 $N(\mu, \sigma^2)$ の確率密度関数は

$$f(x) = \frac{1}{\sqrt{2\pi}\sigma} \exp\left(-\frac{(x-\mu)^2}{2\sigma^2}\right)$$

である.

〔1〕　心理テストの点数が 60 点の来訪者がケアを必要とする確率はいくらか.

〔2〕　心理テストの点数が 70 点の来訪者がケアを必要とする確率はいくらか.

〔3〕　ケアを必要とする確率が 80% 以上となるのは心理テストの点数が何点以上の人か.

〔4〕　この相談所では，ある事情により心理テストの点数が 50 点未満の来訪者は全員経過観察とすることとした．この措置により，50 点以上になった相談者全体に対するケアを必要とする人の割合はおおよそいくらになるか.

第8章

社会科学分野キーワード

§ 8.1 調査の企画と実施

標本誤差　調査の対象とされる集団全体を母集団と呼ぶ．この母集団の特性を調べるために標本調査を行った場合，母集団の一部である標本を利用することに由来する誤差を標本誤差という．全数調査の場合にはこの誤差は存在しない．標本調査を行う際には避けられない誤差であるが，それをコントロールするために様々な標本抽出法が開発されている（6.2節参照）．

非標本誤差　個人の特性に関わる調査項目によっては，回答拒否や無回答であったり，意図的に誤った回答が多くなる可能性がある．そのような回答が誤っていることから生じる誤差を非標本誤差と呼んでいる．全数調査においては標本誤差は存在しないが，非標本誤差が存在している可能性は排除できない．調査票における質問項目や質問文を工夫することで，非標本誤差を少なくすることが重要である．

センサス　統計調査を行う場合，その対象である集団（母集団）を構成するすべての個体を調査する方式をセンサス（全数調査）と呼ぶ．代表的なものに国勢調査がある．一方で，母集団の一部を抽出し，標本によって母集団の特性を明らかにする方式を標本調査と呼ぶ．

無作為抽出　N 個の構成要素・個体（個人，世帯，企業など）からなる母集団を考える．この母集団から n 個の要素を標本として，偏りのないように取り出す方法として無作為抽出法（ランダム・サンプリング）がある．1 つの方法としては，母集団の構成要素をリストアップし，それらに通し番号をつけ，くじ引きや乱数によって，無作為に抽出を行う方法がある．例えば，大きさ n の標本を得るために，n 個の構成要素を等しい確率で抽出するだけでなく，母集団のどの n 人のグループも等しい確率で抽出する方法を単純無作為抽出法という．

系統抽出　大きさ n の標本を抽出する場合，単純無作為抽出では，n 回の乱数発生や乱数表の利用が必要になる．これに対し，以下のように少ない回数の乱数発生や乱数表の利用で抽出を行う方法が系統抽出である．系統抽出では次のように抽出を行う．例えば $N = 200$ 人の母集団から $n = 10$ 人を標本として抽出する場合，200/10＝20 より 20 人に 1 人の割合で抽出することになる．母集団の 200 人には通し番号が与えられて，最初の人は 1 から 20 までの番号より無作為に選び出される．仮にこの番号が 12 だとすると，$12, 32, 52, 72, 92, 112, 132, 152, 172, 192$ と 10 人を系統的に抽出すればよい．

2 段階抽出　全国の世帯が母集団である場合，単純無作為抽出を行うと，行政区画と関係なく標本が選ばれるが，実際の調査においては，あまりに広範囲の世帯の調査には時間，費用の面から制約がある．また全国の世帯を 1 つのリストにまとめること自体が困難な場合もある．そのような制約に対応する方法が 2 段階抽出である．これは 1 段階目で，ある程度行政区画を選び，選択された行政区画の中で 2 段階目の無作為抽出を行う方法であり，1 段階目で抽出された行政区画は第 1 次抽出単位，その中から抽出された世帯を第 2 次抽出単位と呼ぶ．

集落抽出　2 段階抽出と同様に母集団全体の構成要素のリストを作成することが困難な場合に利用される抽出法である．全国の世帯が対象の場合，はじめに行政区画や調査区画を抽出し，抽出された区画の中のすべての世帯を調査する方法で，選択された集落ごとの抽出になる．

§8.2　重回帰モデルとその周辺

重回帰分析　確率変数 Y の変動を別の複数の変数 $x_1, x_2, \ldots, x_k$ で表したモデルを重回帰モデルという.

$$Y_i = \beta_0 + \beta_1 x_{1i} + \beta_2 x_{2i} + \cdots + \beta_k x_{ki} + \varepsilon_i, \ i = 1, \ldots, n$$

このとき Y は被説明変数（応答変数, 従属変数）, $x_1, x_2, \ldots, x_k$ は説明変数（独立変数）, ε は誤差項（撹乱項）と呼ばれる. この重回帰モデルを使った分析法を一般に重回帰分析という（詳細は5.2節参照）.

多重共線性　重回帰分析では, 説明変数 $x_1, x_2, \ldots, x_k$ が互いに無相関か, 相関があるとしても弱い相関を想定している. しかし多くの経済データは互いに相関しており, その中には非常に強い相関をもつ場合もある. このような場合, 説明変数間に多重共線性があるという. 多重共線性がある状況で回帰分析を行った場合, 回帰係数の推定量の分散が非常に大きくなることから, 実際に得られた推定値の符号が想定されているものとは逆になるなど不自然な結果をもたらす. 場合によっては, 最小二乗法による推定自体が困難となることもある. また係数推定量の過大な分散は, 係数の有意性検定で利用する t 値を低い値に導く傾向があり, 結果として係数がゼロであるという帰無仮説は棄却されにくくなるなど, 検定結果を誤らせる可能性がある. 最も簡単な多重共線性への対処は, 相関の高い説明変数どうしの片方を取り除き回帰モデルを推定することである.

一般化最小二乗法（誤差項の系列相関と不均一分散）　回帰モデルの誤差項 ε_i は説明変数と無相関であり, その平均はゼロ, 分散は σ^2 で, 異なる誤差項どうし（ε_i と ε_j, $i \neq j$）は互いに無相関な確率変数であることが通常仮定される. この場合, 最小二乗法による係数推定量は, ガウス-マルコフ定理により, 任意の線形不偏推定量のクラスで分散が最小であることが保証されている. しかし実際には誤差項の分散が同じ（均一）で, それらの共分散（相関）がゼロという仮定が成立しない状況も多い.

　誤差項の分散が同じではない状況は一般に, 不均一分散と呼ばれる. 例として, 個別データによる回帰ではなくグループごとの平均値を用いた回帰分

析を考える．家計に関するデータを用いた実証分析を行う場合，調査世帯が特定されないように，調査世帯を都市ごとや都道府県ごとのグループに分け，そのグループごとの平均値がデータとして公表されている状況がこれにあたる．被説明変数，説明変数にグループの平均値を利用した場合，回帰モデルの誤差項の分散は，各グループの大きさ（例えばグループに含まれる世帯数）に依存し，不均一分散となる．

　クロスセクション・データの場合，データはどのようにも並べることができるが，時系列である場合，文字通りデータは時間順に並んでいる．そのようなデータ系列での異なった時点のデータ間の相関を系列相関と呼んでいる．誤差項に系列相関がある場合，異なった時点の誤差項間の共分散（相関）がゼロではなく，通常の回帰モデルにおける誤差項の仮定を満たさない．誤差項の系列相関に関する代表的な検定としては，ダービン・ワトソン検定がある．

　このように誤差項の分散が不均一であったり系列相関がある場合には，通常の最小二乗法（Ordinary Least Squares, OLS）にかわって一般化最小二乗法（Generalized Least Squares, GLS）が利用される．詳細に関しては，6.4 節を参照．

　変数選択　経済学の応用で重回帰モデルが利用される多くの場合，分析目的はその理論や仮説の検証にあることが多い．その場合，説明変数の選択は係数の有意性検定によって行われるのが一般的である．分析の目的が被説明変数の予測にある場合や，説明変数の候補が多数である場合には，変数増減法といった選択方法が利用される．詳細は，6.4 節を参照．

§ **8.3** 計量モデル分析

　同時方程式モデル　消費，所得，貯蓄，投資などの経済変数は互いに密接に関係している．消費を説明する方程式や所得を説明する方程式といったように経済変数間の相互依存関係を複数の方程式で記述したモデルを同時方程式モデルと呼ぶ．経済の構造を記述していることから，構造方程式モデルとも呼ばれる．例えば C_t を消費，Y_t を国内総生産，G_t を政府支出とする以下

の単純なマクロ経済モデルを考える.

$$C_t = \alpha + \beta Y_t + \varepsilon_t \tag{8.3.1}$$

$$Y_t = C_t + G_t \tag{8.3.2}$$

(8.3.1) は消費 C_t を説明する方程式で, ε_t は平均ゼロ, 分散 σ^2 の誤差項である. 右辺に説明変数として含まれている Y_t は (8.3.2) によって決定されており, この 2 本の式によって, C_t と Y_t が同時に決定していることがわかる. (8.3.2) から Y_t は C_t, そしてその構成要素である ε_t を含んでいることがわかる. これは (8.3.1) において説明変数である Y_t と誤差項である ε_t との間に相関関係があることを示している. したがって (8.3.1) を最小二乗法によって推定する場合, その係数推定量はバイアスをもち, さらには一致性をもたないことになる. このように説明変数と誤差項の間に相関があることは, 同時方程式モデルの 1 つの特徴であり, そのことを考慮した推定法を適用する必要がある.

外生変数　(8.3.1), (8.3.2) では, 変数 G_t は他の変数には影響を与えているが, それ自身は他の変数から影響を受けていない. 同時方程式を 1 つのシステムと考えるとそのシステムの外で決まった変数であると見なせることから, このような変数は外生変数と呼ばれている. また G_t が外生変数であるので, システム内の誤差項 ε_t とは無相関であり, $cov(G_t, \varepsilon_t) = 0$ となっている.

内生変数　(8.3.1), (8.3.2) において, 方程式の左辺にある変数 C_t と Y_t は外生的に決まるのではなく, 同時方程式モデルの中で決まるものである. このような変数を内生変数と呼ぶ. また同時方程式モデル (8.3.1), (8.3.2) を内生変数である C_t と Y_t に関して解いた式

$$C_t = \pi_{10} + \pi_{11} G_t + \eta_{1t} \tag{8.3.3}$$

$$Y_t = \pi_{20} + \pi_{21} G_t + \eta_{2t} \tag{8.3.4}$$

$$\pi_{10} = \pi_{20} = \frac{\alpha}{1-\beta}, \; \pi_{11} = \frac{\beta}{1-\beta}, \; \pi_{21} = \frac{1}{1-\beta}, \; \eta_{1t} = \eta_{2t} = \frac{1}{1-\beta}\varepsilon_t$$

を誘導型（reduced form）と呼ぶ. これに対して (8.3.1), (8.3.2) は構造型 (structural form) と呼ばれている. 構造型方程式 (8.3.1) での説明変数 Y_t と誤差項 ε_t の共分散は (8.3.4) より $cov(Y_t, \varepsilon_t) = \sigma^2/(1-\beta)$ であり, 無相関

ではないことが確認できる. 一方, 誘導型方程式では, 説明変数 G_t は誤差項 η_{1t}, η_{2t} と無相関であるので最小二乗法によって係数 $\pi_{10}, \pi_{11}, \pi_{20}, \pi_{21}$ をバイアスなく推定することができる. さらに, 構造型方程式の係数 α と β は誘導型方程式の係数推定値から導くことができる. この方法は間接最小二乗法と呼ばれている. またここでの例のように, 誘導型方程式の係数推定値から構造型方程式の係数推定値を導くことができる場合は, その方程式体系は識別可能といわれる.

操作変数法 (2段階最小二乗法)　2つの内生変数 Y_{1t}, Y_{2t} と3つの外生変数 $Z_{1t}, Z_{2t}, Z_{3t}, (t = 1, \dots, T)$ をもつ一般的な同時方程式モデルを考える. モデルを行列表示して表記を簡単にするために, Y_1, Y_2, Z_1, Z_2, Z_3 はそれぞれ内生変数と外生変数の T 次元ベクトル, さらに $X_1 = (Y_2 \ Z_1 \ Z_2)$, $X_2 = (Y_1 \ Z_3)$, $\delta_1 = (\beta_1, \gamma_1, \gamma_2)'$, $\delta_2 = (\beta_2, \gamma_3)'$ と定義しておく. ただし $'$ は転置を表す.

$$Y_1 = \beta_1 Y_2 + \gamma_1 Z_1 + \gamma_2 Z_2 + \varepsilon_1 = X_1 \delta_1 + \varepsilon_1, \tag{8.3.5}$$
$$Y_2 = \beta_2 Y_1 + \gamma_3 Z_3 + \varepsilon_2 = X_2 \delta_2 + \varepsilon_2, \tag{8.3.6}$$

(8.3.5), (8.3.6) のどちらも誤差項と相関をもつ内生変数を説明変数として含んでいる. ここで外生変数を一つの行列 (T 行 3 列) にまとめた $Z = (Z_1 \ Z_2 \ Z_3)$ を転置したものを (8.3.5) の左から乗じると

$$Z'Y_1 = Z'X_1\delta_1 + Z'\varepsilon_1,$$

この式の右辺の $Z'X_1$ は 3 行 3 列の行列であり, 逆行列が存在すれば

$$(Z'X_1)^{-1}Z'Y_1 = \delta_1 + \left(\frac{1}{T}Z'X_1\right)^{-1}\left(\frac{1}{T}Z'\varepsilon_1\right)$$

と表すことができる. 右辺の第2項は漸近的にはゼロとなることから,

$$\hat{\delta}_1 = (Z'X_1)^{-1}Z'Y_1$$

を δ_1 の推定量とすれば, 一致推定量となることがわかる. このようにして求めた推定量は操作変数 (Instrumental Variable) 推定量と呼ばれる. 説明変数 X_1, X_2 とは相関があり, 誤差項 ε_1, ε_2 とは無相関であることが操作変数としての条件で, この例では外生変数 Z がその条件を満たしている. 説明

変数と相関があり，誤差項とは無相関という条件さえ満たしていれば他の変
数でも操作変数として利用できる．この操作変数法は説明変数と誤差項に相
関がある回帰モデルの代表的な推定方法である．一般に適切な操作変数を選
択することは容易ではないが，同時方程式体系の中で外生変数として定義さ
れているものはその候補となる．

　同時方程式モデルのもう一つの代表的な推定法が 2 段階最小二乗法であ
る．(8.3.5) を直接，最小二乗法によって推定することは，説明変数 Y_2 が内
生変数であることから問題がある．そこで，この内生的な説明変数 Y_2 を外
生変数 Z を説明変数とする回帰モデル（Y_2 の誘導型方程式）によって推定す
る．そして得られた $\hat{Y}_2 = Z(Z'Z)^{-1}Z'Y_2$ を (8.3.5) の内生的な説明変数 Y_2
のかわりに用いて，被説明変数 Y_1 に対して，$\hat{Y}_2$, Z_1, Z_2 を説明変数とした
回帰モデルを最小二乗法によって推定する方法が 2 段階最小二乗法である．
この方法は操作変数法の一種でもある．

連立方程式モデル　同時方程式モデルと同じもの．

構造変化検定　時系列データを用いた回帰モデルの定数項や係数の値は推
定期間中は一定であるとして分析が行われる．しかし何らかの理由により，
ある時点から定数項や係数の値が別の値に変化することも考えられる．この
ような変化を構造変化，そして変化時点を構造変化点と呼んでいる．

　構造変化点が既知であれば，変化時点の前では 0，変化後は 1 となる構造
変化ダミー変数を導入し，その係数がゼロであるかどうか検定することで構
造変化を検定することができる．また別な方法としては，変化点の前後で分
析期間を分割し，それぞれの期間において回帰モデルを推定して，2 つの期
間で係数が同一である（構造変化していない）ことを帰無仮説として検定を
行う方法がある．この方法は F 統計量を利用する検定であるが，開発者の名
に由来してチョウ（Chow）検定と呼ばれることも多い．また構造変化点が
未知の場合には，変化点を含む候補となる期間で，構造変化時点と考えられ
る時点を 1 時点ずつ動かしながら，各時点ごとに F 統計量をもとめ，最大の
F 統計量を検定統計量とする方法がある．

質的選択モデル　自動車を購入するかどうか，ある政策に賛成するかどう
か，企業が新たに資金調達を行うかどうかなどは，人々や企業といった経済

主体がその行動を行うかどうかという選択である．この選択を説明するモデルを質的選択モデルという．このモデルの特徴は，回帰モデルの被説明変数が連続的な変数ではなく，0または1をとる離散確率変数となっている点にある．したがって，通常の最小二乗法では正しい推定はできない．このモデルを推定するためには，連続的であるが観測できない潜在変数を導入し，最尤推定法を適用する必要がある．導入した潜在変数の分布に正規分布を仮定した場合はプロビット・モデル，ロジスティック分布を仮定した場合はロジット・モデルと呼ばれている．

　切断回帰モデル　連続的であるが，特定のある値以上（以下）の値しか観測されない被説明変数をもつ回帰モデルのことを切断回帰モデルと呼ぶ．例えば，ある資格試験に関する調査で，受験にかけた時間，費用などを説明変数として試験の得点を説明するモデルを考える．このとき調査対象が合格者だけである場合，被説明変数の試験の得点，説明変数の値は，不合格者のものについては調査していないので観測されていない．金融資産として株式保有に関するモデルを考えている場合，被説明変数となる株式保有額は保有していない場合はゼロであり，保有している場合はその保有額となる．はじめの例では被説明変数がある値より小さい場合は観測されていない（できない）のに加え，説明変数も観測されない．他方，2つ目の例では被説明変数がゼロ以下ではゼロとしか観測されないが，説明変数は観測されている．前者は切断回帰（truncated regression）モデルと呼ばれるのに対して，後者は途中打ち切り回帰（censored regression）モデルと呼ばれている．最小二乗法はこのようにとりうる値が制限された被説明変数を考慮に入れていないので，推定方法としては適切なものではない．経済の分野ではトービンによる研究がきっかけとなり進展してきたモデルであることからトービット・モデルと呼ばれており，その推定は最尤推定法による．

§ 8.4 時系列解析

トレンド 経済時系列データは一般的に長期的変動，循環変動，季節変動，不規則変動に分解することができる．このうち長期的な変動は，その時系列の何らかの趨勢，傾向を表している．この趨勢のことをトレンドという．1変量の時系列モデルの場合，最も簡単なモデルはこのトレンドを利用したものである．時間に関する1次関数である線形トレンドをはじめ，指数曲線やロジスティック曲線をトレンドとして用いる場合もある．

季節調整 経済時系列データに含まれる季節変動は，その時系列データの特徴的な変動というよりは，毎年同じように繰り返される季節に密接に関係する商習慣や気象的な要因によるものである．分析対象の時系列データの分析を行うにあたって，季節変動によって，本来のその時系列の変動がつかめない場合もあり，そのような季節性を除去した上で，時系列データの分析を行うことが望まれる．そのような季節性の除去は季節調整と呼ばれ，対前年同期比や移動平均法，あるいは X12-ARIMA と呼ばれる米国センサス局で開発された方法が用いられている．

自己相関 定常な確率過程 $\{x_t\}$ に関して，x_t と x_{t-s} の共分散 $\gamma(s) = cov(x_t, x_{t-s})$ を時点差 s の自己共分散という．このとき時点差 s の自己相関は $\rho(s) = \gamma(s)/\gamma(0)$ と定義される．自己相関を時点差 s の関数とみたものは自己相関関数（コレログラム）とも呼ばれている．

自己回帰モデル，移動平均モデル 確率過程 $\{x_t\}$ が次のモデルに従っているとき，AR(p) モデル（p 次の自己回帰モデル）に従っているという．

$$x_t = \phi_0 + \phi_1 x_{t-1} + \phi_2 x_{t-2} + \cdots + \phi_p x_{t-p} + \varepsilon_t$$

ただし $E[\varepsilon_t] = 0$，$var[\varepsilon_t] = \sigma^2$，$E[\varepsilon_t \varepsilon_s] = 0$，$(t \neq s)$ である．特性方程式

$$\phi(z) = 1 - \phi_1 z - \phi_2 z^2 - \cdots - \phi_p z^p = 0$$

の根の絶対値がすべて1より大きいことが，このモデルの定常性の条件である．AR(1) モデルの場合，定常性の条件は $|\phi_1| < 1$ である．定常な AR モデ

ルの自己相関関数 $\rho(s)$ は s の増加とともに指数的に減衰していく．定常な
AR モデルは MA(∞) 表現することが可能である．

他方，確率過程 $\{x_t\}$ が次のモデルに従っているとき，MA(q) モデル（q 次
の移動平均モデル）に従っているという．

$$x_t = \theta_0 + \varepsilon_t - \theta_1\varepsilon_{t-1} - \theta_2\varepsilon_{t-2} - \cdots - \theta_q\varepsilon_{t-q}$$

このモデルの自己相関は q 次を超えるとゼロとなり切断された形になる．特
性方程式

$$\theta(z) - 1 - \theta_1 z - \theta_2 z^2 - \cdots - \theta_q z^q = 0$$

の根の絶対値がすべて 1 より大きい場合，MA(q) モデルは反転可能であり，
AR(∞) として表現できる．

移動平均　時系列データを平滑化する方法の1つ．経済時系列データの場
合は，季節性を除去した上で，その系列の中，長期的な変動に関心がある
ことが多い．移動平均は基本的な季節調整法である．例えばデータの系列
$\{x_t\}$ に対して，時点 t の前後 k 期間の算術平均をとり y_t とする．

$$y_t = \frac{1}{2k+1}(x_{t-k} + x_{t-k+1} + \cdots + x_t + \cdots + x_{t+k})$$

各時点で同様の手続きで平均を計算すれば，平滑化された系列 $\{y_t\}$ が得ら
れる．これを単純移動平均法という．この方法では各時点のデータに対する
ウエイトは同じであるが，より一般的には，各時点のデータに対してウエイ
トの系列 $w_{-k}, w_{-k+1}, \ldots, w_0, w_1, \ldots, w_k$ をもちいて加重平均を以下のよう
に求めることもできる．

$$y_t = \sum_{i=-k}^{k} w_i x_{t+i}, \text{ ただし } \sum_{i=-k}^{k} w_i = 1$$

このウエイト w_i はウインドウとも呼ばれている．

奇数個 $(2k+1)$ のデータ x_{t-k} から x_{t+k} による単純移動平均の場合，時
点の中心は t であるが，経済時系列の場合，月次なら1月から12月まで，
四半期なら第1四半期から第4四半期まで，といったように，偶数の周期
をもっていることが多い．したがって，月次で1月から12月までのデータ
$x_1, \ldots, x_{12}$ に単純移動平均を施すと，その中心は6.5月という仮想的な時点

になる．そこで，同様に2月から翌年1月までのデータ $x_2, \ldots, x_{13}$ に単純移動平均をとれば，中心は7.5月になるので，これら6.5月と7.5月の移動平均の値に対してさらに単純移動平均を考えれば，その中心は7月になる．この一連の操作を一度に考えると

$$\frac{1}{2}\left(\frac{1}{12}(x_1 + \cdots + x_{12}) + \frac{1}{12}(x_2 + \cdots + x_{13})\right) = \frac{1}{24}\left(x_1 + 2\sum_{t=2}^{12} x_t + x_{13}\right)$$

となる．このような操作は移動平均の中心化と呼ばれる．一般的には，

$$y_t = \frac{1}{24}\left(x_{t-6} + 2\sum_{i=-5}^{5} x_{t+i} + x_{t+6}\right)$$

という形で13項移動平均系列を求めることができる．

単位根　AR(1) モデルを例にあげると，その定常性条件は $|\phi_1| < 1$ であるが，$\phi_1 = 1$ の場合，すなわち特性方程式に1となる根がある場合，単位根（ユニット・ルート）があるといい，そのモデルに従う確率過程は非定常確率過程となる．最も簡単なものが係数が1のAR(1) モデルで，単位根モデル（ランダム・ウォーク）と呼ばれる．

$$x_t = \mu + x_{t-1} + \varepsilon_t$$

この場合，初期値 $x_0 = 0$ であれば，$E[x_t] = \mu t$, $var(x_t) = \sigma^2 t$ となっている．また原系列 $\{x_t\}$ に1階の階差を施した $\Delta x_t = x_t - x_{t-1}$ は定常な時系列になる．一般に d 階の差分をとってはじめて定常になる場合，その系列は $I(d)$ 過程という．分析対象系列が $I(1)$ であるか $I(0)$ であるかは単位根検定によって判断する．

　$\{y_t\}$ と $\{x_t\}$ が互いに独立な誤差項 ε_{yt} と ε_{xt} をもつ以下のモデル

$$y_t = y_{t-1} + \varepsilon_{yt}, \ x_t = x_{t-1} + \varepsilon_{xt}$$

に従っているとき，$\{y_t\}$ と $\{x_t\}$ は $I(1)$ 過程で互いに独立である．しかし

$$y_t = \alpha + \beta x_t + u_t$$

という回帰モデルを考えた場合，β の最小二乗推定量はゼロには確率収束しない．したがって $\beta = 0$ を帰無仮説とする検定では帰無仮説を過剰に棄却す

る傾向がある. 単位根の問題は, 被説明変数と説明変数は独立であるにもか
かわらず, 回帰分析の結果は見せかけの関係を示す点にある. この問題は見
せかけの回帰と呼ばれている.

共和分 $I(1)$ 過程に従っている複数の変数の 1 次結合が, 定常過程 $I(0)$
になる場合, それらの変数は共和分 (cointegration) の関係にあるという.
$\{y_t\}$ と $\{x_t\}$ が $I(1)$ 過程であるが, 共和分関係にあるかどうかが不明な場
合, 回帰モデル

$$y_t = \alpha + \beta x_t + u_t$$

を推定し, 得られた回帰残差が $I(1)$ か $I(0)$ かを単位根検定によって検証す
る. もし回帰残差が $I(1)$ なら共和分の関係はなく, $I(0)$ なら共和分関係が
あると判断する. 共和分関係は y_t と x_t には長期的な均衡関係があり, 均衡
からの一時的な乖離 $(y_t - \alpha - \beta x_t)$ を平均ゼロの $I(0)$ 過程と考えている.
この長期的均衡関係をモデルに反映させたものが以下の誤差修正 (Error
Correction) モデルである.

$$\Delta y_t = \gamma + \delta \Delta x_t + \lambda(y_{t-1} - \alpha - \beta x_{t-1}) + \varepsilon_t$$

被説明変数 Δy_t の説明変数として Δx_t だけでなく, 長期的均衡関係からの
乖離の 1 期前の値 $(y_{t-1} - \alpha - \beta x_{t-1})$ を用いている点が特徴となっている.

ARCH モデル ARCH (Autoregressive Conditional Heteroscedasticity)
モデルとは, 条件付き分散が過去の観測値に依存して変動するモデルであ
る. $\{x_t\}$ が ARCH(q) モデルに従うとは次のモデルに従うことをいう.

$$x_t = \sigma_t \varepsilon_t, \quad \sigma_t^2 = \alpha_0 + \alpha_1 x_{t-1}^2 + \cdots \alpha_q x_{t-q}^2$$

ただし ε_t は $E[\varepsilon_t] = 0$, $var(\varepsilon_t) = 1$ で互いに独立な確率変数である. 例えば
ARCH(1) モデルの場合 x_t の分散は $\alpha_0/(1-\alpha_1)$ で一定であるが, $t-1$ 時点ま
での情報 $\mathcal{F}_{t-1}$ を条件とする条件付き分散は $var(x_t \mid \mathcal{F}_{t-1}) = \alpha_0 + \alpha_1 x_{t-1}^2$
となり, 過去の x_{t-1} に依存して値が変化するものとなっている.

σ_t^2 に対して, ARCH モデルでの説明変数に σ_t^2 の過去の値を追加したモデ
ルは ARCH モデルの拡張として, GARCH (Generalized ARCH) モデルと
呼ばれる. GARCH(1,1) モデルは

$$x_t = \sigma_t \varepsilon_t, \quad \sigma_t^2 = \alpha_0 + \alpha_1 x_{t-1}^2 + \beta_1 \sigma_{t-1}^2$$

と表現される. ARCH モデル, GARCH モデルともに最尤法によって推定
することができる.

指数平滑化法 時系列データを平滑化する場合に, 最近のデータに大きな
ウエイトを与え, 過去に遠く離れるほどウエイトを指数的に小さくして, 加
重平均をもとめる方法を指数平滑化法と呼ぶ. この方法では過去のデータを
利用して, 将来の値の予測値を以下のように求める. 時点 t での x_{t+1} の予測
値である指数平滑化値 m_t は時点 t より過去にさかのぼるほど小さなウエイ
トをあたえる加重平均になっている.

$$m_t = \lambda\{x_t + (1-\lambda)x_{t-1} + (1-\lambda)^2 x_{t-2} + \cdots\}$$

この式を変形すると以下の式を得る.

$$m_t = \lambda x_t + (1-\lambda)m_{t-1} = m_{t-1} + \lambda(x_t - m_{t-1})$$

x_{t+1} の予測値 m_t は, x_t の予測値 m_{t-1} を予測誤差 $(x_t - m_{t-1})$ を使って修
正したものになっている. ただし λ は $0 < \lambda < 1$ で平滑化定数という. この
平滑化定数 λ と初期値 m_0 を適切に与えると予測値を求めることができる.

§ 8.5 パネル分析

都道府県や企業, また個人ごとに T 期間にわたって観測されたデータを
$y_{it}, (i = 1, \ldots, N;\ t = 1, \ldots, T)$ とおく. このように N 個の個体のそれぞ
れに時系列データが観測されているものをパネル・データと呼ぶ. このパネ
ル・データに関する回帰モデルとして以下のモデルを考える.

$$y_{it} = \alpha + \boldsymbol{x}'_{it}\boldsymbol{\beta} + u_{it} \tag{8.5.1}$$
$$u_{it} = \mu_i + \nu_{it}$$

$\boldsymbol{x}_{it}$ は $k \times 1$ の説明変数ベクトル, $\boldsymbol{\beta}$ は $k \times 1$ の未知の係数ベクトル, u_{it}
は μ_i と ν_{it} に分かれており, ν_{it} に関しては確率変数であり, $E[\nu_{it}] = 0$,
$var[\nu_{it}] = \sigma_\nu^2$, $E[\nu_{it}\nu_{js}] = 0$ $(i \neq j$ または $t \neq s)$ を仮定する. μ_i は個体 i

に固有の個別効果 (individual effect) であり，その取り扱いによって固定効果モデル，変量効果モデルがある．

固定効果モデル (8.5.1) における個別効果 μ_i は未知の定数であると仮定するモデルを固定効果 (fixed effect) モデルと呼ぶ．未知パラメータ μ_i の個数は個体の数と同数の N である．代表的な推定法は，ダミー変数を使った LSDV (Least Squares Dummy Variables) 推定法で，最小二乗ダミー変数推定法とも呼ばれる．他に個別効果 μ_i を推定対象から除外することで，係数ベクトル β を推定する方法がある．代表的なものに，階差を使い個別効果パラメータを除去する階差推定法，個体ごとの時間平均を利用して個別効果を取り除くグループ内推定法などがある．

変量効果モデル (8.5.1) における個別効果 μ_i は個体ごとに独立な確率変数で $E[\mu_i] = 0$, $var(\mu_i) = \sigma_\mu^2$, $E[\mu_i \nu_{it}] = 0$ であると仮定したモデルを変量効果 (random effect) モデルと呼ぶ．この場合 (8.5.1) における u_{it} に関しては，

$$E[u_{it}] = 0, \quad E[u_{it} u_{js}] = \begin{cases} \sigma_\nu^2 + \sigma_\mu^2 & (i = j, t = s) \\ \sigma_\mu^2 & (i = j, t \neq s) \\ 0 & (i \neq j, t \neq s) \end{cases}$$

となっている．したがって，係数 β の推定は通常の最小二乗法ではなく，個別効果 μ_i が説明変数 $\boldsymbol{x}_{it}$ と無相関であれば一般化最小二乗法によって行う．もし個別効果と説明変数が無相関でない場合は，一般化最小二乗推定量は一致推定量にはならない．その場合は，一致推定量である LSDV 推定，階差推定，グループ内推定による推定量を用いる．個別効果と説明変数に相関があるかどうかは，一般に特定化の検定として知られるハウスマン検定を利用する．

ハウスマン検定 ハウスマン検定はモデルや誤差項の特定化の検定として知られる検定方法で，主に説明変数の内生性の検定として利用される．説明変数がモデルの誤差項と相関をもつ場合，内生性をもつというが，その場合，最小二乗推定量は一致推定量にはならないことから，正しい推定方法を選択するために，そのような相関の有無を検定によって調べる必要がある．
　ハウスマン検定では2種類の推定量を利用する．1つは帰無仮説，対立仮

説のどちらにおいても一致性が保証されいてるが有効性をもたない推定量
で，もう 1 つは帰無仮説のもとでのみ一致性が保証され有効性をもつ推定量
である．これら 2 つの推定量の差は帰無仮説が正しいときにはどちらも一致
推定量であるため大きくないが，対立仮説のもとでは差が大きくなることに
注目した検定方法である．この検定法に先立ち同様の方法を提案した開発者
の名前をつけダービン・ウ・ハウスマン検定と呼ばれることもある．

　変量効果モデルでは，個別効果が説明変数と相関をもつ場合，一般化最小
二乗推定量は一致性をもたないが，無相関の場合は一致性をもつ有効推定量
であることが知られている．一方，LSDV 推定量は，個別効果と説明変数の
相関の有無にかかわらず一致性をもっているため，この 2 つの推定量の差を
利用して検定を行うことができる．

§8.6　経済指数

　異なった時点間，地域間における価格や数量を比較するために利用される
もので，基準となる時点，地域での数値と他の調査時点，地域における数値
を相対的に表したものを指数と呼んでいる．

　総合指数　個々の品目の価格，数量の動きを表す個別指数に対して，いく
つかの個別指数を統合したものを総合指数という．基準時点を 0，比較時点
を t とし，n 種類の財・サービスがある場合を考える．第 i 番目の品目の基
準時点と比較時点の価格を p_{0i}，p_{ti}，同様に数量を q_{0i}，q_{ti} とする．このと
き，個別価格指数は p_{ti}/p_{0i}，個別数量指数は q_{ti}/q_{0i} である．個別指数の加
重平均のウエイトを w_i とすると，価格に関する総合指数は

$$\sum_{i=1}^{n} w_i \left(\frac{p_{ti}}{p_{0i}} \right)$$

によって与えられる．ただし $\sum_{i=1}^{n} w_i = 1$ である．数量に関する総合指数も同
様に求めることができる．加重平均のウエイトに関しては，例えば消費者物
価指数の場合には消費支出に占める割合をウエイトとしている．

ラスパイレス指数 n 個の財・サービスの第 i 品目の基準時点の価格を p_{0i}, 数量を q_{0i}, 比較時点 (t 時点) の価格を p_{ti} とする. このとき価格についてのラスパイレス指数は

$$P_L(t) = \frac{\sum_{i=1}^{n} p_{ti} q_{0i}}{\sum_{i=1}^{n} p_{0i} q_{0i}}$$

で与えられる. この式を個別価格指数 p_{ti}/p_{0i} に注目して書き直すと, 基準時の支出金額の割合をウエイトとした加重平均として表すことができる.

$$P_L(t) = \sum_{i=1}^{n} w_{0i} \left(\frac{p_{ti}}{p_{0i}} \right), \ w_{0i} = \frac{p_{0i} q_{0i}}{\sum_{j=1}^{n} p_{0j} q_{0j}}$$

w_{0i} はウエイトを表しているが, 比較時点 t が変わっても一定であることがわかる. したがってラスパイレス指数の計算には, 基準時点での各品目の価格と数量以外には, 比較時点 t での各品目の価格がわかっていればよい.

パーシェ指数 価格についてのパーシェ指数は以下の定義で示すように, 比較時点の数量 $q_{ti}, (i = 1, \ldots, n)$ を比較時点で購入した場合の支出 $\sum_i p_{ti} q_{ti}$ と, 同じ数量を基準時点で購入する場合の支出 $\sum_i p_{0i} q_{ti}$ を比べたものになっている.

$$P_P(t) = \frac{\sum_{i=1}^{n} p_{ti} q_{ti}}{\sum_{i=1}^{n} p_{0i} q_{ti}}$$

ラスパイレス指数と同様にパーシェ指数は以下のように加重平均として書き表すことができる.

$$P_P(t) = \sum_{i=1}^{n} w_{ti} \left(\frac{p_{ti}}{p_{0i}} \right), \ w_{ti} = \frac{p_{0i} q_{ti}}{\sum_{j=1}^{n} p_{0j} q_{tj}}$$

この場合のウエイト w_{ti} は時点 t に依存しており, 基準時点の各品目の価格以外に, 比較時点ごとに各品目の価格だけでなく数量も調査する必要がある.

フィッシャー指数 指数を算出する際に基準時点と比較時点の価格や数量が著しく異なっている場合には, ラスパイレス指数とパーシェ指数の値の差が大きなものとなる. そのような場合に用いられる指数としてフィッシャー

指数がある．この指数はラスパイレス指数とパーシェ指数の幾何平均として以下のように定義される．

$$P_F(t) = \sqrt{P_L(t)P_P(t)}$$

景気判断指数　景気に関連する観測可能なデータ系列から作成される景気指数に対して，景気の現状や先行きに対するサーベイデータに基づき作成されるものが景気判断指数である．代表的なものに日本銀行「全国企業短期経済観測調査」の業況判断 DI がある．

ローレンツ曲線　所得分布や資産分布における不平等の程度を視覚的にとらえるものとしてローレンツ曲線がある．世帯の所得分布の場合は，横軸に累積世帯比率，縦軸に累積所得比率をとって描いたものがローレンツ曲線で，完全平等のときは右上がりの 45 度線になるが，そうでないときには下に凸で右上がりの曲線となる．45 度線から離れるほど不平等の度合いが大きいと判断できる．

ジニ係数　ローレンツ曲線による不平等の程度の把握は視覚的なものであり，異なる時点や地域についての比較を行う際にはわかりにくい場合がある．そこで不平等の程度を数値で表したものがジニ係数である．これはローレンツ曲線と 45 度線で囲まれた部分の面積の 2 倍で定義され，0 から 1 までの値をとる．そしてその値が大きくなるほど不平等の度合いが大きいとされる．

■■■■ **練習問題**

問 8.1　ある市のスポーツジムにはいくつかの会員の種類があるが，その中のS会員は，一定額を支払えば週のうち何回ジムに来てもよいことになっている．このジムのS会員のうちで休眠会員でなく週に1回以上来る人が実際週に平均何回来ているかを調べたい．

　調査会社のAさんは，ジムの会員名簿を取り寄せてその中のS会員のうち週に1回以上来た人をランダムに100人選んで，その週に何回来たかを調査し，以下のデータを得た．

回数	1	2	3	4	5	6	7	計
人数	9	31	27	21	6	5	1	100

別の調査会社のBさんは，ある日にそのジムに出かけて行って，その日に来ているS会員の人をランダムに100人選び，彼らに「週に何回ジムに来ていますか」と聞き，以下の回答結果を得た．なお，この調査でのS会員の回答は正確であり（記憶は正しいとし），週に1回以上ジムに来るS会員の人がジムに来る日はランダムであるとする（すなわち特定の日にジムに来る人が多いということはない）．

回数	1	2	3	4	5	6	7	計
人数	3	21	27	28	10	9	2	100

〔1〕　Aさんのデータからジムに来た回数の平均値 m_A を求めよ．

〔2〕　Aさんのデータが正の二項分布，すなわち $n = 7$，$p = m_A/7$ の二項分布のうちで回数が1回以上という条件の下での分布，からのものかどうかを評価する検定の方法を示せ（実際に検定する必要はない）．

〔3〕　Bさんのデータからジムに来るという回数の平均値 m_B を求めよ．

〔4〕　一般に m_B のほうが m_A よりも大きくなるが，それは何故か述べよ．また，m_B の過大評価を是正し，このジムの休眠会員でないS会員が実際週に平均何回来ているかを求めよ．

問 8.2　個人経営の喫茶店の売上高の影響要因を調べるために喫茶店 20 店舗の調査を実施した．以下は記号の定義と単位およびデータの範囲である．

y：喫茶店の 1 か月の売上高（単位：万円）範囲：103 万円 ～ 160 万円

x_1：最寄駅からの徒歩での時間（単位：分）範囲：1 分 ～ 7 分

x_2：近くにある競合店の軒数（単位：軒）範囲：0 軒 ～ 6 軒

x_3：立地が 1 階かそれ以外かを表すダミー変数
$$\begin{cases} 1 & \text{（1 階）} \\ 0 & \text{（それ以外）} \end{cases}$$

平均値，標準偏差および相関係数はそれぞれ以下のようであった．

変数	y	x_1	x_2	x_3
平均	122.60	4.15	3.15	0.60
標準偏差	14.68	1.90	1.69	0.50

相関行列	y	x_1	x_2	x_3
y	1.000	-0.441	0.045	0.170
x_1	-0.441	1.000	-0.711	0.397
x_2	0.045	-0.711	1.000	-0.111
x_3	0.170	0.397	-0.111	1.000

目的変数を y，説明変数の候補を x_1, x_2, x_3 として，3 つの変数をすべて用いた重回帰式，2 つのみを用いた重回帰式，1 つのみを用いた単回帰式による回帰分析をソフトウェアを用いて行った．その結果の一部は次ページのようである．ただし，「R^2」は決定係数（寄与率），「補正 R^2」は自由度調整済み決定係数，「有意 F」は回帰分析の分散分析における F 検定の P 値である．以下の各問に答えよ．

〔1〕　重回帰分析における変数選択の基準と，実際の変数選択の手順について述べよ．その際，「変数増加法」，「変数減少法」，「変数増減法」とは何か，およびそれらの方法の特徴も含めること．また，上記の 7 つの回帰モデルのうちどのモデルが最もよいと考えられるかを述べよ．

〔2〕　x_2 と y との相関係数は，絶対値が 0 に近いもののその符号は正である．しかし，3 変数すべてをモデルに取り込んだ重回帰式における x_2 の係数は負であり，しかもその P 値は小さく 5% 有意である．なぜそうなるのか，またこのときの解釈はどのようになるかを述べよ．

〔3〕　このデータを分析した A 君は，喫茶店の立地が 1 階の場合とそうでな

	定数項	X_1	X_2	X_3		R^2	補正 R^2	有意 F
係数	170.904	-9.162	-6.371	16.312		0.585	0.507	0.002
P 値		0.000	0.007	0.007				

	定数項	X_1	X_2	X_3		R^2	補正 R^2	有意 F
係数	163.933	-6.391	-4.702			0.341	0.263	0.029
P 値		0.009	0.069					

	定数項	X_1	X_2	X_3		R^2	補正 R^2	有意 F
係数	134.792	-4.667		11.958		0.336	0.258	0.031
P 値		0.012		0.074				

	定数項	X_1	X_2	X_3		R^2	補正 R^2	有意 F
係数	117.738		0.559	5.168		0.033	-0.081	0.752
P 値			0.791	0.471				

	定数項	X_1	X_2	X_3		R^2	補正 R^2	有意 F
係数	136.754	-3.411				0.195	0.150	0.051
P 値		0.051						

	定数項	X_1	X_2	X_3		R^2	補正 R^2	有意 F
係数	121.376		0.389			0.002	-0.053	0.851
P 値			0.851					

	定数項	X_1	X_2	X_3		R^2	補正 R^2	有意 F
係数	119.625			4.958		0.029	-0.025	0.474
P 値				0.474				

い場合との売上高の差に興味がある．ところが，x_3 のみを説明変数とした単回帰式の係数 4.958 と 3 変数すべてをモデルに取り込んだ重回帰式における x_3 の係数 16.312 とではかなりの差がある．各係数それぞれの解釈を示し，立地の違いにより売上高にどのような差があるのかを論ぜよ．

〔4〕 3 変数をすべて用いたモデルが妥当であるとしたとき，競合店の軒数（x_2）を削除した 2 変数モデルにおける回帰係数には偏りが生じる．その理由を述べよ．

〔5〕 売上高が最も大きくなるのは説明変数がそれぞれどのような値をとる場合であり，そのときの売り上げの予測値 y^* はいくらくらいになるであろうか．実際のデータでは $x_1 = 1$, $x_2 = 6$, $x_3 = 1$ の店で最高値 $y = 160$ であった．求めた y^* と比較して論ぜよ．

問 8.3　基準時点 を $t = 0$ とする価格指数と数量指数に関して，対象とする品目（財・サービス）を n 種類とする．第 i 品目 $(i = 1, ..., n)$ の t 時点における価格と数量をそれぞれ p_{ti} と q_{ti} で表し，各品目の個別価格指数，個別数量指数を

$$x_i = \frac{p_{ti}}{p_{0i}}, \quad y_i = \frac{q_{ti}}{q_{0i}}$$

とする．また，品目に関する和を $\sum_{i=1}^{n} p_{0i} q_{0i} = \sum p_0 q_0$ などと略記する．以下の各問に答えよ．

〔1〕 ラスパイレス (Laspeyres) 価格指数 $P_L = (\sum p_t q_0)/(\sum p_0 q_0)$ は，適当なウェイト w_i $(\sum_{i=1}^{n} w_i = 1, \; w_i \geq 0)$ によって x_i の加重 (算術) 平均として $P_L = \sum_{i=1}^{n} w_i x_i$ と表されることを示せ．

〔2〕 パーシェ (Paasche) 価格指数 $P_P = (\sum p_t q_t)/(\sum p_0 q_t)$ は，適当なウェイト v_i $(\sum_{i=1}^{n} v_i = 1, \; v_i \geq 0)$ によって x_i の加重調和平均として $P_P = (\sum_{i=1}^{n} v_i x_i^{-1})^{-1}$ と表されることを示せ．

〔3〕 上問〔1〕の w_i をウェイトとして用いたときの x と y の共分散 $s_{xy} = \sum_{i=1}^{n} w_i (x_i - \bar{x})(y_i - \bar{y})$ は $(P_P - P_L) Q_L$ に等しいことを示せ．ただし，$\bar{x} = \sum_{i=1}^{n} w_i x_i, \bar{y} = \sum_{i=1}^{n} w_i y_i$ は加重平均，$Q_L = (\sum p_0 q_t)/(\sum p_0 q_0)$ はラスパイレス数量指数である．

〔4〕 $t = 1, 2, \cdots$ が月を表すとき，ある月次価格指数は $z_t = m_t + s_t + u_t$ というモデルで表現できるものとする．ここで m_t は時間とともに滑らかに変化するトレンドサイクルであり，各時点において 1 次式で近似される．また s_t は季節変動であり，1 年を周期として $s_{t+12} = s_t, \sum_{t=1}^{12} s_t = 0$ という性質をもつ．最後に u_t は不規則変動であり，平均を 0 とする独立な確率変数である．このとき，次のウェイト r_k による 13 項加重移動平均 $\hat{z}_t = \sum_{k=-6}^{6} r_k z_{t+k}$ によって季節性が除去されることを説明せよ．

$$r_{-6} = r_6 = \frac{1}{24}, \quad r_k = \frac{1}{12} \quad (-5 \leq k \leq 5)$$

第 9 章

理工学分野キーワード

§ 9.1 多変量解析

実用的な問題を統計的に取り扱うとき，いくつかの確率変数が同時に得られることが多い．このときには多変量解析を行うことになる．通常，確率変数は正規分布に従っていることを仮定して解析を行うことが多い．他の確率分布での多変量の解析を行うことも実際には重要と思われるが，確率変数は正規分布で近似できる場合も多いことからこれがよく用いられている．一般に正規分布以外での多変量解析には困難がともなうことも正規分布が使われている理由の一つである．多変量正規分布については2章を参照されたい．各種の多変量解析法については6.5節を参照されたい．

§ 9.2 確率過程

確率変数 X が時間変化をともなう $X(t)$ と記述されるときこれを確率過程という．株価や為替の経済的変動，ブラウン運動などの物理現象，医学データや社会現象などを記述するモデルとして用いられている．微分方程式に確率過程の項を含むものを確率微分方程式と呼び，経済的変動や感染症の伝搬モデルなどにも適用されている．

9.2.1　ランダムウォーク

離散的な値 i に対する確率変数を X_i（d 次元）とする．X_i $(i = 1, \ldots, n)$ が独立で同一の分布に従うとき，

$$S_n = X_1 + \cdots + X_n$$

をランダムウォークという．

原点から出発したランダムウォークが有限回数後再び原点に帰ってくる確率を再帰確率と呼ぶ．$d = 1$ の 1 次元で $X_i = \pm 1$ の場合には，右に動く確率を $p, 0 < p < 1$，とする時，再帰確率 R は

$$R = 1 - |p - q| > 0$$

で与えられる．ただし，$q = 1 - p$．$p = q = 1/2$ のときを対称なランダムウォークと呼ぶ．対称なランダムウォークについては $R = 1$ であり，この場合を再帰的という．$d = 2$ の 2 次元の場合にも対称なランダムウォークは再帰的であるが，$d \geq 3$ の 3 次元以上の場合の対称なランダムウォークは再帰的でないことが示されている．

▶▶ **コラム ▶▶ Column**　· ●破産の問題

　典型的な 1 次元の場合のランダムウォークの例として破産の問題があげられる．1 回の勝負で勝つ確率を p とする．毎回 1(bet) を賭けるとき，勝てば i の所持金が $i+1$ に，負ければ $i-1$ に推移する．このとき，初期の所持金を s として，所持金が 0 になる確率 q_s はいくらかという問題である．最初の所持金 s から $e(\geq s)$ になれば勝負に勝ったとして賭けを止める．$P(X = 1) = p, P(X = -1) = q = 1 - p$ で，初期値に s のバイアスをかけて，上側境界を e，下側境界を 0 としたときにこの境界にたどり着くランダムウォークの問題である．

　$p = q$ の場合はやさしいので，$p \neq q$ の場合を考える．

$$q_i = p q_{i+1} + q q_{i-1}$$

の漸化式が成り立つのでこれを解いてみる．$p + q = 1$ なので，

$$p(q_{i+1} - q_i) = q(q_i - q_{i-1}) \text{ から}$$

$$(q_i - q_{i-1}) = \left(\frac{q}{p}\right)^{i-1} (q_1 - q_0) = \left(\frac{q}{p}\right)^{i-1} (q_1 - 1),$$

$$(q_i - q_1) = \left\{ \frac{q}{p} + \left(\frac{q}{p}\right)^2 + \cdots + \left(\frac{q}{p}\right)^{i-1} \right\} (q_1 - 1) = \frac{\frac{q}{p} - \left(\frac{q}{p}\right)^i}{1 - \frac{q}{p}} (q_1 - 1)$$

となる. ここで, 所持金 i が e になるときを上にあてはめると,

$$q_e - q_1 = -q_1 = \frac{\frac{q}{p} - \left(\frac{q}{p}\right)^e}{1 - \frac{q}{p}}(q_1 - 1) \quad \text{より} \quad q_1 = \frac{\frac{q}{p} - \left(\frac{q}{p}\right)^e}{1 - \left(\frac{q}{p}\right)^e}$$

が得られ,

$$q_s = q_1 + \frac{\frac{q}{p} - \left(\frac{q}{p}\right)^s}{1 - \frac{q}{p}}(q_1 - 1) = \frac{\left(\frac{q}{p}\right)^s - \left(\frac{q}{p}\right)^e}{1 - \left(\frac{q}{p}\right)^e}$$

となる. 今, 相手方よりわずかに不利な賭け $(p \approx 0.49)$ の場合を考え, 最初の所持金を $s = 100$, 目標を $e = 200$ としよう. 所持金を 2 倍にしてやろうという訳である. このとき, $q_{100} \approx 0.98$ と, ほぼ破産確実となる. 1 回の賭け金を 1 ではなく 5 にしてみると, 破産確率は, 1 回の賭け金が 1 のときの q_{20} に等しくなるので, $q_{20} \approx 0.69$ となる. 1 度に 10 の場合 $q_{10} \approx 0.60$ となって破産確率はぐんと低くなる. 不利な賭けでは勝負は大胆にやった方がよい. 逆に有利な賭けでは慎重がよい. なお対称なランダムウォーク $(p = q = 1/2)$ の場合には $q_s = 1 - s/e$ となることが同様の計算で確かめられる.

9.2.2 マルコフ過程

未来の X の条件付き分布が現在の状態だけに依存して過去の履歴には無関係であるとき, これをマルコフ過程と呼ぶ. マルコフ過程には, 離散的な値 i に対して動く離散 (時間) マルコフ過程, 時間に関して連続的に動く連続 (時間) マルコフ過程などがある.

マルコフ過程の分布は推移確率によって決まる.

9.2.3 ポアソン過程

ある事象は時間的にどのタイミングで起こるかわからないが平均的に見ると一定の割合 λ で起こっている. このとき, ある時間間隔 t の間に事象が何回起こるかをカウントしてみる. このとき, このカウントの回数 $N = N(t)$ は離散確率変数であり, その分布は $P(N(t) = k)$ と記述できる.

今, 区間 $[0, t]$ を n 個の等分時間に分け, k 個の事象はこの中のどこかに (重複しないで) 入るとすると, その確率は二項確率で求められ,

$$P(N = k) = \binom{n}{k}\left(\frac{\lambda t}{n}\right)^k \left(1 - \frac{\lambda t}{n}\right)^{n-k}$$

で与えられる．ここに，$\binom{n}{k}$ は二項係数である．ここで，等分する時間の間隔を小さくしていくと（つまり $n \to \infty$），

$$\binom{n}{k}\left(\frac{\lambda t}{n}\right)^k \left(1 - \frac{\lambda t}{n}\right)^{n-k}$$

$$= \frac{n \cdot (n-1) \cdot \cdots \cdot (n-k+1)}{k!} \frac{\lambda t}{n} \frac{\lambda t}{n} \cdot \cdots \cdot \frac{\lambda t}{n}\left(1 - \frac{\lambda t}{n}\right)^{n(1-k/n)}$$

$$= \frac{1 \cdot (1-1/n) \cdot \cdots \cdot (1-k/n+1/n)}{k!}(\lambda t)^k \left(1 - \frac{\lambda t}{n}\right)^{n(1-k/n)}$$

$$\cong \frac{1}{k!}(\lambda t)^k \left(1 - \frac{\lambda t}{n}\right)^{n(1-k/n)}$$

$$\to \frac{1}{k!}(\lambda t)^k e^{-\lambda t} \quad (n \to \infty)$$

となり，ポアソン分布が得られる．これがポアソン過程である．

　一定時間に事象が起こる回数の計数過程を待ち時間の方から見てみる．ある事象が起こってから次の事象が起こるまでの時間を T とする．時刻 t を決めると，事象が時刻 0 から t までに一度も起こらない確率 $P(T > t)$ は，上と同様に二項確率から

$$P(T > t) = \left(1 - \frac{\lambda t}{n}\right)^n \to e^{-\lambda t} \quad (n \to \infty)$$

となり，事象が時刻 0 から t までに起こる確率は

$$P(T \leq t) = 1 - e^{-\lambda t} \quad (t \geq 0)$$

となり，これは指数分布になっている．

　指数分布では，

$$P(T > t+s | T > t) = \frac{P(T > t+s, T > t)}{P(T > t)} = \frac{P(T > t+s)}{P(T > t)}$$

$$= \frac{e^{-\lambda(t+s)}}{e^{-\lambda t}} = e^{-\lambda s} = P(T > s).$$

つまり，時刻 t まで生き延びた後更に $t+s$ 以上生き延びる確率が時刻 0 から s まで生き延びる確率に等しいことから，指数分布は無記憶性 (memoryless property) の性質をもつといわれる．

逆にこの性質をもつ連続型確率分布は指数分布しかない．これは，$P(T > t) = G(t)$ とすると

$$G(t + s) = G(t) \cdot G(s)$$

が成り立ち，両辺を t で微分した後 $t \to 0$ とすると

$$G'(s) = G(s) \cdot G'(0)$$

が得られ，この微分方程式を解けば

$$G(s) = e^{-\lambda s} \quad (\lambda = -G'(0))$$

となるからである．

$P(N_t = 0)_{\text{ポアソン分布での確率}} = P(T > t)_{\text{指数分布での確率}} = e^{-\lambda t}$ なので，時間に関してランダムに起こる事象を数える側からはポアソン過程になるし，事象と事象の間の待ち時間の側からは指数分布になっている．W_i がパラメータ λ の指数分布に従っているとき，r 番目の事象が起こる時刻の確率変数 $T_r = W_1 + \cdots + W_r$ は

$$P(T_r > t) = P(N_t \le r - 1) = \sum_{k=0}^{r-1} e^{-\lambda t} \frac{(\lambda t)^k}{k!}$$

と記述できる．$P(T_r \le t)$ はガンマ分布の分布関数である．

9.2.4　マルコフ連鎖

離散時間マルコフ過程のうち，とりうる状態が有限または可算な場合，これをマルコフ連鎖という．マルコフ性から，

$$P(X_{n+1} = x | X_n = x_n, \ldots, X_0 = x_0) = P(X_{n+1} = x | X_n = x_n)$$

である．X_i のとりうる値の集合は連鎖の状態空間と呼ばれる．マルコフ連鎖は有向グラフで表現され，ある状態から他の状態へ遷移する確率で挙動が定まる．

状態空間が有限のとき遷移確率分布は行列 $\mathbf{P}$ で表される．これは遷移行列と呼ばれている．

9.2.5　時系列解析

時間の経過とともに不規則に変動する現象を記述するときに用いられるのが時系列解析である．株価や為替の経済的変動，気温や雨量などの気象変動，地震データ，脳波などの医学データなどその応用は多岐にわたる．

9.2.6　自己回帰過程

時系列 y_n を過去の値とそのときの確率変動 ε_n で表現できると仮定するとき，これを自己回帰モデル（AutoRegressive model, AR モデル）といい，

$$y_n = \sum_{i=1}^{m} a_i y_{n-i} + \varepsilon_n, \quad (\varepsilon_n \sim N(0, \sigma^2))$$

で記述される．m は自己回帰の次数，a_i は自己回帰係数と呼ばれる．

パラメータ a_i と σ^2 を推定することを考える．$\theta = (a_1, \ldots, a_m, \sigma^2)^T$ とおくとき，対数尤度関数 $l(\theta)$ は系列の長さが長いときには近似的に

$$l(\theta) = \sum_n \log p(y_n)$$

$$\text{ただし,}\ p(y_n) = \frac{1}{\sqrt{2\pi\sigma^2}} \exp(-\frac{1}{2\sigma^2}(y_n - \sum_{i=1}^{m} a_i y_{n-i})^2)$$

であり，まとめると，

$$l(\theta) = -\frac{n}{2} \log(2\pi\sigma^2) - \frac{1}{2\sigma^2} \sum_n (y_n - \sum_{i=1}^{m} a_i y_{n-i})^2$$

となる．これから，自己回帰モデルのパラメータの最尤推定値は最小二乗法によって得られる値とほぼ一致していることがわかる．

9.2.7　移動平均過程

移動平均過程とは，y_n が現在の白色雑音（正規分布）と過去の白色雑音（正規分布）の線形結合を加えたモデルになっているときで，

$$y_n = \varepsilon_n + \sum_{i=1}^{l} b_i \varepsilon_{n-i}$$

と記述される．ここで，l と b_i は移動平均の次数および移動平均係数と呼ばれる．

9.2.8 ARMA 過程

自己回帰移動平均モデル（AutoRegressive Moving Average model, ARMA モデル）は AR モデルに移動平均モデルを加えたモデル，つまり AR モデルに過去の白色雑音（正規分布）を加えたモデルになっており，

$$y_n = \sum_{i=1}^{m} a_i y_{n-i} + \varepsilon_n + \sum_{i=1}^{l} b_i \varepsilon_{n-i}$$

で記述される．$\varepsilon_i \sim N(0, \sigma^2)$ は y_{n-i} と独立な白色雑音である．自己回帰の次数 m と移動平均過程の次数 l とをあわせて (m, l) 次の ARMA モデルと呼ぶ.

§ 9.3 線形推測

興味ある確率変数の値 y が変数 x によってコントロールされて決まる，つまり，

$$y = f(x)$$

の関係にある場合を考える．x と y が対になって観測されるとき f を推定しておいて，新しい x に対応する y を予測したいことは多い．特に f が線形関係で表されるときの推測を線形推測という.

9.3.1 線形モデル

独立変数（説明変数）$X_1, \ldots, X_p$ を，パラメータ $\beta_0, \beta_1, \ldots, \beta_p$ によって線形結合させて応答変数 Y を

$$E(Y) = \beta_0 + \sum_{j=1}^{p} X_j \beta_j$$

と表すモデルは多方面でよく用いられている．$x = (1, X_1, \ldots, X_p)^T, \beta = (\beta_0, \ldots, \beta_p)^T$ とすることによって，これは

$$E(Y) = x^T \beta$$

と書くことができる．行列 X およびベクトル y を 5.2.3 項のようにおき，$X^T X$ が正則であれば最小二乗法による解 $\hat{\beta}$ は一意に決まり，

$$\hat{\beta} = (X^T X)^{-1} X^T y$$

で与えられる．

$\hat{\beta}$ を求める方法については機械学習分野との相互発展もあり，いくつかの典型的な方法が最近よく使われている．その一つは正則化法で最小二乗法で用いる残差平方和にペナルティ関数を加えることで予測誤差を安定的に最小化しようとするものである．l_2 ノルムのペナルティー関数 $\sum_{j=1}^{p} \beta_j^2$ を与えたものをリッジ (ridge) といい，このときの解は，

$$\beta^{ridge} = \operatorname{argmin}_\beta \{ \sum_{i=1}^{n} (y_i - \beta_0 - \sum_{j=1}^{p} x_{ij} \beta_j)^2 + \lambda \sum_{j=1}^{p} \beta_j^2 \}$$

で与えられる．ただし $\operatorname{argmin}_\beta$ は {} 内を最小化する β の値を表す．λ をチューニングして最適な解を求める．これをベクトルと行列で書き直すと，

$$\beta^{ridge} = (X^T X + \lambda I)^{-1} X^T y$$

となり，行列 $X^T X$ の正則化が行われていることがわかる．また，l_1 ノルムでのペナルティー関数 $\sum_{j=1}^{p} |\beta_j|$ を与えたものをラッソー (lasso) といい，このときの解は，

$$\beta^{lasso} = \operatorname{argmin}_\beta \{ \sum_{i=1}^{n} (y_i - \beta_0 - \sum_{j=1}^{p} x_{ij} \beta_j)^2 + \lambda \sum_{j=1}^{p} |\beta_j| \}$$

となる．この形はリッジと異なり非線形になり，リッジのような形式的な解は得られないので計算機を使って2次プログラミング問題を解くことになる．ラッソーでは重要な働きをしないパラメータは0に縮退してしまうので，次元縮小には有効である．更に，l_q ノルムでの一般形での解は，

$$\beta^{norm-q} = \operatorname{argmin}_\beta \{ \sum_{i=1}^{n} (y_i - \beta_0 - \sum_{j=1}^{p} x_{ij} \beta_j)^2 + \lambda \sum_{j=1}^{p} |\beta_j|^q \}$$

で与えられる．また，リッジとラッソーの1次結合であるエラスティックネット (elastic net) も使われている．その解は

$$\sum_{i=1}^{n}(y_i - \beta_0 - \sum_{j=1}^{p} x_{ij}\beta_j)^2 + \lambda[\alpha \sum_{j=1}^{p} \beta_j^2 + (1-\alpha) \sum_{j=1}^{p} |\beta_j|]$$

を最小化することで求められる.

　次元縮小には，用いる説明変数を順次増加させて前後を対比させて影響力の大きい β_i を増やす方法や，逆にすべての β_i を仮定したモデルから順次 β_i を減少させて影響力の小さい変数を削除していくステップワイズ法 (stepwise) がある. 今，RSS_1 を p_1 次元での残差平方和，RSS_0 を p_0 次元 ($p_0 < p_1$) での残差平方和として，$p_1 - p_0$ 次元のパラメータ β_i を 0 にしたとき，縮小した p_0 次元モデルを帰無仮説として，次の F 値，

$$F = \frac{(RSS_0 - RSS_1)/(p_1 - p_0)}{RSS_1/(n - p_1 - 1)}$$

を自由度 $(p_1 - p_0, n - p_1 - 1)$ の F 分布の値と比較することで次元縮小の検定ができる. n が大きくなると F 分布は自由度 $p_1 - p_0$ の χ^2 分布に近づくのでそれを用いることもできる.

9.3.2　一般化線形モデル

　応答変数 Y は指数型分布族に従うと仮定する. ここに，指数型分布族とは，

$$f(y;\theta) = s(y)t(\theta)e^{a(y)b(\theta)} = \exp[a(y)b(\theta) + c(\theta) + d(y)]$$

と書き表される分布族である.

　例えば，σ^2 が既知の正規分布 $(N(\mu, \sigma^2))$ では，$\theta = \mu$ として

$$a(y) = y, \quad b(\theta) = \mu/\sigma^2,$$
$$c(\theta) = -\frac{\mu^2}{2\sigma^2} - \frac{1}{2}\log(2\pi\sigma^2), \quad d(y) = -\frac{y^2}{2\sigma^2},$$

β が既知のワイブル分布

$$f(y;\eta,\beta) = \frac{\beta}{\eta}\left(\frac{y}{\eta}\right)^{\beta-1} \exp\left[-\left(\frac{y}{\eta}\right)^{\beta}\right]$$

では，$\theta = \eta$ として

$$a(y) = y^{\beta}, \quad b(\theta) = -\eta^{-\beta},$$
$$c(\theta) = -\beta \log \eta, \quad d(y) = \log \beta + (\beta - 1)\log y,$$

と表すことができる.

　また,

$$E[a(Y)] = -c'(\theta)/b'(\theta)$$

$$Var[a(Y)] = (b''(\theta)c'(\theta) - c''(\theta)b'(\theta))/(b'(\theta))^3$$

となるので, この式から指数型分布族の平均と分散を求めることができる.

　一般化線形モデルとは, Y の平均や確率をある関数で変換したとき, それがパラメータの1次結合

$$g(\mu_i) = X_i^T \beta$$

で表されるモデルである. 関数 $g(\cdot)$ をリンク関数という. 例えば, ロジスティック回帰では,

$$p_i = \frac{\exp(\alpha + \beta x_i)}{1 + \exp(\alpha + \beta x_i)}$$

の形であり,

$$g(p_i) = \log\left(\frac{p_i}{1 - p_i}\right) = \alpha + \beta x_i$$

がリンク関数となる. この場合, ロジスティック関数に基づいているので特にロジット変換と呼ぶ. また, リンク関数として標準正規分布の分布関数の逆関数 $\Phi^{-1}(x)$ を考える場合, 特にプロビット回帰

$$p_i = \Phi(\alpha + \beta x_i)$$

と呼ぶ. その他に, ポアソン回帰

$$\log \lambda_i = \alpha + \beta x_i, \ y_i \sim \mathrm{Po}(\lambda_i)$$

などもある. ただし, $\mathrm{Po}(\lambda)$ はパラメータ λ をもつポアソン分布を表す. このとき, リンク関数は $\log x$ である.

9.3.3　線形対比

　対比とは, 処理間の比較(差)を表現するために各水準での処理の平均と与えた係数を掛けた合計を表したもので, 式の形から線型対比と呼ばれる. ただし係数の和を0とする. 特定の処理や複数の処理をまとめたものの間にも差がないかどうかに関心があるときこの対比で表すことができる. 例えば3つの処理法 A, B, C を考えたとき, 処理 A と処理 B の平均と処理 C の差は, 係数 $c_A = 0.5, c_B = 0.5, c_C = -1$ として対比を行うことができる.

9.3.4 線形制約

モデル

$$y = X\beta + \varepsilon$$

において，予測値 $\hat{y} = X\hat{\beta}$ と観測値 y の残差 RSS

$$RSS = \sum (\hat{y}_i - y_i)^2$$

の最小解は，$\hat{\beta} = (X^T X)^{-1} X^T y$ で与えられる．今，パラメータ間に r 個の線形制約条件

$$L\beta = C$$

を設けて RSS を最小化する場合を考える．L は $r \times p$ 行列，C は r 次ベクトルである．このときの解 β^* は，

$$\beta^* = \hat{\beta} - (X^T X)^{-1} L^T (L(X^T X)^{-1} L^T)^{-1} (L\hat{\beta} - C)$$

で与えられる．

§ **9.4** 漸近理論

観測される確率変数の数が大きくなると，それをもとにした統計量は良い性質をもつ．例えば，標本平均は真の平均値に近づく．また，サンプルが得られたときの確率に対応した尤度に基づいて未知パラメータを推定することができ，また推定誤差を求めることができる．

9.4.1 大数の法則

確率変数 X が正の値をとるとき，次のマルコフの不等式

$$P(X \geq a) \leq \frac{E[X]}{a} \qquad (a > 0)$$

が成り立つ．これは

$$E[X] = \int_0^\infty x f(x) dx \geq \int_a^\infty x f(x) dx \geq \int_a^\infty a f(x) dx = a P(X \geq a)$$

から導かれる．これに，$\mu = E[X]$, $\sigma = \sqrt{Var[X]}$, $Y = (X-\mu)^2$, $a = k^2\sigma^2$ を入れると，チェビシェフの不等式

$$P(|X - E(X)| \geq k\sigma) \leq \frac{1}{k^2} \ (k > 0)$$

が導き出せる．これを各 X_i について適用すれば，$E[X_i] = \mu$ として，$\bar{X}_n = \frac{1}{n}\sum_{i=1}^{n} X_i$ は，

$$P(|\bar{X}_n - \mu| \geq \epsilon) \to 0 \ (n \to \infty)$$

を満たす．これを大数の弱法則という．

大数の法則にはもう一つ強法則がある．大数の強法則は

$$P\left(\lim_{n\to\infty} \frac{1}{n}\sum_{i=1}^{n} X_i = \mu\right) = 1$$

と表される．

9.4.2　中心極限定理

X_i が独立同一分布に従うとする．$E[X_i] = \mu, \mathrm{Var}[X_i] = \sigma^2$ とする．$S_n = \sum_{i=1}^{n} X_i$ とするとき，$(S_n - n\mu)/\sqrt{n\sigma^2} \xrightarrow{D} N(0,1), \ (n \to \infty)$ となる．これを中心極限定理という．この定理は最尤推定量の漸近正規性を証明するときに中心的な役割を果たしている．

略証：X_i の密度関数を $f(x)$, $E[X_i] = \mu$, $Var[X_i] = \sigma^2$ とする．モーメント母関数 $M_X(t)$ を $E[e^{tX}] = \int e^{tx}f(x)dx$ で定義するとき，$Y_i = \dfrac{X_i - \mu}{\sigma}$ のモーメント母関数は $M_{Y_i}(t) = 1 + \dfrac{t^2}{2} + \cdots$ となり，確率変数の和 $Y_i + Y_j$ のモーメント母関数はそれぞれのモーメント母関数の積 $M_{Y_i+Y_j}(t) = M_{Y_i}(t)M_{Y_j}(t)$ になることから，$(Y_1 + Y_2 + \cdots + Y_n)/\sqrt{n}$ のモーメント母関数は，$\{1 + \dfrac{t^2}{2n} + \cdots\}^n \to \exp(\dfrac{t^2}{2}), \ (n \to \infty)$ になる．これは標準正規分布のモーメント母関数であることから中心極限定理が示された．

9.4.3 最尤推定量の漸近正規性

パラメータ $\boldsymbol{\theta}$ の最尤推定量 $\hat{\boldsymbol{\theta}}$ は，サンプル数 n が大きくなると漸近的に正規分布 $N(\boldsymbol{\theta}, (nI(\boldsymbol{\theta}))^{-1})$ に従う．ここに $I(\boldsymbol{\theta})$ は Fisher の情報行列で $I(\boldsymbol{\theta}) = (E[\partial \log f/\partial \theta_i \cdot \partial \log f/\partial \theta_j])$ である．漸近正規性の詳細については 3.6 節に記載されているので省略する．

9.4.4 漸近分散

パラメータ $\boldsymbol{\theta}$ の最尤推定量 $\hat{\boldsymbol{\theta}}$ の漸近分散はフィッシャーの情報行列の逆行列から求められる．今，対数尤度関数を $\log L$ とし，

$$\mathbf{Y} = \left(\frac{\partial \log L}{\partial \theta_t}\right)_{\hat{\boldsymbol{\theta}}}, \quad \mathbf{Z} = \hat{\boldsymbol{\theta}} - \boldsymbol{\theta}, \quad \mathbf{V}^{-1} = nI(\boldsymbol{\theta}) = \left(E\left[\frac{\partial \log L}{\partial \theta_t} \cdot \frac{\partial \log L}{\partial \theta_s}\right]\right)$$

とする．フィッシャー情報行列の定義から，$\mathbf{Y}$ の分散共分散行列は，$\mathbf{V}^{-1}$ である．したがって $\mathbf{Z}$ の分散共分散行列は $\mathbf{V}$ となる．サンプルサイズを n としたとき，中心極限定理により近似的に

$$\mathbf{Y} \sim \left(\frac{1}{\sqrt{2\pi}}\right)^n \frac{1}{|\mathbf{V}^{-1}|^{1/2}} \exp\left[-\frac{1}{2}\mathbf{Y}^T \mathbf{V} \mathbf{Y}\right]$$

であり，$\mathbf{Y}$ は対称行列 $\mathbf{V}$ により $\mathbf{Z}$ に変換され $(\mathbf{Z} = \mathbf{V}\mathbf{Y})$，したがって，$\mathbf{Z}$ は平均 $\mathbf{V}\mathbf{0} = \mathbf{0}$，分散・共分散行列 $\mathbf{V}\mathbf{V}^{-1}\mathbf{V}^T = \mathbf{V}^T = \mathbf{V}$ の正規分布に近似的に従い，

$$\mathbf{Z} \sim \left(\frac{1}{\sqrt{2\pi}}\right)^n \frac{1}{|\mathbf{V}|^{1/2}} \exp\left[-\frac{1}{2}\mathbf{Z}^T \mathbf{V}^{-1} \mathbf{Z}\right]$$

となるからである．つまり，最尤推定量 $\hat{\theta}_t$ の分散は $\mathbf{Z}$ の分散共分散行列 $\mathbf{V}$ の対角要素 V_{tt} で与えられ，したがって，$\hat{\theta}_t$ の誤差を $\sqrt{V_{tt}}$ で評価することができる．$\hat{\boldsymbol{\theta}}$ の m 次元空間での信頼域 (confidence region) は，分散・共分散行列 $\mathbf{V}$ をもつ多変量正規分布から直接求められる．この場合，信頼域の形状は m 次元空間での最尤推定量を中心にもつ楕円体の形となる．

さて，$\mathbf{V}$ は，

$$\mathbf{V} = \left(E\left[\frac{\partial \log L}{\partial \theta_t} \cdot \frac{\partial \log L}{\partial \theta_s}\right]\right)^{-1}$$

で与えられるが，これは $\mathbf{V}$ を，近似的に

$$\mathbf{V} \simeq -\left(\frac{\partial^2 \log L}{\partial \theta_t \partial \theta_s}\right)_{\hat{\boldsymbol{\theta}}}^{-1}$$

で求めてもよいことがわかる．したがって，ニュートン法で最尤推定量 $\hat{\boldsymbol{\theta}}$ を求める過程で使われる対数尤度関数の2次微分値をそのまま用いてもよい．

9.4.5　一致性

今，n 個の観測値 $x_i\ (i=1,\ldots,n)$ から母数 θ の推定量 $\hat{\theta}_n$ を作る．例えば，$\hat{\theta}_n$ を標本平均 $\dfrac{1}{n}\displaystyle\sum_{i=1}^{n} x_i$ とする．このとき，すべての $\varepsilon > 0, \eta > 0$ に対してある N が存在して $n > N$ なら，

$$P(|\hat{\theta}_n - \theta| < \varepsilon) > 1 - \eta$$

が成り立つとき $\hat{\theta}_n$ は一致性をもつという．サンプルサイズが大きくなると最尤推定量 $\hat{\theta}_n$ は漸近的に真値 θ^* に近づくのでこの一致性をもつ．

略証：

$$\frac{1}{n}\log L(\theta) = \frac{1}{n}\sum_{i=1}^{n}\log f(X_i|\theta)$$

$$\frac{1}{n}\log L(\theta) \to E[\log f(X|\theta)] \quad （大数の法則）$$

$$= \int \log f(x|\theta)f(x|\theta^*)dx$$

また，

$$\frac{\partial}{\partial \theta}\int \log f(x|\theta)f(x|\theta^*)dx = \int \frac{\dfrac{\partial}{\partial \theta}f(x|\theta)}{f(x|\theta)}f(x|\theta^*)dx.$$

ここで $\theta = \theta^*$ とすると，$\displaystyle\int \frac{\partial}{\partial \theta}f(x|\theta)dx = \frac{\partial}{\partial \theta}\int f(x|\theta)dx = \frac{\partial}{\partial \theta}(1) = 0.$
つまり，$\hat{\theta}_n \to \theta^*\ (n \to \infty)$.

§ **9.5** 品質管理

　品質管理は，初期には，品質特性を定められた標準・規格の中におさめること，あるいは作業者に定められた規準どおりに仕事を行わせることと定められていた．つまり Quality Control である．しかし，品質を保証するには管理 (Management) という広い概念が必要であることが指摘されてきた．また，製品などが社会に受け入れられるためには，市場のニーズに合い顧客の満足度が高いようなもので品質が保証されているものを提供する必要がある．このため，生産部門だけでなく，営業，開発，設計，生産，販売にいたるすべての過程で総合的に管理するという意味で TQM(Total Quality Management) が重要であることが認識されるようになってきた．管理には方針管理と現場改善という 2 つから構成されている．両者を機能的に連携させ，より良い品質を保証するため，PDCA 管理サイクルがとられるようになってきた．ここに，PDCA とは，

(1)　計画を立て (Plan)
(2)　それを実施し (Do)
(3)　その結果をチェックし (Check)
(4)　それに対する対策をとる (Action)

のことである．品質は段々向上していくのでこれを PDCA スパイラルとも呼ぶ．また，Check のところは，本来は不具合となった原因を研究する (Study) という意味から PDSA という言い方もあったが，今では PDCA でも単なるチェックだけでなく原因究明という広い意味で用いられる事が多い．PDCA はものの品質や作業の質を保証するために生まれたが，この考え方は，企業の組織運営，教育現場での改善などあらゆるところに浸透している．

9.5.1　管理図

　毎日製造される製品の品質を管理するために，大きさ n のサンプルをとり物理量の平均 X_i を毎日記録する．これが何らかの方法であらかじめ得ていた平均や中央値からある一定の幅の範囲に入っている場合品質は保たれ，ま

たこれを逸脱した場合には管理下にないと判断し，その原因を求めそれを除去する．これを図に表したものが管理図である．幅の範囲は 3σ などの値が用いられる．

9.5.2　信頼性

あるものが故障する確率の分布関数を $F(t)$ とするとき，信頼性 (Reliability) $R(t)$ は故障しない確率を表す．したがって，$R(t) = 1 - F(t) = S(t)$ となる．ここに $S(t)$ は生存関数である．故障して修理（修復）が効かないような場合，この $F(t)$ の期待値は $MTTF$(mean time to failure) とも呼ばれている．一方，修理（修復）が効く場合には故障と故障の間の時間の期待値を $MTBF$(mean time between failure) と呼んでいる．故障して，修理（修復）した後，再度稼働状態になるまでの時間の期待値を $MTTR$(mean time to repair) と呼んでいる．機器がどの程度の稼働率をもつかという観点から，アベイラビリティー (availability) という言葉が使われる．これは $MTBF/(MTTR + MTBF)$ で表される．

9.5.3　保全性

JIS Z 8115 (2000) では，保全性とは，「与えられた使用条件下で，規定の手順および資源を用いて保全が実行されるとき，アイテムが要求規準を実行できる状態に保持されるか，または修復される能力」と定義されている．これを定量的に表す尺度の一つが $MTTR$ である．またアベイラビリティーとは，「要求された外部資源が用意されたと仮定したとき，アイテムが所定の条件の下で，所定の時点，また期間中，要求規準を実行できる状態にある能力」と定義されている．最近ではデペンダビリティー (dependability) が保全性の意味で使われている．

9.5.4　工程能力指数

工程能力指数 (process capability index) とは，品質管理の分野において，ある工程のもつ工程能力を定量的に評価する指標の一つである．工程能力は工程が管理状態で，かつ，安定した状態で予測可能な場合のみ評価できる．

今，母集団が正規分布と仮定したとき，上側規格値 (USL), 下側規格値 (LSL), 特性値の目標値 (T), 母平均の推定値 ($\hat{\mu}$). 母標準偏差の推定値 ($\hat{\sigma}$)

を用いて，次の指数を定義する．

$$\hat{C}_p = \frac{USL - LSL}{6\hat{\sigma}}$$

$$\hat{C}_{p,lower} = \frac{\hat{\mu} - LSL}{3\hat{\sigma}}, \quad \hat{C}_{p,upper} = \frac{USL - \hat{\mu}}{3\hat{\sigma}}$$

$$\hat{C}_{pk} = \min(\hat{C}_{p,lower}, \hat{C}_{p,upper})$$

$$\hat{C}_{pm} = \frac{\hat{C}_p}{\sqrt{1 + (\hat{\mu} - T)^2/\hat{\sigma}^2}}, \quad \hat{C}_{pmk} = \frac{\hat{C}_{pk}}{\sqrt{1 + (\hat{\mu} - T)^2/\hat{\sigma}^2}}$$

正規分布に従っていると仮定するとき工程能力指数は両側規格に対して $\hat{C}_p = 1$ であれば $\hat{\mu} \pm 3\hat{\sigma}$ のばらつきと同じことを表しているが，現場では他の要因からのばらつきも含めて安全側からの指数の下限値の目安として1.3から1.7程度まで上げて管理している．参考までに，6σ の場合はこの指数は2である．

§ 9.6 実験計画

　期待する特性が高くなるような要因を実験によって調べたい．要因がいくつもあるとき，すべての要因の組み合わせで厳密な実験を行うには時間とコストがかかりすぎてしまう．そこで同じ程度の結果を効率的に得るために実験を計画的に行うというのが実験計画法である．もともとはフィッシャーが農事試験を行ったところから始まった方法である．彼は，

(1)　局所管理（特定の要因での影響だけをとりあげる），

(2)　ランダム化（実験を行う空間的・時間的順序の無作為化による偏りの除去），

(3)　繰り返し（確率的な誤差分散の評価）

の3つの原則に従い，確率的な誤差と処理間の違いによる差を区別できるようにした（6.3.1項を参照）．最近では，使用者の環境条件も要因に入れ頑健な設計を目指すタグチメソッド，特性が要因の多項式の関数等で表されるときの応答曲面法なども使われている．

特性は応答 (response) とも呼ばれる．また，要因を因子 (factor)，因子の設置値を水準 (level)，因子の組み合わせ実験条件を処理 (treatment) と呼ぶ．例えば，応答は寿命，因子は温度，水準は特定の温度などである．水準を変えたときの応答の変化量を効果 (effect) と呼び，単独因子の場合主効果，組み合わせ効果を交互作用効果と呼び，合わせて要因効果と呼ぶ．特定の水準での応答を固定効果といい，確率的な誤差を変量誤差という．応答の変動は固定効果によるものと確率的な変量誤差によるものとに分解できる．

今，要因が 1 因子 A だけの場合を考える．これは 1 元配置と呼ばれている．水準 i での j 回目の実験での応答を y_{ij}，平均応答を μ，水準 i での平均応答を μ_i，水準 i での j 回目の実験での誤差を ε_{ij} とするとき，

$$y_{ij} = \mu + \alpha_i + \varepsilon_{ij}, \quad \varepsilon_{ij} \sim N(0, \sigma^2)$$

と記述することができると仮定する．ただし，$\alpha_i = \mu_i - \mu$ は水準 i での要因の効果になる．要因 A での水準数を n_A，各水準での実験の繰り返し回数を r，$\hat{\mu} = \dfrac{1}{n_A r} \displaystyle\sum_{i,j} y_{ij}, \hat{\mu}_i = \dfrac{1}{r} \displaystyle\sum_j y_{ij}$ とするとき

$$\sum_{i=1}^{n_A} \sum_{j=1}^{r} (y_{ij} - \hat{\mu})^2 = \sum_{i=1}^{n_A} \sum_{j=1}^{r} (\hat{\mu}_i - \hat{\mu})^2 + \sum_{i=1}^{n_A} \sum_{j=1}^{r} (y_{ij} - \hat{\mu}_i)^2$$

と分解できる．これを $S_T = S_A + S_e$ とする．S_T, S_A, S_e の自由度はそれぞれ $\phi_T = n_A r - 1$, $\phi_A = n_A - 1$, $\phi_e = n_A(r - 1)$ である．今，

$$\sigma_A^2 = \frac{1}{n_A - 1} \sum_{i=1}^{n_A} \alpha_i^2$$

とするとき，因子効果がないという帰無仮説（$\mathrm{H}_0 : \alpha_i = 0$（すべての i）つまり，$\sigma_A^2 = 0$）を次の F 値，

$$F = \frac{S_A / \phi_A}{S_e / \phi_e}$$

を使って検定することができる．

水準間に差があるとき，その効果がある説明変数 x_i に関する単回帰式で表されるか否かの検定は F 分布を用いて次の F 値

$$F = \frac{(S_A - S_R) r / (\phi_A - \phi_R)}{S_e / \phi_e}$$

を使って検定することができる．ここに，S_R は回帰による変動の平方和，$\phi_R = 1$ はその自由度である（5.2節参照）．

一元配置を拡張して因子数が2の場合（これを二元配置という）を考える．1番目の因子 α_i（水準数 a）に加えて2番目の因子 β_j（水準数 b）とする．このとき，効果は2つの要因の和だけでなく水準 i の因子 α と水準 j の因子 β との間には交互作用という効果が生まれる．そこで，モデルは，

$$y_{ijk} = \mu + \alpha_i + \beta_j + (\alpha\beta)_{ij} + \varepsilon_{ijk}, \quad \varepsilon_{ijk} \sim N(0, \sigma^2)$$

と記述できる．ただし交互作用の推定には各水準 (α_i, β_j) の組み合わせで複数回の実験が必要となる．

9.6.1 交絡因子

複数の要因が重なって要因の効果が分離特定できないとき交絡しているという．

9.6.2 ブロック化

実験の全体を管理できないとき，一部の実験の場を均一にして局所管理を行うためブロックを作って実験を行う．これも因子として導入されることになる．この因子導入目的は因子の効果の大きさを測るためではなくブロック間の変動を取り除くことである．

例えば，因子水準 $i = 1, 2$ で実験環境 j が変わることによって効果 y の差が出る場合を考える．つまり，

$$y_{ij} = \mu + \alpha_i + \beta_j + \varepsilon_{ij}, \quad \varepsilon_{ij} \sim N(0, \sigma_j^2)$$

のようにモデル化できる．このとき，

$$d_j = y_{1j} - y_{2j} = \alpha_1 - \alpha_2 + \varepsilon_{1j} - \varepsilon_{2j}$$

となり，β_j の影響が取り除かれていることになる．そこで，α_1 と α_2 との差の検定（t 検定で可能）を行うことで，因子間に差があるかどうかを評価することができる．因子数が3以上の場合には t 検定ではなく，分散分析を用いて検定を行う．

9.6.3　直交表

要因数と水準数が大きくなると異なる実験の数はとたんに大きくなる. そこで, 要因の効果を測る際に他の要因からの影響が無くなるような水準の組み合わせを行うことを考える. これは, ある要因を決めるとその他の要因の水準数を等しく揃えることで達成できる. この組み合わせを行うことを直交化といい, 組み合わせ表のことを直交表と呼ぶ. 例えば, 3因子の場合で水準数が2のときの無作為化の実験では $2^3 = 8$ とおりの組み合わせで行うことになるが, 簡単のため因子間の交互作用がないとするとき,

$$y = \mu + \alpha + \beta + \gamma + \varepsilon, \quad \varepsilon \sim N(0, \sigma^2)$$

で, 各実験での要因水準の組み合わせを (要因 α の水準, 要因 β の水準, 要因 γ の水準)$= (1,1,1), (1,2,2), (2,1,2), (2,2,1)$ のように選ぶ. このとき, 要因 α による効果は, 水準1で $\mu + \alpha$, 水準2で $\mu - \alpha$ であることから,

$$y_{111} + y_{122} - y_{212} - y_{221} \rightarrow 4\alpha + (\varepsilon_{111} + \varepsilon_{122} - \varepsilon_{212} - \varepsilon_{221})$$

から求められ, 要因 β と 要因 γ の影響を消しながら少ない実験回数で 要因 α の効果を見つけることができる. このようにして作られた水準の組み合わせ行列を直交表と呼ぶ.

直交表の行列を $L_{行の数=実験数}(水準数^{列の数})$ で表すと, $L_8(2^7)$, $L_{16}(2^{15})$, $L_9(3^4)$, $L_{27}(3^{13})$, などいくつかが用意されている. この直交表を用いると直交した水準に基づく実験計画を立てることができる. 直交表の列に因子を対応させることを割り付けと呼ぶ.

直交表を使いやすくするため, 因子を割り付ける列を点で表し, 因子間の交互作用を線で表し, この関係を結びつけた点線図が田口によって開発された. 例えば, 点1と点2を線3で結んでいる場合, 第1列の因子と第2列の因子の交互作用が第3列に表れることを示している.

9.6.4　交絡法

因子の数が増えると実験の組み合わせが飛躍的に増大するので高次の交互作用を交絡させて実験の数を減らす交絡法が提案されている.

■■■□ **練習問題**

問 9.1 ある会社で製造されている金属製品について，その強度を制御する必要性が生じたため，金属製品を製造する際に使われる原料 A の含有量 X_1，加熱温度 X_2，強度 Y に関するデータを 100 個採取し，X_1 と X_2 を説明変数，Y を目的変数とした重回帰分析を行ったところ，

$$y = -5.996 + 0.761x_1 + 0.293x_2$$

が得られた．一方，X_2 を説明変数とした単回帰分析を行ったところ

$$y = 31.470 - 0.101x_2$$

となり，X_2 の回帰係数の符号が重回帰分析とは異なるものとなった．この工程での加熱温度の調整が A の含有量を説明変数とした単回帰モデルに基づいて行われていると仮定したとき，どのような調節を行っていると推察されるか．結論だけでなく理由も示せ．

問 9.2 ある機械部品メーカー A 社は，自社の機械部品の寿命試験を 2 つの試験所に依頼した．A 社は，機械部品 20 個をランダムに 10 個ずつにわけて各試験所に送り，下の表のような結果を得た（単位: 時間）．試験所 1 では 150 日間（3600 時間）の試験を行い，試験所 2 では 120 日間（2880 時間）の試験を行って，試験期間中に故障した部品については故障時間が記録され，試験終了時に稼働していた部品は打ち切りとして打ち切り時点が報告されている．この機械部品の寿命分布として指数分布を仮定するとき，以下の各問に答えよ．なお，ここでは指数分布の密度関数を，パラメータを θ として

ID	試験所 1	試験所 2
1	102	145
2	421	396
3	522	575
4	1195	657
5	1346	1055
6	2099	1195
7	2278	2545
8	2475	2880
9	3543	2880
10	3600	2880

$$f(x;\theta) = \begin{cases} \dfrac{1}{\theta}e^{-x/\theta} & (x \geq 0) \\ 0 & (x < 0) \end{cases}$$

とする．

〔1〕 機械部品の寿命を表す確率変数を X とし，試験期間を c としたとき，打ち切りとなる確率 $\Pr(X > c|\theta)$ を求めよ．

〔2〕 一般に，n 個の機械部品の寿命試験で，m 個の故障時間 $x_1, ..., x_m$ が観測され，残りの $n - m$ 個についてはそれぞれ時点 $c_{m+1}, ..., c_n$ で試験が

打ち切りになったとしたとき，尤度関数

$$L(\theta) = \left\{ \prod_{i=1}^{m} f(x_i;\theta) \right\} \prod_{i=m+1}^{n} \Pr(X_i > c_i|\theta)$$

を求めた上で θ の最尤推定量 $\hat{\theta}$ を導け.

〔3〕 上記のデータを用いて，試験所1のみのデータおよび試験所2のみの
データからそれぞれ求めた最尤推定値 $\hat{\theta}_1$ および $\hat{\theta}_2$ ならびにすべての
データを用いた最尤推定値 $\hat{\theta}$ を求めよ.

問 9.3 以下の各問に答えよ.

〔1〕 実験計画におけるフィッシャーの3原則を説明せよ.

〔2〕 直交表 L_8 に，それぞれが2水準ずつをもつ3因子 A, B, C を下のよう
に割り付け，8回の実験をランダムな順序で行って右端のような測定値
を得たとする. 主効果モデルを仮定し，各因子の主効果の推定値を求
めよ.

割付	A	B		C				
列番	1	2	3	4	5	6	7	測定値
1	1	1	1	1	1	1	1	13.2
2	1	1	1	2	2	2	2	3.4
3	1	2	2	1	1	2	2	13.8
4	1	2	2	2	2	1	1	5.6
5	2	1	2	1	2	1	2	15.4
6	2	1	2	2	1	2	1	16.0
7	2	2	1	1	2	2	1	32.4
8	2	2	1	2	1	1	2	20.2
列名	a	b	ab	c	ac	bc	abc	

〔3〕 上問〔2〕の計画においてブロック因子を列番7（列名 abc）に割り付け
たとき，ブロックの効果は各因子 A, B, C の主効果および各因子間の2
因子交互作用と交絡するか. また，ブロック因子を列番6（列名 bc）に
割り付けたとすると，ブロックの効果と各因子 A, B, C の主効果および
各因子間の2因子交互作用との交絡関係はどのような形で生じるかを述
べよ.

〔4〕 上問〔2〕の8回の実験のうち1つの実験（例えば実験8）が偶発的な理
由で失敗し，測定値が得られなかったとする. 再実験はできず7回の実
験の測定値しか得られなかった場合，どのような方針で解析すればよい
かを述べよ. 実際に解析する必要はない.

第10章

医学生物学分野キーワード

§ 10.1 研究の種類

　医学研究では薬効や薬害など因果関係を立証する研究が多い．例えば，ビタミンCを毎日摂取すると風邪を予防できるかという例を考えよう．この場合，ビタミンC摂取が原因変数であり，風邪の発症が結果変数になる．研究の種類は表10.1に示したように，実験研究（介入研究と呼ぶこともある）と観察研究に分けられる．原因変数に介入をかけるのが実験研究であり，日常通りであれば観察研究である．

　すべての対象に介入をかけ，介入の前後で変化を見る研究法を前後比較研究と呼ぶ．一方，介入しない対照群を設け，ランダムに（確率を使って）群へ割り振り，群間比較するのがランダム化比較試験 (RCT) である．どちらも前向き (Prospective) といって，現在から将来へ向けて行う研究法である．RCT のほうがバイアスは入りにくい．

　観察研究は時間軸の有無で縦断研究と横断研究に分けられる．時間軸を伴う縦断研究では因果関係や予後まで見ることができる．特に，前向きコホート研究が最も信ぴょう度の高い研究法として知られる．フラミンガム研究や久山町研究がこれに当たる．後ろ向き研究の代表がケース・コントロール研究であり，事故や副作用の因果分析でよく使われる．後ろ向き研究なので想起バイアスを免れない．

表10.1　研究の分類

研究の種類	目的
実験研究	
前後比較研究 (Before-after studies)	治療・予防効果
ランダム化比較試験	治療・予防効果
(Randomized controlled trials, RCT)	
観察研究	
横断研究 (Cross-sectional studies)	有病率，現状，関連
縦断研究 (Longitudinal studies)	
（前向き）コホート研究	予後，因果関係
後ろ向きコホート研究	予後，因果関係
ケース・コントロール研究	因果関係

§ 10.2　データ収集法

　調査をするときは標本を妥当に抽出するには，無作為抽出 (Random sampling) が有効とされる．標本から標的母集団へ一般化することを保証する手段であり，外的妥当性 (External validity) と呼ぶ．その方法としては，単純無作為抽出，系統無作為抽出，層化無作為抽出，多段階無作為抽出などが知られる．

　一方，臨床試験などの実験をするときには，標本を妥当に分けることが重要になる．無作為割り付け (Random allocation) が有効とされ，内的妥当性 (Internal validity) と呼ぶ．臨床試験では通常無作為抽出はしないが，その代わり事前に定めた適格基準に合致した症例を連続的に組み入れる．割り付け法にはブロック割り付け，層化割り付け，クラスター割り付け，動的割り付けなどが知られる．

　実験研究である RCT には二重盲検試験というのがある．被験者も研究者も両者が，割り付けられた治療法を知らない試験のことである．わかってしまうと先入観が入り，結果へバイアスを及ぼすので二重盲検試験のほうが優れる．薬効評価の場合には，本物の薬と同様のプラセボを作ることで二重盲検を実現している．

　RCT にはランダム割り付けにより患者背景を似させる目的がある．それにもかかわらず，事後に適格基準逸脱だから解析除外すると，患者背景がずれる（偏る）ことがある．そこで，ランダム割り付けされた症例は1例も除外せず，割り付けられた群として解析する方法を ITT (Intention-to-treat)

解析と言い，この解析方針が RCT では勧められる．ITT では結果へのバイアスも防ぐことができる．

§ 10.3 エンドポイント

　研究の概略を表すのに PICOS が知られる．P とは研究対象，I とは介入あるいは曝露，C とは対照群，O とは結果変数，S とは研究デザインである．結果変数のことを臨床試験ではエンドポイントと呼ぶことがある．エンドポイントとは元々終了点である死亡を示していたが，現在では評価項目として広く使われる．

　サロゲートエンドポイントが時々問題視される．真のエンドポイントの代替だからである．例えば，高血圧患者における真のエンドポイントは脳卒中だろうが，血圧値をサロゲートエンドポイントとして取り上げることが多い．ここで問題なのは，サロゲートで改善したからといって，真のエンドポイントでは改善しないことがある点である．

　心筋梗塞の発症と狭心症の悪化を複合したエンドポイントを用いることがある．どちらか一方が起きた時点でエンドポイントととらえる．単独では件数が少なくて検出力が確保できないため，近年よく使われるようになってきた．含まれる要素が同じく重要か，どの要素でも類似した改善を示すかなどを確認する必要がある．

　エンドポイントを多く示している研究では多重性の問題も生じる．似たようなエンドポイントが多数個あると，例えば 10 個も 20 個も比較すれば，1 個くらいは偶然ゆえに有意になるからである．

§ **10.4**　効果の指標

　まず連続量の場合を考えよう．減量効果を見るには，前後にかけての体重の変化量や変化率を見る（図 10.1）．

　　変化量 (Change) = 前値 − 後値
　　変化率 (Rate of Change) = (前値 − 後値)/前値 × 100%

で定義する．絶対指標と相対指標として見ることもできる．単位で変化を理解するには変化量，項目間比較をする場合では変化率が優れる．LDL と中性脂肪のどちらが大きい減少を示すかでは変化率が優れる．

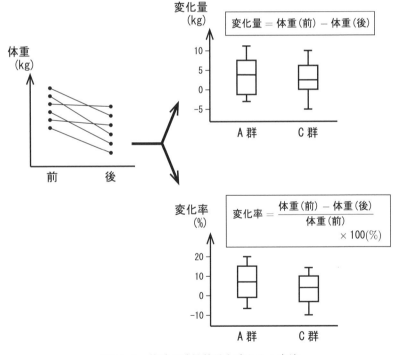

図 **10.1**　体重の減量効果を確かめる方法

一方，群ごとに平均LDL値を比較するような場合（図10.2），平均差 (Mean difference) を計算できる．図 10.2(a) と (b) は同様に，A 群は C 群（対照群）よりも平均 LDL 値が 20mg/dL 低い．同じ平均 LDL 値の減少度であっても，ばらつきが小さいと差に関する信ぴょう度が上がる．ばらつき（標準偏差SD）も考慮した効果の指標として，標準化平均差 (Standardized mean difference, SMD) が知られる．効果サイズ (Effect size) と呼ぶこともある．この例では，図 10.2(a) は SD=20mg/dL なので SMD = 1，図 10.2(b) は SD=10mg/dL なので SMD=2 になる．図 10.2(b) のほうが群間差は確実と判断できる．SMD も単位フリーのため，上記の変化率と同様の使い途ができる．

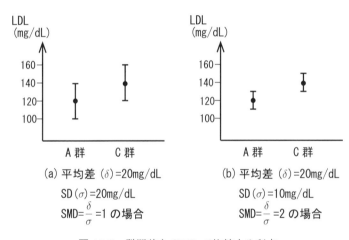

図 10.2 群間差を SMD で比較する利点
上下のバーは標準偏差 (σ) を示す．

次に二値データの場合を考えよう（図10.3）．A 群と C 群（対照群）を比較した研究であり，エンドポイントが心筋梗塞の発症（二値）とする．コホート研究や RCT などの前向き研究ではリスクが定義できるので，リスク比 (Risk ratio, RR) が定義される．それを推定された相対リスク (Relative risk) と呼ぶ．一方，ケース・コントロール研究や横断研究など前向きでない研究だとリスクが定義できないので，リスク比の代わりにオッズ比 (Odds ratio, OR) を使う．エンドポイントが稀にしか起きない場合には，オッズ比はリスク比の良い近似になることが知られる．これらはすべて相対的な指標だが，絶対的な指標としてリスク差 (Risk difference, RD) がある．これは

A群とC群のリスクの差の値のことである.

　時間要素が入った指標は, 率比 (Rate ratio) とハザード比 (Hazard ratio) である. 年当たりに換算したリスク比が率比であり, これを求める方法のことを人年法 (Person-year method) と呼ぶ. 一方, ハザード比は生存時間解析で得られる指標であり, エンドポイントが起きるまでのスピードの勝負と言える. 半数でエンドポイントが生じる時間 (MST) 同士の比に近似される. これら4つの指標の対比を表10.2に示した.

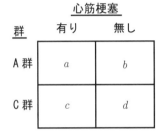

図10.3　二値データでの効果の指標

表10.2　二値データでの効果の指標

指標	説明
リスク差 (RD)	時間要素を含まない絶対指標
リスク比 (RR)	時間要素を含まない相対指標
オッズ比 (RR)	同上. リスク比を近似する指標
率比	人年法で計算したイベント率同士の比. 観察時間が異なり, 再起イベントでは有効である.
ハザード比	初回イベントまでの時間の速さで比較したリスク比

§ **10.5** 症例数設計

　ここで重要となる用語は，1) 検出力 (Power), 2) 有意水準 (Significance level), 3) 散布度 (Variability), 4) 検出したい効果サイズ (Effect size, ES) である．効果サイズとは，検出したい差 (δ) ÷ 標準偏差 (σ) のことである．連続量の場合（図10.4）の考察から，1 群当たり必要症例数 (n) は，

$$n = 2(1.96 + 0.84)^2 \frac{\sigma^2}{\delta^2} \quad (\text{5\% 水準両側検定，80\% 検出力で})$$

$$= 15.68 \left(\frac{\sigma}{\delta}\right)^2$$

$$\approx 16 \times \left(\frac{\sigma}{\delta}\right)^2 = 16 \div \left(\frac{\delta}{\sigma}\right)^2 = 16 \div \text{ES}^2$$

として算出できる．これは簡便法であり，Lehr's formula として知られる．検出力を 90% にしたければ，$21 \div \text{ES}^2$ に変更する．

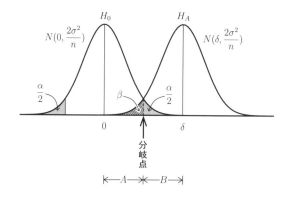

図 10.4 独立な 2 群の平均値の差と検出するときの症例数設計の原理
等しいと仮定した分散を σ^2，各群の症例数を n，検出したい平均差を δ と置く．

表10.3　典型的場合の症例数設計

対応のない t 検定（2つの平均値の比較）
　検出したい平均値の差 $= \delta$, 各群の標準偏差 $= \sigma$
　$\mathrm{ES} = \delta \div \sigma$
　$n = 16 \div \mathrm{ES}^2$　（各群につき）

対応のある t 検定（前後平均差の比較）
　検出したい前後平均差 $= \delta$, 前後変化に関する標準偏差 $= \sigma$
　$\mathrm{ES} = \delta \div \sigma$
　$n = 16 \div \mathrm{ES}^2$

χ^2 検定（2つの割合の比較）
　検出したい割合の差 $= \delta = P_1 - P_2$（実験群の割合 $= P_1$, 対象群の割合 $= P_2$）
　共通の割合 $= (P_1 + P_2)/2 = P$（1 : 1 の場合）
　標準偏差 $= \sigma = \sqrt{P(1-P)}$
　$\mathrm{ES} = \delta \div \sigma$
　$n = 16 \div \mathrm{ES}^2$（各群につき）

　ここで知っておくべきことは，検出したい差 (δ) が小さいほど必要症例数は増える．2 乗に反比例するので，差が半分になると 4 倍に症例数は増える．ばらつきが大きくなっても必要症例数は 2 乗に比例して増える．有意水準は両側 5% なので 1.96 となっていたが，有意水準を 1% などへ下げると 1.96 より大きくなるので，それに伴い必要症例数は増える．また，検出力は 80% としていたが（式中の 0.84 として反映），検出力を上げると症例数は増える．

　表10.3 に典型的な場合の症例数設計を示した．平均値の二群比較のための対応のない t 検定 (Unpaired t-test)，前後平均差のための対応のある t 検定 (Paired t-test)，そして割合の二群比較のための χ^2 検定の 3 つの場合を示した．

　なお，脱落が $r\%$ あると想定すれば，設計された n を $\{100/(100-r)\}$ 倍する．例えば，10% の脱落があると，$100/90 =$ 約 1.1 倍必要症例数が増える．また，二群の症例数割合が $1 : k$ の場合，1 : 1 で計算した場合よりも全体として少し増える．その意味でいうと，1 : 1（均等）に症例数を分けるのが最も効率の良い分け方といえる．$1 : k$ での全体必要症例数 N' は，

$$N' = \frac{N(1+k)^2}{4k} \quad (N \text{ は } 1 : 1 \text{ での必要症例数})$$

である．例えば，1 : 3 だと $(1+3)^2/(4 \times 3) = 16/12 = 4/3$ 倍，1 : 1 のと

きよりも多くの症例数を必要とする．このとき，大きい方の群は n 症例，小さい方の群は $n/3$ 症例になる．

§ **10.6**　カテゴリーデータ解析

　カテゴリーデータとは連続量で表せないデータである．大別して，名義データと順序データに分かれる．名義データの代表例が二値データ (Binary data) である．喫煙割合を例にとる．男性の喫煙割合は π_0 と言われていたが，某グループではそれより高いと思われた．某グループの喫煙割合は異常に高いのかを検定で確かめたい．某グループ（標本）のデータとして，n 人中 x 人が喫煙していたとする．ここで，帰無仮説 H_0 と対立仮説 H_A は次のように書ける．

$$H_0 : \pi = \pi_0, \quad H_A : \pi \neq \pi_0$$

ここで，π は某グループでの真の喫煙割合である．標本での喫煙割合は

$$p = \frac{x}{n}$$

である．もし $n\pi_0(1 - \pi_0) \geq 5$ であれば，

$$\frac{(p - \pi_0)}{\sqrt{\pi_0(1 - \pi_0)/n}}$$

が標準正規分布に近似できる．これを二乗すると自由度 1 の χ^2 分布なので，χ^2 検定で確かめられる．$n\pi_0(1 - \pi_0) \geq 5$ を満たさない場合は正規近似が成り立たないので，二項分布に基づく直接確率法 (Exact methods) で確率を計算しなければいけない．某グループにおける喫煙割合の推定値 $(p = x/n)$ に対する 95% 信頼区間（正規近似による）は，

$$p \pm 1.96\sqrt{\frac{p(1 - p)}{n}}$$

で計算される．

　次に 2 つの標本がある場合を考える．A グループの喫煙割合と B グループの喫煙割合が有意に異なるかを調べたい．図 10.5 に示したように，A グループでは n_1 人中喫煙者は a 人であった（喫煙割合 $p_1 = a/n_1$）．B グループでは n_2 人中喫煙者は c 人であった（喫煙割合 $p_2 = c/n_2$）．A グループの母集団での喫煙割合を π_1，B グループの母集団での喫煙割合を π_2 とすると，

$$H_0 : \pi_1 = \pi_2, \quad H_A : \pi_1 \neq \pi_2$$

であり，帰無仮説（両群の喫煙割合が等しいとき）での喫煙割合の推定値は，

$$p = \frac{a+c}{n_1 + n_2}$$

である．このとき，次の統計量

$$\frac{p_1 - p_2}{\sqrt{p(1-p)(1/n_1 + 1/n_2)}}$$

が近似的に標準正規分布に従う．なお，分子を $|p_1 - p_2| - \{1/(2n_1) + 1/(2n_2)\}$ としたほうが良い近似になる．これを連続修正という．この値を二乗すると自由度 1 の χ^2 統計量になるので，χ^2 検定で A グループと B グループの喫煙割合の違いを確かめられる．両群の喫煙割合の差に関する 95% 信頼区間（正規近似による）は，

$$(p_1 - p_2) \pm 1.96 \sqrt{\left(\frac{p_1(1-p_1)}{n_1} + \frac{p_2(1-p_2)}{n_2} \right)}$$

で求める．

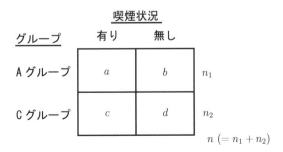

図 10.5　喫煙状況に関する 2 × 2 クロス表

一方，ピアソンはクロス表のデータに関して，(O–E) 法という方法を編み出した．図 10.6 のように，

$$X^2 = \sum \frac{(O_i - E_i)^2}{E_i}$$

を計算する．O とは観察度数 (Observed)，E は期待度数 (Expected) である．E は二変数が独立（喫煙状況はグループ間で変わらない）と仮定したときの度数である．より良い近似にするためには，

$$X^2 = \sum \frac{(|O_i - E_i| - 0.5)^2}{E_i}$$

という連続修正をするとよい．2×2 表の場合は自由度 1 の χ^2 統計量となる．もっと大きな $r \times c$ 表になると自由度 $(r-1) \times (c-1)$ の χ^2 検定となる．

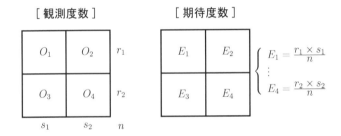

図 10.6 ピアソンの χ^2 検定で使われる O 及び E データ

　クロス表の各セルで期待度数が 5 未満のものがあると，連続修正をしても
カイ二乗近似は悪いとされる．その場合には，Fisher's exact test により直
接確率を求める．図 10.7 に示したようなクロス表がある．これより極端な
ケースは 1 つしかないので，2 つのクロス表の P 値を足せば（片側）P 値が
得られる．周辺度数を固定して確率を計算すると，図 10.7 の上側のクロス
表は，

$$\frac{{}_3C_1 \times {}_2C_1}{{}_5C_3} = \frac{3!\ 2!\ 2!\ 3!}{5!\ 1!\ 2!\ 1!\ 1!} = 0.6$$

ここで，C とは組み合わせ数を示す．図 10.7 の下側のクロス表は，

$$\frac{{}_3C_0 \times {}_2C_2}{{}_5C_3} = \frac{3!\ 2!\ 2!\ 3!}{5!\ 0!\ 3!\ 2!\ 0!} = 0.1$$

である．両者を足して，片側確率は 0.7 となる．これは超幾何確率として知
られる．

　次に，相関のある場合のクロス表を考える（図 10.8）．薬の飲む前後で悪
寒が悪化したか，それとも改善したか，それとも不変かを確かめたい．悪寒
有りを $+$, 悪寒無しを $-$ で示した．全部で $(a + b + c + d)$ 個のペアデータ
があり，a 人と d 人は前後で悪寒は変化していない．変化の方向性（悪寒が
悪化または改善）を評価するには，b 人と c 人を比較する．

$$\frac{(|b - c| - 1)^2}{b + c} \sim \chi_1^2$$

この検定をマクネマー検定と呼ぶ．分子から 1 を引いているのは連続修正
である．図 10.8 を見てわかるように，見た目は図 10.5 と同じような 2×2
表だが，この場合は図 10.5 のようなピアソンの χ^2 検定を適用してはいけな
い．前値で $+$ の割合は $(a + b)/n$，後値で $+$ の割合は $(a + c)/n$ なので，悪
寒割合の前後差は $(b - c)/n$ となる．この 95% 信頼区間は，

$$\frac{b - c}{n} \pm 1.96 \times \frac{1}{n}\sqrt{(b + c) - \frac{(b - c)^2}{n}}$$

で表される．

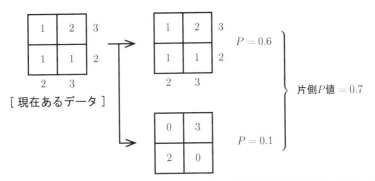

[現在あるデータ]

[現データ及びそれより極端 (逆対角側) のデータ]

図 **10.7** フィッシャーの直接確率法における片側 P 値の算出

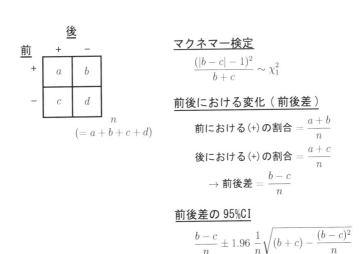

図 **10.8** 対応のある二値データの解析法

　傾向検定 (Trend test) というのは広義な用語だが，ここでは Cochran-Armitage's trend test を述べる．X 変数が順序になっており，Y 変数が二値である．順序変数の喫煙状況（X 軸）に対して咳の割合（Y 軸）をプロットすると，喫煙するほど咳の割合が高くなっていることがわかる（図 10.9）．この傾向が有意かどうかを見るのが傾向検定である．直線を当てはめ，当てはめた直線の傾きで検定する．

$$\chi^2_{\text{SLOPE}} = \left(\frac{b}{\text{se}(b)}\right)^2 = 59.5 \quad (P < 0.0001)$$

なので高度有意である．ここで，b は直線の傾き，$\text{se}(b)$ は b の標準誤差である．直線からのずれについては，

$$\chi^2_{\text{RESIDUAL}} = \chi^2_{\text{TOTAL}}(\text{df}=2) - \chi^2_{\text{SLOPE}}(\text{df}=1) = 4.6 \sim \chi^2_1$$

で検証する．この例ではずれは有意になっているが，非有意であることが望ましい．ここで，χ^2_{TOTAL} とは 3×2 表でのピアソンの χ^2 統計量である．一般的には，まず直線からのずれが有意でない（直線モデルが当てはまっている）ことを確認したのち，傾向検定を実施する．

喫煙状況	咳 有り	咳 無し
Non-somoker	266 (18.9%)	1037
Occasional smoker	395 (31.9%)	977
Regular smoker	80 (45.0%)	92

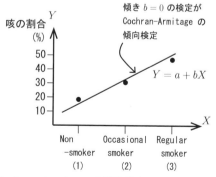

図 10.9　Cochran-Armitage の傾向検定

二値データ (Y) が目的変数であり，それを説明する変数が 2 個以上含まれている場合に用いる多変量解析がロジスティック回帰 (Logistic regression) である．これは連続データに対する重回帰分析に対応する．

$$P = \Pr(Y = 1),$$
$$\mathrm{logit}(P) = \log \frac{P}{1 - P} = a + b_1 x_1 + b_2 x_2 + \cdots + b_k x_k$$

がロジスティック回帰式である．変換すると，

$$P = \frac{e^Z}{1 + e^Z}, \quad Z = a + b_1 x_1 + b_2 x_2 + \cdots + b_k x_k$$

となる．このとき，変数 x_1 に対する（変数 x_1 が 1 単位上がるごとの）オッズ比が e^{b_1} になる．年齢のように 10 歳ごとのオッズ比を求めると，$e^{b_1 \times 10}$ になる．モデルの適合度は Lack of fit (or Deviance) の χ^2_{n-k-1} 検定（n は標本サイズ，k は説明変数の個数）の結果が非有意であること（目安として $P > 0.2$），あるいは Hosmer-Lemeshow test の結果が非有意であることで確認する．また，重回帰分析で用いる決定係数 (R^2) の拡張版が使われることもある．さらに，順序データへ拡張したのが比例オッズモデルであり（共通のオッズ比が推定される），対応のある二値データへ拡張したのが条件付きロジスティックモデルである（条件付きオッズ比が推定される）．

§ **10.7** ノンパラメトリック法

パラメトリック法とは分布が既知であるときの検定法であり，そうでないときにはノンパラメトリック法を使う．症例数 n が小さくて，中心極限定理が適用できないケースでも使える．連続量で前後差のような対応あるデータを考えよう．

$$d_i = x_i - y_i$$

有意に変化したかどうかを見るには，正規分布を仮定すれば対応のある t 検定が使える．量でなく，上がったか下がったかの情報のみを使えば符号検定 (Sign test) になる．差が 0 でない症例数 $n > 20$ なら正規近似が使えるが，それより少ないと二項分布による Exact method を用いる．上がったか下

がっただけでなく，順位まで考慮した方法が符号付き順位検定 (Signed rank test) である.

$$W = 差が正値になっているデータの順位和$$

と置くと，もし同点順位がなければ，

$$T = \frac{|W - n(n+1)/4| - 1/2}{\sqrt{n(n+1)(2n+1)/24}}$$

が標準正規分布することで検定できる.

　対応のないデータであれば，2 群の平均値の比較は t 検定で行う．これも正規分布が想定できない場合（分布が非対称，少数例など）では，ノンパラメトリック検定を用いる．その代表例が順位変換した方法であり，Wilcoxon rank-sum test（順位和検定）である．群をばらばらにして順位を付す．1 群のほうの群の総和を W と置くと，

$$T = \frac{|W - n_1(n_1 + n_2 + 1)/2| - 1/2}{\sqrt{(n_1 n_2/12)(n_1 + n_2 + 1)}}$$

が標準正規分布に従うことで検定する．ここでも同点順位はないと仮定したが，同点順位があると少し複雑な式になる.

§ 10.8　交絡とその統計学的調整

　交絡 (Confounding) とはバイアスの一つであり，解釈バイアスとも呼ばれる．因果関係を解釈するときに誤ってしまうことである．例えば，住民のデータを分析すると，薬を常用している人のほうが重大な病気になりやすいといった結果が得られるが，薬は病気を増やすと解釈するのは誤りである．なぜなら，薬を常用している人は高リスクの高齢者が多く，重大な病気の発症率が高くて当然である．すなわち，真の関係とは高齢者など高リスク者で重大な病気の発症率が高いという当然の事実である．これを見抜くにはどうすればよいか．それは図 10.10 のような層別解析を行う．交絡因子であるリスクの程度により，例えば高リスク者と低リスク者に分けて，薬の有無と重大な病気の発症率を比較する．高リスク者では薬を多用するので □（薬有

り）が大きく，薬無しの 〇 は小さい．同様に，低リスク者では薬をあまり使わないので 〇（薬無し）が大きく，薬有りの □ は小さい．高リスク者でも低リスク者でも，薬無し（〇）のほうが薬有り（□）よりも病気の発症率は高い．しかし，全体で解析すると人数の多い結果に引きずられるため，薬有り（□）のほうが病気の発症率は高くなっている．ここでは，リスクの程度が交絡因子になったと思われる例である．言うまでもなく，真実は層別の結果のほうである．

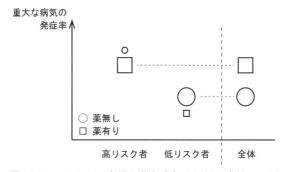

図10.10　リスクの高低が薬と病気の因果に交絡した例
低リスク者も高リスク者も薬無し（〇）で病気が多いが，
全体で見ると逆の関係が見られている．

　このような場合，全体でのピアソンの χ^2 検定を行ってはいけない．交絡因子で層別解析をし，層別解析の結果を統計学的に併合する．その方法をマンテル-ヘンツエル (Mantel-Haenszel) 法と呼ぶ．Cochran-Armitage 検定のときと同様に，カイ二乗統計量を分解する．図10.11 のように層が3つあったとする．このとき，3 層の全情報を示すカイ二乗統計量 (χ^2_{TOTAL}) は自由度 3 の χ^2 分布に従い，

$$\chi^2_{\text{TOTAL}} = \chi^2_{\text{MH}}(\text{df} = 1) + \chi^2_{\text{RES}}(\text{df} = 2)$$

に分解できる．3 層は等しいと仮定し，各層の併合結果を示す項が χ^2_{MH} である．これをマンテル-ヘンツエル統計量と呼び，自由度 1 の χ^2 分布に従う．また，各層の結果の併合結果からのずれを測るのが χ^2_{RES} であり，その自由度は 2 である．各層での結果の異質性を検出するための統計量であり，交互作用項と呼ぶ．この項は有意でない（$P > 0.2$ など）ことが望まれる．交互作用が有意ということは，各層の結果は異質であることを意味し，異質

なものを併合することは妥当でないからである．また，交互作用が有意でないということは各層での結果は一様を意味し，多くの因子で一様性が確認されれば一般化可能性を示唆する．

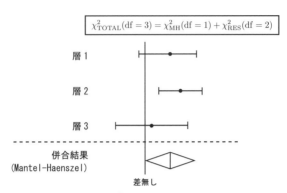

図 10.11　層別解析における χ^2 統計量の分析と Mantel-Haenszel 統計量

二値データで時間を考慮しない効果指標として，RD と RR と OR について述べた．これらについて，各層の結果を併合した併合 RD, 併合 RR, 併合 OR は表 10.4 のように表される．

SMR (Standardized Mortality Ratio) とは，全国平均と比較して，ある地区では特定の病気が多く発生していないかを見るための指標である．特定の病気の発生は年齢の影響することが多く，また地域で年齢分布が異なるため，直接発生率を比較することは妥当ではない．そこで，ある地域の病気の発生率を全国平均に照らし合わせてどの程度高いかを見るための指標が SMR である．図 10.12 で説明しよう．A 市の交通事故が全国に比べて多いかどうかを検討したデータである．交通事故は年齢により発生割合が異なるので，年齢層ごとにデータを示した．図 10.12 には年齢層ごとに，A 市の人口，全国平均の交通事故率（10 万人年当たり）が示されている．A 市の人口と全国平均の交通事故率を掛けると，A 市における期待交通事故件数が計算される．A 市が全国平均と同じなら年 81.8 件が期待された．これに対して，A 市での交通事故件数は年 88 件であった．それらの比を取り，100 倍した 108 が SMR である．A 市は全国平均より 8% 交通事故が多いと解釈される．性・年齢を標準集団に合わせることが多く，それを年齢・性調整済み発症率 (Age-, gender-adjusted incidence rate) と呼ぶ．

表10.4 併合 RD, 併合 RR, 併合 OR の求め方

	病気発症	病気非発症
A 群	a_i	b_i
C 群	c_i	d_i

リスク差 $\mathrm{RD}_i = \dfrac{a_i}{a_i + b_i} - \dfrac{c_i}{c_i + d_i}$

リスク比 $\mathrm{RR}_i = \dfrac{a_i}{a_i + b_i} \div \dfrac{c_i}{c_i + d_i}$

オッズ比 $\mathrm{OR}_i = \dfrac{a_i}{b_i} \div \dfrac{c_i}{d_i} = \dfrac{a_i d_i}{b_i c_i}$

$$\text{併合 RD} = \frac{\sum w_i \mathrm{RD}_i}{\sum w_i}, \quad w_i = [\mathrm{Var}(\mathrm{RD}_i)]^{-1}$$

$$\text{併合 RR} = \exp\left(\frac{\sum w_i \log \mathrm{RR}_i}{\sum w_i}\right), \quad w_i = [\mathrm{Var}(\log \mathrm{RR}_i)]^{-1}$$

$$\text{併合 OR} = \exp\left(\frac{\sum w_i \log \mathrm{OR}_i}{\sum w_i}\right), \quad w_i = [\mathrm{Var}(\log \mathrm{OR}_i)]^{-1}$$

$$\mathrm{Var}(\mathrm{RD}_i) = \frac{a_i b_i}{(a_i + b_i)^3} + \frac{c_i d_i}{(c_i + d_i)^3}$$

$$\mathrm{Var}(\log \mathrm{RR}_i) = \frac{1}{a_i} - \frac{1}{a_i + b_i} + \frac{1}{c_i} - \frac{1}{c_i + d_i}$$

$$\mathrm{Var}(\log \mathrm{OR}_i) = \frac{1}{a_i} + \frac{1}{b_i} + \frac{1}{c_i} + \frac{1}{d_i}$$

年齢層	A 市の人口	全国平均の 交通事故率 （10 万人当たり）	A 市の期待 交通事故件数 （1 年間）	A 市の実際の 交通事故件数 （1 年間）
若年層	100,000	10.5	10.5	11
中年層	500,000	5.2	26.0	27
高齢層	300,000	15.1	45.3	50
			81.8	88

$$\mathsf{SMR} = \frac{88}{81.8} \times 100 = 108$$

図10.12 A 市の交通事故件数に対する SMR

§ 10.9　生存時間解析

例えば，100 人手術して 1 年以内に 20 人が死亡したら，1 年生存率は 80% とわかるだろう．しかし，半年の時点で 10 人が転院し，その後の転帰が不明だとどうだろう．10 人すべて 1 年まで生存したと仮定すれば 80% だが，転院した 10 人すべて 1 年以内に死亡したと仮定すれば 70% になる．すなわち，70 ～ 80% の間ということしかわからない．このような不明データのことを打ち切りデータ (Censored data) と呼ぶ．打ち切りデータでは，生存時間（死亡するまでの時間）は打ち切り時点より長いということなので，数値 + で表記する．そして，このような打ち切りデータを考慮したうえで生存率を計算する方法を Kaplan-Meier method と呼ぶ．表 10.5 に仮想データでの計算法を示した．30 日目に 5 人打ち切りになるが，死亡者は出ていないので，生存率は 1.0 である．75 日目に 15 人中 3 人死亡したので，生存率は $12/15 = 0.8$ になる．90 日目は打ち切りだけなので生存率は不変である．100 日目に 10 人中 1 人死亡したので，生存率は $9/10 = 0.9$ である．Kaplan-Meier では生存率を掛け合わせ累積して求めるので，100 日累積生存率は $0.8 \times 0.9 = 0.72$ となる．これを式で表すと，

$$S(t) = \prod_{j}^{t} \left(1 - \frac{d_j}{n_j} \right)$$

ここで，$(1 - d_j/n_j)$ が生存日数 j での生存率に該当する．このように計算して得られた累積生存率をプロットしたのが図 10.13 である．累積生存率 0.5 に対応する生存時間のことをメジアン生存時間 (Median survival time, MST) と呼ぶ．半数が死亡するまでの時間である．よく見かける指数分布の

表 10.5　生存時間解析の仮想的事例

生存日数 (t)	生存例数 (n_i)	死亡例数 (d_i)	打ち切り例数	生存率	累積生存率
30	20	0	5	1.0	1.0
75	15	3	0	0.8	0.8
90	12	0	2	0.8	0.8
100	10	1	0	0.9	0.72
120	9	2	0	0.78	0.56
130	8	1	1	0.875	0.49
170	6	2	0	0.67	0.33

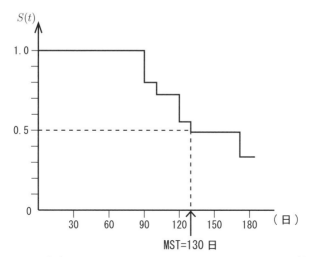

図10.13　仮想データによる Kaplan-Meier プロットと MST 算出

累積生存率曲線だと，理論的に MST の比がハザード比に等しくなる．対照群に対する新規治療群のハザード比 (HR) が 0.75(= 3/4) だとしよう．対照群の MST が仮に 12 か月とすると，新薬群の MST は $12 \div 0.75 = 16$ か月になる．

　2 群の累積生存率曲線全体の比較をするには，ログランク検定 (Log-rank test) が知られる．ただし，事前に層化割付した場合では層別ログランク検定 (Stratified log-rank test) を使う．これらは横軸に関して重みを課していないが，初期の人数が多く残っている時期に大きな重みを与える方法が一般化ウィルコクソン検定である．1 年生存率や 5 年生存率を比較するときは，生存率に対する SE を求め，通常の割合に関する χ^2 検定をする．SE の二乗である分散の計算法として，

$$\mathrm{Var}[S(t)] = [S(t)]^2 \sum \frac{d_j}{n_j(n_j - d_j)}$$

という Greenwood 公式が知られる．$S(t)$ は時点 t での累積生存率，d_j は時点 j での死亡数，n_j は時点 j での生存数である．生存数 n_j が小さくなると Greenwood 法は分散を過小評価するとされ，

$$\mathrm{Var}[S(t)] = S(t)\frac{1 - S(t)}{N - C(t)}$$

という Peto 公式を用いたほうがよい. N は起点での例数, $C(t)$ は時点 t までに打ち切りとなった例数である.

　生存率解析においても回帰分析が可能である. それを Cox 比例ハザードモデルという.

$$\lambda(t) = \lambda_0(t) \exp\left(b_1 x_1 + b_2 x_2 + \cdots + b_k x_k\right)$$

$\lambda_0(t)$ をベースライン・ハザードと呼ぶ. また, $\exp(b_1)$ が x_1 に関するハザード比になる. x_1 が連続量だと, 1 単位上がることのハザード比になる. もし, 10 歳ごとのハザード比を示すなら, その値を 10 乗すればよい.

§ 10.10　経時測定データ解析

　図 10.14 のように時間経過を伴うデータはよく見られる. このとき, 群効果を 1 つの要因とし, 時間効果をもう一つの要因とすれば二元配置分散分析が可能であるが, そうした解析法は誤りである. なぜなら, 通常の分散分析ではそれぞれのデータは独立でないといけないが, こうしたデータでは同一人の時間を置いたデータなので相関があるためである. このようなデータを経時測定データ (Longitudinal data) あるいは反復測定データ (Repeated measures data) と呼ぶ. こうしたデータの解析法としては, 表 10.6 に示したようないろいろなアプローチが提案されている.

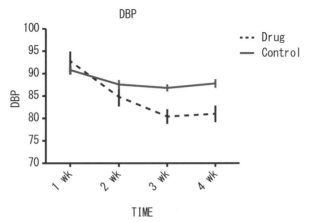

図 **10.14**　拡張期血圧値 (DBP) の経時測定データの 2 群比較

表 **10.6** 経時データの解析法

1. Summary measures
2. Repeated ANOVA
3. Mixed-effects model
4. GEE model
5. MANOVA model

図 10.14 の曲線下面積 (AUC) を要約指標として群間比較するのが第一である. 時点間の相関係数は一定とする compound symmetry を仮定した分散分析法が Repeated ANOVA である. Split-plot ANOVA や Univariate approach とも呼ぶ. もっと複雑な共分散構造を仮定できる手法が Mixed-effects model である. ここでは, 個体内変動と個体間変動へ分割する. GEE モデルは compound symmetry 以外でも使え, また共分散行列を指定する必要もない. Liang-Zeger model とも呼ぶ. MANOVA は最も一般的なモデルであり, 共分散構造は任意であるが, あまり使用されないようである.

実際 10 人の血圧推移データ (図 10.14) を, 最も一般的手法である Repeated ANOVA で解析した結果を示す. ここでのモデルは

$$\text{DBP}_{ij} = a + Z_i + b_1\text{GROUP}_i + b_2\text{TIME}_j + e_{ij},$$
$$i = 1, \ldots, 10; \ j = 1, 2, 3, 4.$$

Z_i は個人 (ID) の効果であり, これを変量効果と仮定する. すなわち, Z_i は平均 0, 分散は σ_B^2 (個体間変動) の正規分布に従うと仮定する. GROUP_i は群効果を表し, TIME_j は時期効果を表す. 測定誤差 e_{ij} は平均 0, 分散 σ^2 の正規分布を仮定する. Z_i と e_{ij} が独立とすると,

$$\text{Var}(\text{DBP}_{ij}) = \sigma^2 + \sigma_B^2$$

$$\text{Corr}(\text{DBP}_{ij}, \text{DBP}_{ik}) = \frac{\sigma_B^2}{\sigma^2 + \sigma_B^2}$$

となり, Compound symmetry を仮定している. 統計ソフト JMP™ では, GROUP 項, ID[GROUP] & 変量効果, TIME 項をモデルに含めると, 表 10.7 のような出力が得られる. ID[GROUP] 項は GROUP 内での個人変動を表す. GROUP 効果と ID[GROUP] を比較して検定し, $P = 0.0443$ で有意である. このとき, GROUP 項と TIME 項を入れた二元配置分散分析をすると誤りである.

表 10.7 図 10.14 のデータを Repeated ANOVA 法で解析した結果

症例数 $(n) = 10$（Drug: 5 例，Control: 5 例），R-square$= 0.50$
GROUP$[C]$ とは，Control 群が Drug 群に比べて DBP がどれだけ高いかを示す．
TIME とは，1 週ごとに DBP がどれだけ変化するかを示す．

Variable	推定値	標準偏差	t 値	P 値
GROUP$[C]$	1.75	0.73	2.38	0.0443^*
TIME	-2.48	0.55	-4.54	$< 0.0001^*$

§ 10.11 検査精度

図 10.15 のように，検査結果（$T+$ あるいは $T-$）と疾病結果（$D+$ あるいは $D-$）のクロス表があるとする．$T+$ とは検査結果陽性，$T-$ とは陰性を意味する．$D+$ は疾病有り，$D-$ は疾病無しを意味する．有病割合 (Prevalence) は全体での病人の割合なので，$(a+c)/n$ である．感度 (Sensitivity, SE) とは病人を検査陽性と検出する割合（$D+$ の中で $T+$ の割合）なので，$a/(a+c)$ である．特異度 (Specificity, SP) は病人でない人を検査陰性とする割合なので，$d/(b+d)$ と定義される．この感度と特異度は検査に特有のパラメータ

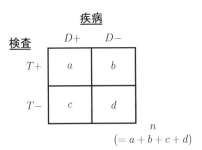

$$\text{Prevalence} = P(D+) = \frac{a+c}{n}$$
$$\text{Sensitively (SE)} = P(T+|D+) = \frac{a}{a+c}$$
$$\text{Specificity (SP)} = P(T-|D-) = \frac{d}{b+d}$$
$$\text{Positive Predictive Value (PPV)} = P(D+|T+) = \frac{a}{a+b}$$
$$\text{Negative Predictive Value (NPV)} = P(D-|T-) = \frac{d}{c+d}$$

図 10.15 検査精度を評価する指標

である．もちろん，感度と特異度は検査値のカットオフ点を変えると変化する．カットオフ点sをいくつか変えてみて，SE と (1 − SP) をプロットしたのが図10.16 に表したような ROC (Receiver Operating Characteristics) 曲線である．ROC 曲線の下側の面積を AUC あるいは c 統計量と呼ぶ．この値が 1 に近くなるほど精度が高い検査といえる．

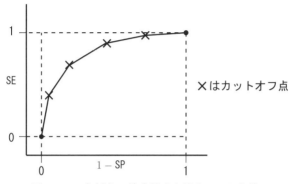

図10.16 包括的に検査精度を示す ROC 曲線

　患者側から言うと，検査結果から疾病を予測することが重要になる．検査結果が陽性の場合に病気である可能性を PPV (Positive predictive value) といい，$a/(a + b)$ で表される．逆に，検査結果が陰性のときに病気でない可能性を NPV (Negative predictive value) といい，$d/(c + d)$ で表される．
　ベイズの定理とは次式のように，$T+$ の条件付き $D+$ の確率 $(P(D+|T+))$ を，$D+$ の条件付き $T+$ の確率 $(P(T+|D+))$ で表現する．

$$P(D + |T+) = \frac{P(D + \text{ and } T+)}{P(T+)}$$
$$= \frac{P(T + |D+) \times P(D+)}{P(T+)}$$
$$= \frac{P(T + |D+)}{P(T+)} \times P(D+)$$

同様にして，ベイズの定理により，

$$P(D - |T+) = \frac{P(T + |D-)}{P(T+)} \times P(D-)$$

である．これらの比を取ると，

$$\frac{P(D+|T+)}{P(D-|T+)} = \frac{P(T+|D+)}{P(T+|D-)} \times \frac{P(D+)}{P(D-)}$$

となる．左辺は検査結果 $T+$ のとき（事後）の疾病オッズ $(D+/D-)$ であり，右辺の第 2 項は事前の疾病オッズである．右辺第 1 項は陽性尤度比と呼び，病気の人は病気でない人より陽性に何倍なりやすいかを表す．この式を用いて事前オッズから事後オッズを計算する．

$$事後オッズ = 陽性尤度比 \times 事前オッズ$$

これは陽性結果が得られたときの病気の確定診断に使う．$T+$ を $T-$ に置き換えれば，陰性結果が得られたときに病気を否定する際に使う．このときの右辺第 1 項は陰性尤度比に代わる．また，

$$陽性尤度比\ (+LR) = \frac{P(T+|D+)}{P(T+|D-)} = \frac{\mathrm{SE}}{1-\mathrm{SP}}$$
$$陰性尤度比\ (-LR) = \frac{P(T-|D+)}{P(T-|D-)} = \frac{1-\mathrm{SE}}{\mathrm{SP}}$$

とも書ける．陽性尤度比は高いほど確定診断に有用であり，陰性尤度比は低いほど病気の否定に有用である．肺炎の例でいうと，陽性尤度比が高く良い検査としてはヤギ音（聴診器），低い検査としては発熱が知られる．一方，陰性尤度比が低く良い検査としては白血球増加，高い検査としては悪寒が挙げられる．ヤギ音が聞かれると肺炎が強く疑われ，白血球が増加していないと肺炎を強く否定できる．

■■■ **練習問題**

問 10.1　ある疾病 D に関するスクリーニング検査を考える．この疾病をもつことを D で表し，もたないことを N とする．ある母集団から無作為に選んだ人がこの疾病をもつ確率（有病率）は 5%，すなわち $\Pr(D) = 0.05$，$\Pr(N) = 0.95$ であるとする．検査では，採血して血液中のある成分 A の濃度で陽性・陰性を判定する．その血中成分 A の濃度 X は，疾病をもつ人では正規分布 $N(22, 5^2)$ に従い，疾病をもたない人では $N(10, 5^2)$ に従うことがわかっている．そして，X があるしきい値 c を超えたとき検査では陽性 $(+)$ であると判断し，そうでないとき陰性 $(-)$ であるとする．

〔1〕　しきい値が $c = 15$ のとき，検査の感度 (sensitivity) すなわち疾病をもつ人 (D) が陽性となる確率 $\Pr(+|D) = \Pr(X > 15|D)$ はいくらか．

〔2〕　しきい値が $c = 15$ のとき，検査の特異度 (specificity) すなわち疾病をもたない人 (N) が陰性となる確率 $\Pr(-|N) = \Pr(X \leq 15|N)$ はいくらか．

〔3〕　しきい値が $c = 15$ のとき，検査で陽性となった人が実際に疾病をもつ確率 $p^* = \Pr(D|+)$ はいくらか．

〔4〕　検査の感度を 0.99 とするためにはしきい値 c をいくらにすればよいか．

〔5〕　実際にこのスクリーニング検査で陽性となった人からランダムに選んだ 100 人に対して精密検査をしたところ，そのうち 20 人が実際に疾病 D をもつことが判明した．この結果から，検査で陽性となった人が疾病 D をもつ確率 p の 95% 信頼区間を求めよ．上問〔3〕で求めた値 p^* に関する仮説

$$H_0 : p = p^* \quad \text{vs.} \quad H_1 : p \neq p^*$$

の有意水準 $\alpha = 0.05$ の両側検定は有意であるか．

問 10.2　ある製薬メーカーでは，ある精神疾患の治療薬を開発している．当該治療薬のこれまでの臨床試験および類似薬での試験成績から，プラセボでの有効率 p_0 は 40%，新薬の有効率 p_1 は 60% 程度と推察されている．以下の各問に答えよ．

〔1〕　プラセボと新薬との比較を検証的な二重盲検無作為化並行群間試験により行うと，両群での被験者数がいずれも n であるときは，結果は以下のような形式で得られるはずである．

度数	有効	無効	計
プラセボ群	a	b	n
新薬群	c	d	n
計	s	t	N

この結果からプラセボと新薬の有効率に関する仮説 $H_0 : p_0 = p_1$ を対立仮説 $H_1 : p_0 \neq p_1$ に対してどのように検定するのかを，表の記号を用いた上で，検定統計量の定義ならびに有意確率の計算法を含めて述べよ．

〔2〕　上問〔1〕の検定を用いるとして，有意水準 5% の両側検定の検出力が 80% になるように両群の被験者数 n を定めたい．n はいくら以上とすればよいか．その計算手順とともに示せ．

〔3〕　その新薬が市販された後の市販後調査として，出現率が 1/1000 程度の稀な有害事象が 1 例以上観測される確率が 95% 以上となるよう調査の例数を定めたい．何例以上の調査を行えばよいかを，その計算の根拠とともに示せ．ただし，$\log 0.05 \simeq -3.0$ とせよ．

問 10.3　コーヒー摂取量とうつ病の関係を調査することとした. パイロットスタディとして, ある地域でうつ病患者（ケース）30 名と, 同地域で患者と性別, 年齢などの背景因子の似ているうつ病患者でない 60 名（コントロール）を選び, コーヒーを全然飲まないかあるいは飲むかをインタビュー調査したところ以下の結果を得た.

	飲まない	飲む	計
ケース	16	14	30
コントロール	28	32	60
計	44	46	90

〔1〕 コーヒーを飲む人のコーヒーを飲まない人に対するうつ病リスクの対数オッズ比とその標準誤差を求めよ.

上述のスタディを踏まえ, 本調査として週当たりのコーヒーの摂取量とうつ病の関係を調査した. 調査結果を多重ロジスティックモデルにより解析してうつ病のリスクを「週 1 杯未満」の層に対するオッズ比で評価し, 以下の表を得た. 下記の各問に答えよ.

摂取量	週1杯未満	週1杯	週2〜3杯	週4杯以上	傾向検定
オッズ比	1.00	0.92	0.85	0.80	
95% 信頼区間		0.83 − 1.02	0.75 − 0.95	0.64 − 0.98	$P < 0.001$

〔2〕 うつ病となる確率を p としたとき, 分析に用いたロジスティックモデルを, 記号を適切に定義した上で提示し, そのモデルに含まれるパラメータの推定値をわかる範囲で示せ.

〔3〕 「週 4 杯以上」のオッズ比は「週 2 〜 3 杯」のオッズ比よりも小さいのに 95% 信頼区間の上限は「週 4 杯以上」のほうが大きい. その理由は何か.

〔4〕 「傾向検定」の結果からどのような結論が導かれるかを説明せよ.

〔5〕 週 2 杯以上コーヒーを飲む人は週 1 杯未満しかコーヒーを飲まない人に比べて統計的に有意にうつ病を抑えると結論できるか. その根拠と共に示せ.

共通問題／解答

概要

　ここに集められた5問は，統計検定の種別のうちの「統計応用」の共通問題とその解答・解説です．統計検定1級は「統計数理」と「統計応用」の2つの種別からなり，両方に合格して初めて「1級合格」となります．「統計数理」は5問出題3問選択解答です．「統計応用」は，「人文科学」，「社会科学」，「理工学」，「医薬生物学」の4分野からなり，あらかじめ指定した分野で出題される5問中の3問に選択解答します．その各分野の出題問題のうちの問5は，分野横断型の共通問題となっています．すなわちここの5問は，統計検定1級の共通問題5年分で，分野を問わず，統計学において重要と思われる内容となっています．

　ここでは，問題，ねらい，正解，解説の順に掲載しています．読者諸氏はまず問題にチャレンジしてみてください．もちろん全問正解が理想ですが，実際上はなかなか難しいかも知れません．これまでの実績として，6割から7割以上正解であれば合格に至ることが多いようです（年によって異なります）．

　単に解答を正解に照らし合わせて正誤を判断するだけでなく，ねらいと解説もしっかり読むことをお勧めします．ねらいでは，その問題が1級の合格者として必要とされる知識と能力のうちのどれを評価しようとしているかを述べています．そして解説部分では，各問題の解答に当たって，実際の試験の解答で要求される以上に丁寧な解説をしています．それらを答案用紙に書くことまでは要求されていません．しかし，問題と解答およびその解説を通じて，統計学の確かな知識を身に付ける手助けとなるでしょう．

　検定試験は，合格することが第一義的な目的ですが，合格を目指した勉学が，統計学に関する確かな知識と問題解決能力の獲得に資することも劣らず重要です．

共通問題 1

　ある大学で，2 種類の異なる教授法 A，B の効果を比較するため，実験的研究を行うこととした．この大学の学生全体から無作為に選んだ学生を，1 人ずつ順にそれぞれの教授法を受ける 2 つのグループ（グループ A，グループ B）のいずれかに振り分けるとし，振り分け法として次の 2 種類を考える．

- 方法 1：1 人ずつ順に，それ以前の振り分け結果とは独立に，確率 0.5 でいずれかのグループに振り分ける．
- 方法 2：最初の 1 人は確率 0.5 でいずれかのグループに振り分け，2 人目以降は 1 人ずつ順に次の手順で振り分ける：
  既に $(a+b)$ 人の学生が，グループ A に a 人，グループ B に b 人が振り分けられていたとき，$(a+b+1)$ 番目の学生を，グループ A に確率 $\dfrac{b}{a+b}$ で，グループ B に確率 $\dfrac{a}{a+b}$ で振り分ける．

　方法 1 で n 人の学生を振り分けた後に，グループ A に振り分けられた学生の人数を表す確率変数を X とする．また，方法 2 で n 人の学生を振り分けた後に，グループ A に振り分けられた学生の人数を表す確率変数を Y とする．このとき，以下の各問に答えよ．

〔1〕$n = 5$ のとき，$X = 3$ となる確率 $P(X = 3)$，X の期待値 $E[X]$ および分散 $V[X]$ をそれぞれ求めよ．

〔2〕$n = 5$ のとき，$Y = 3$ となる確率 $P(Y = 3)$，Y の期待値 $E[Y]$ および分散 $V[Y]$ をそれぞれ求めよ．

〔3〕一般の n（ただし $n \geq 2$）に対し，$E[X]$ と $E[Y]$ の大小関係，および $V[X]$ と $V[Y]$ の大小関係を論ぜよ．

　全部で n 人の学生を振り分け，それぞれの教授法で一定期間授業を行った後，各グループの学生に対し同じ問題でテストを行う．グループ A および B に振り分けられた学生のテストの点数は，それぞれ母分散が既知の正規分布 $N(\mu_A, 20^2)$，$N(\mu_B, 20^2)$ に従うとする．

〔4〕$n = 200$ 人の学生を振り分け，グループ A には 96 人，グループ B には 104 人が振り分けられた場合，μ_A の信頼度 95% の信頼区間の区間幅 L_A を求めよ．また，μ_B の信頼度 95% の信頼区間の区間幅を L_B としたとき，比 $\dfrac{L_A}{L_B}$ を求めよ．

〔5〕方法 1 で n 人の学生を振り分けるとき，μ_A の信頼度 95% の信頼区間幅が 8.0 以下となる確率が 0.8 以上となるための n は少なくともいくら以上でなければならないかを求めよ．

共通問題1解答

ねらい：統計的データ解析では，データの取得法が重要な意味を持つ．例えば新薬の有効性を評価するための臨床試験などでは，新薬群もしくは対照群への各個人の振り分け法に工夫が必要となる．振り分け法で最も簡単なのが，各個人を確率 1/2 でどちらかの群にランダムに割り当てる方法であるが，それだと結果的に偏りが生じる危険性がある．例えば 10 人の個人を 2 群に振り分ける場合，人数比が 10 対 0 とか 9 対 1 のように偏ってしまう可能性があり，試験実施上望ましくない．そこで両群の人数比をなるべく一定に保つ振り当て法が工夫されていて，統計用語としては「偏コイン法」とも呼ばれている．

本問は，その振り分け法に関する確率計算，および得られたデータからの母集団パラメータの区間推定などの基本的性質を問うものである．

正解：
〔1〕 $P(X = 3) = 5/16$, $E[X] = 5/2$, $V[X] = 5/4 = 1.2$
〔2〕 $P(Y = 3) = 11/24$, $E[Y] = 5/2$, $V[Y] = 5/12 \approx 0.42$
〔3〕 $n \geq 2$ では常に $E[X] = E[Y]$ および $V[X] > V[Y]$ となる．
〔4〕 $L_A \approx 8.0$, $\dfrac{L_A}{L_B} = \sqrt{\dfrac{104}{96}} = \sqrt{\dfrac{13}{12}} \approx 1.04$
〔5〕 $n \geq 204$

解説：
〔1〕 一般に，確率変数 X が二項分布 $B(n, p)$ に従うとき，$P(X = x) = {}_nC_x p^x (1-p)^{n-x}$ であり，$E[X] = np, V[X] = np(1-p)$ である．本問での X は $B(5, 1/2)$ に従うので，

$$P(X = 3) = {}_5C_3 \left(\frac{1}{2}\right)^3 \left(\frac{1}{2}\right)^2 = 10 \times \left(\frac{1}{2}\right)^5 = \frac{5}{16}$$

および

$$E[X] = 5 \times \frac{1}{2} = \frac{5}{2}, \quad V[X] = 5 \times \frac{1}{2} \times \frac{1}{2} = \frac{5}{4}$$

となる．
〔2〕 方法2では，最初の2人は必ず両群に1人ずつ振り分けられる．3, 4, 5番目の振り分け結果と，そのときの Y の値とその確率は以下のようになる．

$$(A, A, A)\,Y = 4 : \frac{1}{2} \times \frac{1}{3} \times \frac{1}{4} = \frac{1}{24}, \quad (A, A, B)\,Y = 3 : \frac{1}{2} \times \frac{1}{3} \times \frac{3}{4} = \frac{3}{24}$$

$$(A, B, A)\,Y = 3 : \frac{1}{2} \times \frac{2}{3} \times \frac{2}{4} = \frac{4}{24}, \quad (A, B, B)\,Y = 2 : \frac{1}{2} \times \frac{2}{3} \times \frac{2}{4} = \frac{4}{24}$$

$$(B, A, A)\,Y = 3 : \frac{1}{2} \times \frac{2}{3} \times \frac{2}{4} = \frac{4}{24}, \quad (B, A, B)\,Y = 2 : \frac{1}{2} \times \frac{2}{3} \times \frac{2}{4} = \frac{4}{24}$$

$$(B, B, A)\,Y = 2 : \frac{1}{2} \times \frac{1}{3} \times \frac{3}{4} = \frac{3}{24}, \quad (B, B, B)\,Y = 1 : \frac{1}{2} \times \frac{1}{3} \times \frac{1}{4} = \frac{1}{24}$$

これより,

$$P(Y=1) = \frac{1}{24}, \quad P(Y=2) = \frac{11}{24}, \quad P(Y=3) = \frac{11}{24}, \quad P(Y=4) = \frac{1}{24}$$

となる. よって, 期待値は,

$$E[Y] = 1 \times \frac{1}{24} + 2 \times \frac{11}{24} + 3 \times \frac{11}{24} + 4 \times \frac{1}{24} = \frac{60}{24} = \frac{5}{2}$$

であり, 分散は

$$V[Y] = \left(1 - \frac{5}{2}\right)^2 \times \frac{1}{24} + \left(2 - \frac{5}{2}\right)^2 \times \frac{11}{24} + \left(3 - \frac{5}{2}\right)^2 \times \frac{11}{24} + \left(4 - \frac{5}{2}\right)^2 \times \frac{1}{24} = \frac{5}{12}$$

となる.

〔3〕 X は $B(n, 1/2)$ に従うので $E[X] = n/2$ である. Y の分布は左右対称であることから, 期待値は取り得る値 1 から $n-1$ の中点であり, $E[Y] = \{1+(n-1)\}/2 = n/2$ となって, $E[X] = E[Y]$ である. 分散に関しては, 方法 2 は両グループの人数を同じにする方向に学生を振り分けるので, 平均値から離れた値をとる確率が方法 1 よりも小さくなり, $n \geq 2$ のとき $V[X] > V[Y]$ となる. 実際, n に対する X, Y を X_n, Y_n と置けば, $n \geq 3$ に対して漸化式

$$V[X_n] = \frac{n}{4} = V[X_{n-1}] + \frac{1}{4}, \quad V[X_2] = \frac{1}{2}$$
$$V[Y_n] = \frac{n-3}{n-1} V[Y_{n-1}] + \frac{1}{4}, \quad V[Y_2] = 0$$

が得られる. $V[Y_n]$ の式の右辺の $V[Y_{n-1}]$ の係数は 1 より小さいので, この漸化式から分散の大小関係を明示的に示すことができる.

〔4〕 グループ A の学生のテストの点数の母平均の 95% 信頼区間の区間幅は

$$L_A = 2 \times 1.96 \frac{20}{\sqrt{96}} \approx 19.6 \times \frac{1}{2.45} = 8.0$$

となる. グループ B の場合の区間幅は $L_B = 2 \times 1.96 \dfrac{20}{\sqrt{104}}$ であるので, 区間幅の比は

$$\frac{L_A}{L_B} = \sqrt{\frac{104}{96}} = \sqrt{\frac{13}{12}}$$

となる. 両群での分散は等しいので, 区間幅の比はサンプルサイズの比の平方根となる.

〔5〕 グループ A に割り当てられる人数を表す確率変数を M としたとき, 信頼区間幅が 8.0 以下になるためには, 上問 〔4〕 より $M \geq 96$ であればよく, $P(M \geq 96) \geq 0.8$ となるような n を求めることになる. M は二項分布

$B(n, 1/2)$ に従うが，n は十分大きいので，分布は正規分布 $N(n/2, n/4)$ で近似される．よって，$Z \sim N(0, 1)$ として，

$$P(M \geq 96) \approx P\left(Z \geq \frac{96 - n/2}{\sqrt{n}/2} \right) \geq 0.8$$

であるが，正規分布表より $P(Z \geq -0.84) \approx 0.8$ であり，$\dfrac{96 - n/2}{\sqrt{n}/2} = -0.84$ より

$$n - 0.84\sqrt{n} - 192 = 0$$

となる．これより，$x = \sqrt{n}$ と置いた 2 次方程式

$$x^2 - 0.84x - 192 = 0$$

を解いて $x \approx 14.283$ を得る．よって，$n = (14.283)^2 \approx 204$ となり，これが n の最小値を与える．

共通問題2

　ある大学のある学部では，入試科目の数学が選択制となっている．その学部のM教授は，統計学のクラスをA，Bの2つ受け持っていて，両クラスとも100名ずつの受講者がいる．両クラスとも入試で数学を選択した学生と非選択の学生は50名ずつであった．両クラスで統計学の試験を行ったところ，入試での数学の選択別の平均と標準偏差は表1のようであった．ここで，表の標準偏差は，両クラスとも除数を50とした標本分散の正の平方根である．また，それぞれのクラスでヒストグラムを描いたところ図1のようであった．

　両クラスとも入試での数学の選択の有無で明らかに平均が異なるので，ヒストグラムはふた山型となると予想されたが，Aクラスではそうであるものの，Bクラスではひと山型であった．M教授はどのような場合に，混合分布がふた山型を示すのかに興味を持ち，理論的に考察することにした．

表1　試験結果の基本統計量

統計量	Aクラス		Bクラス	
	数学選択	数学非選択	数学選択	数学非選択
平均	69.7	49.6	67.6	53.8
標準偏差	6.8	7.8	7.7	8.7

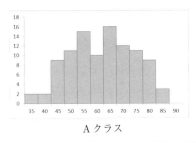
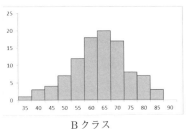

Aクラス　　　　　　　　　　　Bクラス

図1　クラス全体の試験結果のヒストグラム

　母集団全体の分布 F は，分散は等しいが平均は異なる正規分布 $N(\mu_1, \sigma^2)$ と $N(\mu_2, \sigma^2)$ の混合率 $1/2$ ずつの混合分布であるとする．すなわち，$N(\mu_j, \sigma^2)$ の確率密度関数を $f_j(x) = \dfrac{1}{\sqrt{2\pi}\sigma} \exp\left[-\dfrac{(x - \mu_j)^2}{2\sigma^2}\right]$ としたとき $(j = 1, 2)$，分布 F の確率密度関数 $f(x)$ は

$$f(x) = \frac{1}{2}\{f_1(x) + f_2(x)\}$$

で与えられる．図2はいくつかの μ_1, μ_2, σ の組み合わせに対応した $f(x)$ の形状である．

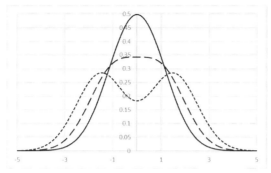

図2 いくつかのパラメータに関する $f(x)$ の形状

分布 F に従う確率変数を X とするとき，以下の各問に答えよ．

〔1〕 X の期待値と分散はそれぞれ

$$\xi = E[X] = \frac{\mu_1 + \mu_2}{2}, \quad \tau^2 = V[X] = \sigma^2 + \left(\frac{\mu_1 - \mu_2}{2}\right)^2$$

となることを示せ．
　　ヒント：

$$(x - \xi)^2 = \left(x - \frac{\mu_1 + \mu_2}{2}\right)^2 = \left(x - \mu_1 + \frac{\mu_1 - \mu_2}{2}\right)^2 = \left(x - \mu_2 - \frac{\mu_1 - \mu_2}{2}\right)^2$$

である．

〔2〕 表1の結果から，A クラス全体のデータを $x_i (i = 1, \ldots, 100)$ としたときの平均 $\bar{x} = \dfrac{1}{100}\displaystyle\sum_{i=1}^{100} x_i$ と標準偏差 $s = \sqrt{\dfrac{1}{100}\displaystyle\sum_{i=1}^{100}(x_i - \bar{x})^2}$ を求めよ．

〔3〕 確率密度関数 $f(x)$ の 1 次導関数 $f'(x)$ および 2 次導関数 $f''(x)$ を求めよ．また，$x = \xi$ は $f(x)$ の極値を与えることを示せ．

〔4〕 分布 F がふた山型（二峰性）を示すための μ_1, μ_2, σ の条件を求めよ．

共通問題2解答

ねらい：実際問題では，母集団全体が2種類の部分集団からなる状況に遭遇することがある．統計用語ではこれを分布の混合 (mixture) という．例えばある大学の学生全体の身長の分布は，男子学生と女子学生の身長の分布の混合となっている．2つの部分集団がそれぞれ平均の異なるひと山型（単峰性）の分布であるとき，それらの平均が大きく異なれば，母集団全体での分布はふた山型（二峰性）になるが，それらの平均があまり異ならないときの分布はふた山型にはならない

（問題文の図 2 参照）．データのヒストグラムがひと山型に見えても，実際にはそれは 2 つの部分集団の混合であるかもしれないことから，部分集団の平均がどの程度異なれば分布がふた山になるのかを知ることは重要である．

本問では，分布の混合において，2 群の各平均がどのくらい離れていれば全体の分布がふた山型になるかを問うものである．

正解：

〔1〕証明は解説の項を参照．

〔2〕全体の平均は $\bar{x} = 59.65$ で，標準偏差は $s \approx 12.43$ となる．

〔3〕$f(x)$ の 1 次導関数と 2 次導関数はそれぞれ

$$f'(x) = \frac{1}{2} \cdot \frac{1}{\sqrt{2\pi}\sigma} \left\{ -\frac{x - \mu_1}{\sigma^2} \exp\left[-\frac{(x - \mu_1)^2}{2\sigma^2} \right] - \frac{x - \mu_2}{\sigma^2} \exp\left[-\frac{(x - \mu_2)^2}{2\sigma^2} \right] \right\}$$

$$f''(x) = -\frac{1}{2} \cdot \frac{1}{\sqrt{2\pi}\sigma} \cdot \frac{1}{\sigma^2} \left\{ \left(1 - \left(\frac{x - \mu_1}{\sigma} \right)^2 \right) \exp\left[-\frac{(x - \mu_1)^2}{2\sigma^2} \right] \right.$$
$$\left. + \left(1 - \left(\frac{x - \mu_2}{\sigma} \right)^2 \right) \exp\left[-\frac{(x - \mu_2)^2}{2\sigma^2} \right] \right\}$$

となる．$f'(\xi) = 0$ であるので，ξ は $f(x)$ の極値を与える．

〔4〕$\dfrac{|\mu_1 - \mu_2|}{\sigma} > 2$ が条件となる．

解説：

〔1〕X の期待値 $\xi = E[X]$ は，定義により

$$\xi = \int_{-\infty}^{\infty} x f(x) dx = \int_{-\infty}^{\infty} x \cdot \frac{1}{2} \{ f_1(x) + f_2(x) \} dx$$
$$= \frac{1}{2} \left\{ \int_{-\infty}^{\infty} x f_1(x) dx + \int_{-\infty}^{\infty} x f_2(x) dx \right\} = \frac{\mu_1 + \mu_2}{2}$$

となる．また，

$$(x - \xi)^2 = \left(x - \frac{\mu_1 + \mu_2}{2} \right)^2$$
$$= \left(x - \mu_1 + \frac{\mu_1 - \mu_2}{2} \right)^2 = (x - \mu_1)^2 + (x - \mu_1)(\mu_1 - \mu_2)$$
$$+ \left(\frac{\mu_1 - \mu_2}{2} \right)^2$$
$$= \left(x - \mu_2 - \frac{\mu_1 - \mu_2}{2} \right)^2 = (x - \mu_2)^2 - (x - \mu_2)(\mu_1 - \mu_2)$$
$$+ \left(\frac{\mu_1 - \mu_2}{2} \right)^2$$

であるので，分散 $\tau^2 = V[X]$ は

$$\tau^2 = \int_{-\infty}^{\infty} (x-\xi)^2 f(x)dx = \int_{-\infty}^{\infty} (x-\xi)^2 \cdot \frac{1}{2}\{f_1(x) + f_2(x)\}dx$$

$$= \frac{1}{2}\left\{\int_{-\infty}^{\infty} (x-\xi)^2 f_1(x)dx + \int_{-\infty}^{\infty} (x-\xi)^2 f_2(x)dx\right\}$$

$$= \frac{1}{2}\left[\int_{-\infty}^{\infty}\left\{(x-\mu_1)^2 + (x-\mu_1)(\mu_1-\mu_2) + \left(\frac{\mu_1-\mu_2}{2}\right)^2\right\}f_1(x)dx\right.$$

$$\left. + \int_{-\infty}^{\infty}\left\{(x-\mu_2)^2 - (x-\mu_2)(\mu_1-\mu_2) + \left(\frac{\mu_1-\mu_2}{2}\right)^2\right\}f_2(x)dx\right]$$

$$= \frac{1}{2}\left\{\int_{-\infty}^{\infty} (x-\mu_1)^2 f_1(x)dx + \left(\frac{\mu_1-\mu_2}{2}\right)^2 + \int_{-\infty}^{\infty} (x-\mu_2)^2 f_2(x)dx\right.$$

$$\left. + \left(\frac{\mu_1-\mu_2}{2}\right)^2\right\}$$

$$= \frac{1}{2}\left\{2\sigma^2 + 2 \times \left(\frac{\mu_1-\mu_2}{2}\right)^2\right\} = \sigma^2 + \left(\frac{\mu_1-\mu_2}{2}\right)^2$$

となる．

〔2〕記号の定義として，A クラスでの数学選択の学生の試験の点数を $x_1, \ldots, x_{50}$ とし，数学非選択の学生の点数を $x_{50}, \ldots, x_{100}$ とする．数学選択および数学非選択の学生の平均をそれぞれ $\bar{x}_1$, $\bar{x}_2$ とすると，全体の平均は

$$\bar{x} = \frac{1}{100}\left(\sum_{i=1}^{50} x_i + \sum_{i=51}^{100} x_i\right) = \frac{1}{2}\left(\frac{1}{50}\sum_{i=1}^{50} x_i + \frac{1}{50}\sum_{i=51}^{100} x_i\right) = \frac{1}{2}(\bar{x}_1 + \bar{x}_2)$$

$$= \frac{1}{2}(69.7 + 49.6) = 59.65$$

となる．

数学選択および数学非選択の学生の点数の標準偏差をそれぞれ s_1, s_2 としたとき，

$$\bar{x}_1 - \bar{x} = \bar{x}_1 - \frac{1}{2}(\bar{x}_1 + \bar{x}_2) = \frac{1}{2}(\bar{x}_1 - \bar{x}_2)$$

$$\bar{x}_2 - \bar{x} = \bar{x}_2 - \frac{1}{2}(\bar{x}_1 + \bar{x}_2) = -\frac{1}{2}(\bar{x}_1 - \bar{x}_2)$$

であるので，クラス全体での平均からの偏差平方和は

$$A = \sum_{i=1}^{50}(x_i - \bar{x})^2 + \sum_{i=51}^{100}(x_i - \bar{x})^2$$

$$= \sum_{i=1}^{50}(x_i - \bar{x}_1)^2 + 50(\bar{x}_1 - \bar{x})^2 + \sum_{i=1}^{50}(x_i - \bar{x}_2)^2 + 50(\bar{x}_2 - \bar{x})^2$$

$$= 50s_1^2 + 50s_2^2 + 100\left(\frac{\bar{x}_1 - \bar{x}_2}{2}\right)^2 = 100\left\{\frac{s_1^2 + s_2^2}{2} + \left(\frac{\bar{x}_1 - \bar{x}_2}{2}\right)^2\right\}$$

となる．よって，クラス全体での点数の標準偏差は

$$s = \sqrt{\frac{1}{100}A} = \sqrt{\frac{6.8^2 + 7.8^2}{2} + \left(\frac{69.7 - 49.6}{2}\right)^2} \approx 12.43$$

と求められる．

〔3〕$f(x)$ の 1 次導関数は

$$f'(x) = \frac{1}{2} \cdot \frac{1}{\sqrt{2\pi}\sigma}\left\{-\frac{x - \mu_1}{\sigma^2}\exp\left[-\frac{(x - \mu_1)^2}{2\sigma^2}\right] - \frac{x - \mu_2}{\sigma^2}\exp\left[-\frac{(x - \mu_2)^2}{2\sigma^2}\right]\right\} \tag{1}$$

であり，2 次導関数は

$$f''(x) = \frac{1}{2} \cdot \frac{1}{\sqrt{2\pi}\sigma}\left\{-\frac{1}{\sigma^2}\exp\left[-\frac{(x - \mu_1)^2}{2\sigma^2}\right] + \left(\frac{x - \mu_1}{\sigma^2}\right)^2\exp\left[-\frac{(x - \mu_1)^2}{2\sigma^2}\right]\right.$$
$$\left. -\frac{1}{\sigma^2}\exp\left[-\frac{(x - \mu_2)^2}{2\sigma^2}\right] + \left(\frac{x - \mu_2}{\sigma^2}\right)^2\exp\left[-\frac{(x - \mu_2)^2}{2\sigma^2}\right]\right\}$$
$$= -\frac{1}{2} \cdot \frac{1}{\sqrt{2\pi}\sigma} \cdot \frac{1}{\sigma^2}\left\{\left(1 - \left(\frac{x - \mu_1}{\sigma}\right)^2\right)\exp\left[-\frac{(x - \mu_1)^2}{2\sigma^2}\right]\right.$$
$$\left. + \left(1 - \left(\frac{x - \mu_2}{\sigma}\right)^2\right)\exp\left[-\frac{(x - \mu_2)^2}{2\sigma^2}\right]\right\}$$

となる．1 次導関数 (1) において $x = \xi$ とすることにより，

$$f'(\xi) = \frac{1}{2} \cdot \frac{1}{\sqrt{2\pi}\sigma}\left\{-\frac{\xi - \mu_1}{\sigma^2}\exp\left[-\frac{(\xi - \mu_1)^2}{2\sigma^2}\right] - \frac{\xi - \mu_2}{\sigma^2}\exp\left[-\frac{(\xi - \mu_2)^2}{2\sigma^2}\right]\right\}$$
$$= \frac{1}{2} \cdot \frac{1}{\sqrt{2\pi}\sigma}\left\{\frac{\mu_1 - \mu_2}{2\sigma^2}\exp\left[-\frac{\{-(\mu_1 - \mu_2)/2\}^2}{2\sigma^2}\right]\right.$$
$$\left. -\frac{\mu_1 - \mu_2}{2\sigma^2}\exp\left[-\frac{\{(\mu_1 - \mu_2)/2\}^2}{2\sigma^2}\right]\right\}$$
$$= 0$$

となり，これより $x = \xi = \dfrac{\mu_1 + \mu_2}{2}$ は $f(x)$ の極値を与えることが分かる．

〔4〕$f(x)$ の 2 次導関数の $x = \xi$ での値は

$$f''(\xi) = \frac{1}{2} \cdot \frac{1}{\sqrt{2\pi}\sigma}\left\{-\frac{1}{\sigma^2}\exp\left[-\frac{(\xi - \mu_1)^2}{2\sigma^2}\right] + \left(\frac{\xi - \mu_1}{\sigma^2}\right)^2\exp\left[-\frac{(\xi - \mu_1)^2}{2\sigma^2}\right]\right.$$

$$-\frac{1}{\sigma^2}\exp\left[-\frac{(\xi-\mu_2)^2}{2\sigma^2}\right]+\left(\frac{\xi-\mu_2}{\sigma^2}\right)^2\exp\left[-\frac{(\xi-\mu_2)^2}{2\sigma^2}\right]\right\}$$

$$=\frac{1}{2}\cdot\frac{1}{\sqrt{2\pi}\sigma}\cdot\frac{1}{\sigma^2}\exp\left[-\frac{(\mu_1-\mu_2)^2}{8\sigma^2}\right]\left\{-2+\frac{(\mu_1-\mu_2)^2}{2\sigma^2}\right\}$$

となる．$f(x)$ がふた山型となるのは，$f(x)$ が $x=\xi$ で下に凸，すなわち $f''(\xi)>0$ のときであるので，$-2+\dfrac{(\mu_1-\mu_2)^2}{2\sigma^2}>0$ より条件 $\dfrac{|\mu_1-\mu_2|}{\sigma}>2$ を得る．

　問題文の図 2 はそれぞれ $|\mu_1-\mu_2|/\sigma=1$（実線），$|\mu_1-\mu_2|/\sigma=2$（破線），$|\mu_1-\mu_2|/\sigma=3$（点線）に対応した分布 F の確率密度関数の形状である．

共通問題3

　ABO 血液型の分布は O 型，A 型，B 型，AB 型の比率で示され，この比率は国や地域によって違いが見られる．日本のある地域 C から無作為に抽出した 100 人を調べたところ，血液型の分布は表1のようになった．以下の各問に答えよ．

表1　地域 C の血液型分布（観測度数）

血液型	O 型	A 型	B 型	AB 型	合計
観測度数	24	48	16	12	100

〔1〕日本人の ABO 血液型は

$$\text{O 型：A 型：B 型：AB 型} = 3：4：2：1 \tag{1}$$

の比率で分布すると言われている．帰無仮説を式 (1) の比率とし，表1の度数について適合度のカイ2乗検定を有意水準5％で行い，その結果を述べよ．

〔2〕血液型の分布の観測度数が，k を自然数として $6k$，$12k$，$4k$，$3k$ であったとしたとき（表1では $k = 4$），適合度のカイ2乗検定が有意水準5％で有意になる最小の k はいくらか．

〔3〕一般に，適合度のカイ2乗検定統計量は，近似的にカイ2乗分布に従うことからその名があるが，その統計量が近似的にカイ2乗分布に従う根拠は何かを述べよ．厳密に証明する必要はない．

〔4〕ABO 血液型は，親から受け継いだ3つの遺伝子 O，A，B の組合せによって決まることが知られていて，表2のように血液型が決まる．これより，遺伝子 O，A，B の比率はそれぞれ $r, p, q(r + p + q = 1)$ の比率で分布しているとすると，各血液型の比率は表2の最後の行に示したようになる．

表2　遺伝子を考慮した血液型分布

血液型	O 型	A 型	B 型	AB 型
遺伝子型	OO	AA AO OA	BB BO OB	AB BA
比率	r^2	$p^2 + 2pr$	$q^2 + 2qr$	$2pq$

　全観測度数を N とし，各血液型の観測度数をそれぞれ n_O, n_A, n_B, n_{AB}，各遺伝子型の度数を $f_{OO}, f_{AA}, f_{AO}, f_{BB}, f_{BO}, f_{AB}$ とする（f_{AO}, f_{BO}, f_{AB} はそれぞれ AO と OA，BO と OB，AB と BA の合計度数である）．このとき，$f_{OO} = n_O$，$f_{AA} + f_{AO} = n_A$，$f_{BB} + f_{BO} = n_B$，$f_{AB} = n_{AB}$ であり，$f_{AA}, f_{AO}, f_{BB}, f_{BO}$ は実際は観測されない度数である．

　比率 r, p, q の最尤推定値を求める．度数 $f_{OO}, f_{AA}, f_{AO}, f_{BB}, f_{BO}$，

f_{AB} に基づく尤度関数は，r，p，q に依存しない定数を無視すると

$$L(r,p,q) \propto (r^2)^{f_{OO}} (p^2)^{f_{AA}} (2pr)^{f_{AO}} (q^2)^{f_{BB}} (2qr)^{f_{BO}} (2pq)^{f_{AB}}$$

となる．次の (i) および (ii) に答え，最尤推定値を求める数値計算の反復法を構築せよ．ただし実際に数値を求める必要はない．

(i) ラグランジュの未定乗数を λ とした

$$Q = \log L(r,p,q) - \lambda(r+p+q-1)$$

を r，p，q でそれぞれ偏微分して 0 と置き，$L(r,p,q)$ を最大化する r，p，q の値を求める式を示せ．

(ii) 上記 (i) で求めた r，p，q を用いて度数 f_{AA}，f_{AO}，f_{BO}，f_{BB} の期待値を求める式を示せ．

共通問題3解答

ねらい：適合度のカイ2乗検定は，理論度数と観測度数の一致度の評価に用いられる最も基本的な検定法である．したがって，その数学的な性質を知ることは重要であり，それにより検定結果の適切な解釈につながる．

　本問は，血液型の分布という身近な問題を取り上げ，カイ2乗検定の基本的な性質を問うものである．また，パラメータが別のパラメータで表される場合の最尤推定法についての設問もある．これは，最尤推定における計算法として重要な EM アルゴリズムに関係したものとなっている．いずれも統計検定1級レベルの知識として欠かせないものである．

正解：

〔1〕適合度のカイ2乗検定統計量の値は 4.0 で，自由度3のカイ2乗分布の上側5%点 7.81 よりも小さいので，有意水準5% で帰無仮説は棄却されない．

〔2〕$k = 8$

〔3〕サンプルサイズが大きいとき，多項分布は多変量正規分布で近似され，検定統計量は標準正規変量の2乗和であることから近似的にカイ2乗分布に従う．

〔4〕
(i) $\hat{r} = \dfrac{2f_{OO} + f_{AO} + f_{BO}}{2N}$, $\quad \hat{p} = \dfrac{2f_{AA} + f_{AO} + f_{AB}}{2N}$,

$\hat{q} = \dfrac{2f_{BB} + f_{BO} + f_{AB}}{2N}$

(ii) $E[f_{AA}] = Np^2, E[f_{AO}] = n_A - Np^2$, $\quad E[f_{BB}] = Nq^2, E[f_{BO}] = n_B - Nq^2$

解説：

　一般に，カテゴリー数を K とし，理論確率を $p_1, \ldots, p_K$，観測度数を $f_1, \ldots, f_K$，観測度数の和を N としたとき，適合度のカイ2乗統計量は

$$Y = \sum_{k=1}^{K} \frac{(f_k - Np_k)^2}{Np_k} \tag{*}$$

となる.

〔1〕与えられた確率と観測度数から，適合度のカイ2乗検定統計量 (*) の値は

$$Y = \frac{(24-30)^2}{30} + \frac{(48-40)^2}{40} + \frac{(16-20)^2}{20} + \frac{(12-10)^2}{10} = 4.0$$

と求められる. Y は帰無仮説の下で近似的に自由度3のカイ2乗分布に従うので，その上側5%点7.81と比較して，$Y < 7.81$ であるので，有意水準5%で帰無仮説は棄却されない．したがって，表1のデータからは，血液型の分布が問題文 (1) と異なるとは言えない.

〔2〕各観測度数を c 倍すると，(*) より

$$Y_c = \sum_{k=1}^{K} \frac{(cf_k - cNp_k)^2}{cNp_k} = c\sum_{k=1}^{K} \frac{(f_k - Np_k)^2}{Np_k} = cY$$

と，カイ2乗統計量の値も c 倍になる．したがって，自由度3のカイ2乗分布の上側5%点の7.81を超える Y となる最小の k が答えである．$k = 4$ で $Y = 4.0$ であるので，$k = 7$ では $Y = 7.0$ であり，$k = 8$ とすると $Y = 8.0$ と初めて7.81を超える．よって，$k = 8$ が答えとなる.

〔3〕サンプルサイズが N で，カテゴリー数が K のとき，観測度数 $(f_1, \ldots, f_K)$ は，パラメータ $(N, p_1, \ldots, p_K)$ の多項分布に従う．N が大きいとき，多項分布は多変量正規分布で近似できるので，$f_1, \ldots, f_K$ の変換によって互いに独立に標準正規分布に従う確率変数を構成し，適合度のカイ2乗検定統計量 Y がそれらの2乗和となることより，Y が近似的にカイ2乗分布に従うことが示される．したがって，カイ2乗近似の妥当性は多項分布の正規近似に依存する．各カテゴリー度数の期待値が小さいなど，その近似がうまくいかない場合には Y のカイ2乗近似の精度は悪くなる.

　解答では求めてはいないが，理論上重要な結果であるので，Y が近似的にカイ2乗分布に従うことの証明のアウトラインを示しておく.

　観測度数ベクトル $\boldsymbol{f} = (f_1, \ldots, f_K)^T$ は N および $\boldsymbol{p} = (p_1, \ldots, p_K)^T$ をパラメータとする多項分布に従う（上付き添え字の ^{T} は行列あるいはベクトルの転置を表す）．したがって，観測度数の期待値と分散および共分散はそれぞれ

$$\begin{aligned} E[f_k] = Np_k, V[f_k] = Np_k(1-p_k) \quad (k = 1, \ldots, K) \\ Cov[f_j, f_k] = -Np_jp_k \quad (j, k = 1, \ldots, K; j \neq k) \end{aligned} \tag{**}$$

となる．N が大きいとき，$\boldsymbol{f}$ の分布は K 変量正規分布 $N_K(N\boldsymbol{p}, \Sigma)$ で近似される．ただし，$N\boldsymbol{p}$ は $\boldsymbol{f}$ の期待値ベクトル，Σ は各要素が式 (**) で与えられる分

散共分散行列である．ここで

$$x_k = \frac{f_k - Np_k}{\sqrt{Np_k}} \quad (k = 1, \ldots, K)$$

とすると，$\boldsymbol{x} = (x_1, \ldots, x_K)^T$ は近似的に K 変量正規分布 $N_K(\boldsymbol{0}, R)$ に従う．ただし $\boldsymbol{0} = (0, \ldots, 0)^T$ および

$$R = \begin{pmatrix} 1-p_1 & -\sqrt{p_1}\sqrt{p_2} & \cdots & -\sqrt{p_1}\sqrt{p_K} \\ -\sqrt{p_2}\sqrt{p_1} & 1-p_2 & \cdots & -\sqrt{p_2}\sqrt{p_K} \\ \vdots & \vdots & \ddots & \vdots \\ -\sqrt{p_K}\sqrt{p_1} & -\sqrt{p_K}\sqrt{p_2} & \cdots & 1-p_K \end{pmatrix}$$

である．

R は固有値 0（単根）と 1（$(K-1)$ 重根）を持ち，固有値 0 に対応する正規化された固有ベクトルは $\boldsymbol{h}_1 = (\sqrt{p_1}, \cdots, \sqrt{p_K})^T$ である．よって，H_2 を $H = (\boldsymbol{h}_1 : H_2)$ が K 次直交行列となるような固有値 1 に対応する $K-1$ 本の固有ベクトルからなる $K \times (K-1)$ 行列とすれば，R は $R = H_2 H_2^T$ と表される．$\boldsymbol{z} = H^T \boldsymbol{x}$ とすると，$E[\boldsymbol{z}] = \boldsymbol{0}$ であり，$\boldsymbol{z}$ の分散共分散行列は，$H_2^T \boldsymbol{h}_1 = \boldsymbol{0}$ に注意すると，

$$V[\boldsymbol{z}] = H^T R H = \begin{pmatrix} 0 & 0 & \cdots & 0 \\ 0 & 1 & \cdots & 0 \\ \vdots & \vdots & \ddots & \vdots \\ 0 & 0 & \cdots & 1 \end{pmatrix}$$

となる．よって，$z_1 \equiv 0$ であり，$z_2, \ldots, z_K$ は互いに独立に $N(0,1)$ に従う．

以上より，

$$\boldsymbol{x}^T \boldsymbol{x} = \sum_{k=1}^{K} \frac{(f_k - Np_k)^2}{Np_k} = \boldsymbol{x}^T H H^T \boldsymbol{x} = (H^T \boldsymbol{x})^T (H^T \boldsymbol{x}) = \boldsymbol{z}^T \boldsymbol{z} = \sum_{k=2}^{K} z_k^2$$

となるので，$Y = \boldsymbol{x}^T \boldsymbol{x} = \sum_{k=1}^{K} \frac{(f_k - Np_k)^2}{Np_k}$ の分布は，$K-1$ 個の互いに独立に近似的に $N(0,1)$ に従う変量の 2 乗和に等しく，よって，自由度 $K-1$ のカイ 2 乗分布に従うことが示される．

〔4〕

(i) 目的関数は

$$\begin{aligned} Q &= \log L(r, p, q) - \lambda(r + p + q - 1) \\ &= 2f_{OO} \log r + 2f_{AA} \log p + f_{AO} \log(2pr) + 2f_{BB} \log q \\ &\quad + f_{BO} \log(2qr) + f_{AB} \log(2pq) \end{aligned}$$

$$- \lambda(r + p + q - 1)$$

である．これを r, p, q でそれぞれ偏微分して 0 と置くと，

$$\frac{\partial Q}{\partial r} = \frac{2f_{OO}}{r} + \frac{f_{AO}}{r} + \frac{f_{BO}}{r} - \lambda = 0$$

$$\frac{\partial Q}{\partial p} = \frac{2f_{AA}}{p} + \frac{f_{AO}}{p} + \frac{f_{AB}}{p} - \lambda = 0$$

$$\frac{\partial Q}{\partial q} = \frac{2f_{BB}}{q} + \frac{f_{BO}}{q} + \frac{f_{AB}}{q} - \lambda = 0$$

となり，関係式

$$2f_{OO} + f_{AO} + f_{BO} = \lambda r$$

$$2f_{AA} + f_{AO} + f_{AB} = \lambda p$$

$$2f_{BB} + f_{BO} + f_{AB} = \lambda q$$

を得る．これらの両辺を加えると，

$$2(f_{OO} + f_{AO} + f_{BO} + f_{AA} + f_{BB} + f_{AB}) = 2N = \lambda(r + p + q) = \lambda$$

となるので，$\lambda = 2N$ となる．よって，各比率の推定値は

$$\hat{r} = \frac{2f_{OO} + f_{AO} + f_{BO}}{2N}$$

$$\hat{p} = \frac{2f_{AA} + f_{AO} + f_{AB}}{2N}$$

$$\hat{q} = \frac{2f_{BB} + f_{BO} + f_{AB}}{2N}$$

となる．

(ii) パラメータの値 p, q が与えられたとき，観測されない度数の期待値は

$$E[f_{AA}] = Np^2, E[f_{AO}] = n_A - Np^2$$

$$E[f_{BB}] = Nq^2, E[f_{BO}] = n_B - Nq^2$$

で与えられる．

　問題の解答としては以上であるが，実際の計算では，上問 (i) および (ii) で得られた結果を用い，適当な初期値 $f_{AA}^{(0)}$, $f_{BB}^{(0)}$ から出発し，

$$r^{(t)} = \frac{2f_{OO} + f_{AO}^{(t-1)} + f_{BO}^{(t-1)}}{2N}$$

$$p^{(t)} = \frac{2f_{AA}^{(t-1)} + f_{AO}^{(t-1)} + f_{AB}}{2N}$$

$$q^{(t)} = \frac{2f_{BB}{}^{(t-1)} + f_{BO}{}^{(t-1)} + f_{AB}}{2N}$$

および

$$f_{AA}{}^{(t)} = N(p^{(t)})^2, f_{AO}{}^{(t)} = n_A - N(p^{(t)})^2$$
$$f_{BB}{}^{(t)} = N(q^{(t)})^2, f_{BO}{}^{(t)} = n_B - N(q^{(t)})^2$$

を繰り返す反復計算アルゴリズムにより解を求める．これは，(i) で求めた結果を M ステップ，(ii) で得られた結果を E ステップとする EM アルゴリズムである．

共通問題 4

　ある疾病の感染の有無に対する検査を考える．ある母集団に属する人が疾病に感染していることを T，感染していないことを F とする．また，この疾病の簡易検査における陽性を $+$，陰性を $-$ として，検査に関する各用語をそれぞれ次のように条件付き確率で定義する．

　感度：$P(+ \mid T)$ 疾病に感染している人が検査で陽性になる確率

　特異度：$P(- \mid F)$ 疾病に感染していない人が検査で陰性になる確率

　陽性的中率：$P(T \mid +)$ 検査で陽性だった人が実際に疾病に感染している確率

　陰性的中率：$P(F \mid -)$ 検査で陰性だった人が実際に疾病に感染していない確率

また，母集団における疾病の感染率を $p = P(T)$ とする．$P(F) = 1 - p$ である．

　この検査では，ある物質の血中濃度を計測し，それを変換した値 X がしきい値 c を超えたときに陽性とし，c 以下のときは陰性と判定する．すなわち，疾病に感染している人の X を X_T とし，感染していない人の X を X_F とするとき，

$$P(+ \mid T) = P(X_T > c), \quad P(- \mid F) = P(X_F \leq c)$$

である．以下では，X_T および X_F はそれぞれ正規分布 $N(\mu_T, \sigma_T^2)$ および $N(\mu_F, \sigma_F^2)$ に従うとし，疾病の感染の有無にかかわらず分散は等しく $\sigma_T^2 = \sigma_F^2 (= \sigma^2)$ とする．以下の各問に答えよ．

〔1〕$\mu_T = 10$, $\mu_F = 5$, $\sigma^2 = 2^2$ および $c = 8$ で $p = 0.01$ のとき，感度および特異度はそれぞれいくらか．

〔2〕パラメータの設定が上問 [1] と同じとき，陽性的中率および陰性的中率はそれぞれいくらか．

〔3〕しきい値 c 以外のパラメータの値は上問 [1] と同じとする．感度を 0.95 とするためにはしきい値 c をいくらにすればよいか．またそのときの特異度はいくらか．

〔4〕測定対象の物質の測定精度を上げ，X_T および X_F の標準偏差 σ を小さくして，検査の感度と特異度をそれぞれ 0.95 にするには σ と c をいくらにすればよいか．ただし μ_T および μ_F の値は上問 [1] と同じとする．

〔5〕ある検査会社は，自社が開発した検査法で多くの人たちを調べた結果，疾病の感染者は全員が陽性になり，検査で陰性だった人は全員が疾病に感染していなかったという．この検査法はきわめて有効であると言えるであろうか．その理由を明らかにしたうえで答えよ．

共通問題 4 解答

ねらい：COVID-19 の感染により，疾病の検査が国民的な関心事となった．検査の性能を表すパラメータには，感度と特異度がある．感度は，疾病に感染している人が検査で陽性になる確率，特異度は疾病に感染していない人が検査で陰性となる確率と定義される．そのほかに，陽性的中率，陰性的中率なども重要な役割を

果たすが，これらはすべて条件付き確率の言葉で語られ，それらの間の関係式の構築にはベイズの定理が重要な役割を果たす．したがって，これらの意味を正しく理解するとともに各種の計算に習熟することは，統計家としては重要な素養となる．

　本問では，正規分布に基づいたこれらの諸量の計算法を問うものである．なお，感度，特異度の概念は，機械学習の文脈でも重要な役割を果たす．

正解：

〔1〕感度は 0.8413 で，特異度は 0.9332 となる．

〔2〕陽性的中率は 0.1129 で，陰性的中率は 0.9983 となる．

〔3〕しきい値は $c = 6.71$ で，このときの特異度は 0.80 となる．

〔4〕$\sigma = 1.52$，$c = 7.5$ とすればよい．

〔5〕しきい値 c を小さくして偽陰性率を低くすればよいが，そうすると偽陽性率が大きくなってしまい，必ずしも有効な検査とはいえない．

解説：

〔1〕確率変数の分布は $X_T \sim N(10, 2^2)$ および $X_F \sim N(5, 2^2)$ で，しきい値は $c = 8$ であるので，$Z \sim N(0, 1)$ として，感度と特異度はそれぞれ次のように求められる．

$$\text{感度}：P(+ \mid T) = P(X_T > 8) = P\left(\frac{X_T - 10}{2} > \frac{8 - 10}{2}\right) = P(Z > -1)$$
$$= 0.8413$$

$$\text{特異度}：P(- \mid F) = P(X_F \leq 8) = P\left(\frac{X_F - 5}{2} \leq \frac{8 - 5}{2}\right) = P(Z \leq 1.5)$$
$$= 0.9332$$

〔2〕検査で陽性および陰性になる確率はそれぞれ

$$P(+) = P(+ \mid T)P(T) + P(+ \mid F)P(F) = 0.8413 \times 0.01 + (1 - 0.9332)$$
$$\times 0.99 = 0.074545$$
$$P(-) = P(- \mid T)P(T) + P(- \mid F)P(F) = (1 - 0.8413) \times 0.01 + 0.9332$$
$$\times 0.99 = 0.925455$$

であるので，ベイズの定理より

$$\text{陽性的中率}：P(T \mid +) = \frac{P(+ \mid T)P(T)}{P(+)} = \frac{0.8413 \times 0.01}{0.074545} \approx 0.1129$$

$$\text{陰性的中率}：P(F \mid -) = \frac{P(- \mid F)P(F)}{P(-)} = \frac{0.9332 \times 0.99}{0.925455} \approx 0.9983$$

となる.

〔3〕感度を 0.95 にするには $P(X_T > c) = 0.95$ となるようにしきい値 c 決めればよい. 確率変数 X_T は $N(10, 2^2)$ に従うので,

$$P(X_T > c) = P\left(\frac{X_T - 10}{2} > \frac{c - 10}{2}\right) = P(Z > d) = 0.95$$

となる d は, 正規分布表よりおおよそ $d = -1.645$ と読み取れる. よって, $c = 2 \times (-1.645) + 10 = 6.71$ とすればよい. このときの特異度は, $X_F \sim N(5, 2^2)$ より

$$P(X_F \leq 6.71) = P\left(\frac{X_F - 5}{2} \leq \frac{6.71 - 5}{2}\right) = P(Z \leq 0.855) \approx 0.804$$

となる.

〔4〕$X_T \sim N(10, \sigma^2)$ および $X_F \sim N(5, \sigma^2)$ とすると, 求めるための条件は

$$P(X_T > c) = P\left(\frac{X_T - 10}{\sigma} > \frac{c - 10}{\sigma}\right) = P\left(Z > \frac{c - 10}{\sigma}\right) = 0.95$$

および

$$P(X_F \leq c) = P\left(\frac{X_F - 5}{\sigma} \leq \frac{c - 5}{\sigma}\right) = P\left(Z \leq \frac{c - 5}{\sigma}\right) = 0.95$$

である. したがって, $P(Z > 1.645) \approx 0.05$ であることから

$$\begin{cases} \dfrac{c - 10}{\sigma} = -1.645 \\ \dfrac{c - 5}{\sigma} = 1.645 \end{cases}$$

を満足する σ と c を求める問題に帰着される. 簡単な計算により, $c = 7.5$ および

$$\sigma = \frac{10 - 5}{1.645 \times 2} \approx 1.52$$

が得られる.

〔5〕与えられた情報からは, 検査が必ずしも有効であるとはいえない. その理由は以下のようである.

　　感度はほぼ 1 であるので, 偽陰性率は $P(- \mid T) \approx 0$ である. また, 陰性的中率がほぼ 1 ということは

$$P(F \mid -) = \frac{P(- \mid F)P(F)}{P(- \mid F)P(F) + P(- \mid T)P(T)} \approx 1$$

であるが，これが成り立つのは $P(- \mid T) \approx 0$ もしくは $P(T) \approx 0$ の場合である．ちなみに $P(T) \approx 0$ の条件は感度がほぼ1という条件からは出てこない．

　本問の設定では，しきい値 c を小さくして偽陰性率を低くすればよいことになる．しかし，そうすると偽陽性率 $P(+ \mid F)$ も大きくなってしまい，陽性的中率

$$P(T \mid +) = \frac{P(+ \mid T)P(T)}{P(+ \mid T)P(T) + P(+ \mid F)P(F)}$$

が小さくなって，必ずしも有効な検査とはいえなくなる．また，疾病の感染率がきわめて低く $P(T) \approx 0$ の場合には，感度が高くかつ陰性的中率が高くても，陽性的中率は低くなる可能性がある．

　一般に，偽陰性に比べ偽陽性のコストは小さいとされるが，偽陽性のコストがそう小さくない場合には，問題が生じる可能性が高い．

　なお，機械学習の分野でも同様の問題が扱われる．検査での「陽性・陰性」を「正・負」，現実の疾病の「有・無」を「正・負」とし，各頻度を表す用語を

　　　TP: True Positive, FP: False Positive, TN: True Negative, FN: False Negative

とすると，

$$\text{感度} = \frac{TP}{TP + FN}, \quad \text{特異度} = \frac{TN}{FP + TN}, \quad \text{陽性的中率} = \frac{TP}{TP + FP},$$
$$\text{陰性的中率} = \frac{TN}{FN + TN}$$

であるが，機械学習では，陽性的中率を正確度あるいは適合率 (precision) といい，感度を再現率 (recall rate) という．また，全体での正解率あるいは精度 (accuracy) を

$$\text{正解率} = \frac{TP + TN}{TP + FP + TN + FN}$$

で定義する．

共通問題5

　ある大企業で，健康診断の一環として従業員の血圧の測定が一定の期間を置いて
2回行われた．37歳の昭雄さんは，1回目の血圧測定で最高血圧（収縮期血圧）が
132 mmHgであり，担当の看護師から「血圧が高めなので気を付けてください」と言
われた．昭雄さんは，自分なりに節制したところ2回目の測定では128 mmHgとな
り，4 mmHg下がったと同僚の成美さんに自慢げに言ったところ，彼女に「平均への
回帰効果じゃないですか」と言われた．

　以下の各問では，この企業の三十代の男性で降圧剤治療を受けていない人たち全体
を母集団とする．そして，最高血圧の1回目の測定値を X，2回目の測定値を Y と
し，(X, Y) は母集団全体で2変量正規分布 $N(\mu_X, \mu_Y, \sigma_X^2, \sigma_Y^2, \sigma_{XY})$ に従うと仮
定する（ここで σ_{XY} は X と Y の共分散）．

　今回の健康診断の2回の血圧測定では，母集団全体での母平均は $\mu_X = \mu_Y = 120$
(mmHg)，母標準偏差は $\sigma_X = \sigma_Y = 12$ (mmHg) であり，X と Y の間の母相関係
数 ρ_{XY} は0.75である．

　このとき，以下の各問に答えよ．なお，$X = x$ が与えられたときの Y の条件付き
分布は $N(\alpha + \beta x, \sigma^2)$ であり，$\beta = \dfrac{\sigma_{XY}}{\sigma_X^2}$，$\alpha = \mu_Y - \beta \mu_X$，$\sigma^2 = \sigma_Y^2 - \dfrac{\sigma_{XY}^2}{\sigma_X^2}$
となることは用いてよい．

〔1〕母集団全体における2回の血圧の測定値の差 $D = Y - X$ の期待値と分散はい
　　くらか．また，母集団全体で確率 $P(D \leq -4)$ はいくらか．

〔2〕1回目の測定値 X が132 mmHgの人の2回目の測定値 Y の条件付き期待値
　　$E[Y \mid X = 132]$ と条件付き分散 $V[Y \mid X = 132]$ はそれぞれいくらか．この結
　　果をもとに，成美さんの言う「平均への回帰」とは何であるかを簡潔に説明せ
　　よ．また，昭雄さんの血圧下降分4 mmHgのうちのどのくらいが平均への回帰
　　分とみなされるであろうか．

　平均への回帰の説明のため，次のモデルを想定する．血圧値は測定ごとに変動する
が，各人は個人ごとに血圧の真値（その人では定数）θ を持つとし，各人の測定値は
$X = \theta + \varepsilon_1$，$X = \theta + \varepsilon_2$ と表されるとする．そして θ は，母集団全体では $N(\mu, \tau^2)$
に従って分布しているとする．ここで，ε_1，ε_2 は互いに独立かつ θ とも独立に，そ
れぞれ $N(0, \psi^2)$ に従う確率変数である．

〔3〕上記のモデルの下で，X および Y の母集団全体での各分散 $V[X]$，$V[Y]$ およ
　　び共分散 $Cov[X, Y]$ はそれぞれ τ と ψ の関数としてどのように表現されるか．
　　また，X および Y の標準偏差ならびに X と Y の間の相関係数が設問の値であ
　　るとき，分散 τ^2 と ψ^2 はそれぞれいくらか．

〔4〕1回目の測定値が $X = 132$ の人たち全体では，血圧の真値 θ はどのように分布
　　しているか．すなわち，$X = 132$ が与えられた下での θ の条件付き分布は何で
　　あり，パラメータ値が設問の値であるときその条件付き期待値 $E[\theta \mid X = 132]$

および条件付き分散 $V[\theta \mid X = 132]$ はそれぞれいくらか.

〔5〕血圧の真値 θ が上問 [4] の分布に従うとき, $X = 132$ の人たちの2回目の測定値 Y の分布は何か. この結果から, 上記のモデルの下で平均への回帰現象を説明せよ.

昭雄さんの2回目の測定値は $128\,\mathrm{mmHg}$ であったが, $X = 132$ の人たちの中で, 2回目の血圧の測定値 Y が $128\,\mathrm{mmHg}$ 以下となる確率 $P(Y \le 128 \mid X = 132)$ はいくらか.

共通問題5解答

ねらい:回帰分析は, 統計的データ解析手法の中でも最も多用される分析法であるが, その語源ともなった平均への回帰 (regression to the mean) は, 一見不可思議であり, そして実際問題では誤った解釈を導きかねない概念である. したがって, 統計家としては, 平均への回帰とは何かを十二分に理解し, 分析結果に妥当な解釈を加えることで, 誤った結論に至る危険を回避する必要がある.

本問では, ダイエットと血圧との関係という身近な例を用いて, 平均への回帰とは何か, そしてそれがなぜ生じるのかに関する考察を, ベイズの考え方を基に問うものである.

正解:

〔1〕$E[D] = 0$, $V[D] = 72$ で, $P(D \le -4) \approx 0.32$ である.

〔2〕$E[Y \mid X = 132] = 129$, $V[Y \mid X = 132] = 63$ で, 平均への回帰分は $3\,\mathrm{mmHg}$ とみなせる. 平均への回帰とは何かは解説の項を参照.

〔3〕$V[X] = \tau^2 + \psi^2$, $V[Y] = \tau^2 + \varphi^2$ であり. $Cov[X, Y] = V[\theta] = \tau^2$ となる. また, $\tau^2 = 108$, $\psi^2 = 6^2$ である.

〔4〕θ の条件付き分布は正規分布である. また, $\beta = \tau^2 / \sigma_X^2$ として, $E[\theta \mid X = 132] = \mu + \beta(x - \mu)$, $V[\theta \mid X = 132] = \tau^2 - (\tau^2)^2 / \sigma^2$ である. 数値を代入して $E[\theta \mid X = 132] = 129$, $V[\theta \mid X = 132] = 27$ となる.

〔5〕$Y \sim N(129, 63)$ である. 平均への回帰の説明は解説の項を参照. また, $P(Y \le 128 \mid X = 132) \approx 0.45$ となる.

解説:

〔1〕一般に, 差 $D = Y - X$ の期待値と分散は

$$E[D] = E[Y] - E[X], \quad V[D] = V[Y] + V[X] - 2Cov[X, Y]$$

であるので, それぞれ数値を代入して

$$E[D] = 120 - 120 = 0, \, V[D] = 12^2 + 12^2 - 2 \times 12 \times 12 \times 0.75 = 72$$

となる. よって, $Z \sim N(0, 1)$ として, 求める確率は,

$$P(D \leq -4) = P\left(\frac{D-0}{\sqrt{72}} \leq \frac{-4-0}{\sqrt{72}}\right) = P\left(Z \leq -\frac{\sqrt{2}}{3}\right) \approx P(Z \leq -0.47)$$
$$\approx 0.32$$

となる.

[2] $X = x$ が与えられたときの Y の条件付き分布の関係式

$$\beta = \sigma_{XY}/\sigma_X^2, \quad \alpha = \mu_Y - \beta\mu_X, \quad \sigma^2 = \sigma_Y^2 - \sigma_{XY}^2/\sigma_X^2$$

のそれぞれに各数値を代入すると

$$\beta = 108/12^2 = 0.75, \quad \alpha = 120 - 0.75 \times 120 = 30, \quad \sigma^2 = 12^2 - 108^2/12^2 = 63$$

となる. よって, $X = 132$ のときの Y の条件付き期待値および条件付き分散はそれぞれ

$$E[Y \mid X = 132] = 30 + 0.75 \times 132 = 129, V[Y \mid X = 132] = 63$$

となり, 条件付き分布は $N(129, 63)$ となる.

　例えば同種の測定が2回あり, それらを表す確率変数をそれぞれ X, Y としたとき, 1回目の測定値 x が全体での平均 μ_X よりも大きい（小さい）場合, 2回目の測定値の条件付き期待値 $E[Y \mid x]$ は, 全体での Y の平均 μ_Y よりも大きい（小さい）ものの, $|E[Y \mid x] - \mu_Y|$ は1回目の測定値の差 $|x - \mu_X|$ よりも小さい. 2回目の測定値の条件付き期待値は全平均に近づくことから, これを平均への回帰現象という.

　昭雄さんの2回目の血圧の測定値は $128\,\mathrm{mmHg}$ で, 血圧下降度は $4\,\mathrm{mmHg}$ であるが, $X = 132$ の人たちの2回目の測定値の条件付き期待値は $E[Y \mid X = 132] = 129\,\mathrm{mmHg}$ であるので, 下降分 $4\,\mathrm{mmHg}$ のうち平均への回帰分は $3\,\mathrm{mmHg}$ とみなされる.

[3] θ と ε_1 は独立であるので, $V[X] = V[\theta + \varepsilon_1] = V[\theta] + V[\varepsilon_1] = \tau^2 + \psi^2$ であり, 同様に $V[Y] = \tau^2 + \psi^2$ となる. また, $Cov[X, Y] = V[\theta] = \tau^2$ となる. これより, 設問の数値を代入して $V[X] = \tau^2 + \psi^2 = 12^2$, $Cov[X, Y] = \tau^2 = 12^2 \times 0.75 = 108$ であるので, $\tau^2 = 108$, $\psi^2 = 144 - 108 = 36 = 6^2$ を得る.

[4] $X = x$ のときの真値 θ の条件付き確率密度関数は, $h(\theta)$ を θ の事前確率密度関数として, ベイズの定理により

$$g(\theta \mid x) = \frac{f(x \mid \theta)h(\theta)}{f(x)}$$

であり, 右辺の分子は形式的に X と θ の同時分布であり, $(X, \theta) \sim N(\mu, \mu, \sigma_X^2, \tau^2, \tau^2)$ とみなされる. よって, $X = x$ の下での θ の条件付き分布は正規分布である. また, $\beta = \tau^2/\sigma_X^2$ として, $E[\theta \mid X = 132] = \mu + \beta(x - \mu),$

$V[\theta \mid X = 132] = \tau^2 - (\tau^2)^2/\sigma_X^2$ である．数値を代入すると，$\mu = 120$，$\sigma_X^2 = 12^2 = 144$，$\tau^2 = 108$，$\beta = 108/144 = 3/4$ であるので，

$$E[\theta \mid X = 132] = 129, \quad V[\theta \mid X = 132] = 27$$

となる．

〔5〕$Y = \theta + \varepsilon_2$ であり，$\theta \sim N(129, 27)$ であること，および $\varepsilon_2 \sim N(0, 6^2)$ より，分散は $27 + 36 = 63$ となるため $Y \sim N(129, 63)$ を得る．これより，上問 [2] の分布が再現される．

このモデルに基づいた解釈として，2 回目の測定値 Y の条件付き期待値が全平均に近づくという平均への回帰現象の理由は，1 回目の測定値が $X = x(> \mu)$ となった人の真値 θ の条件付き分布は x よりも小さな平均を持つ分布に従い，2 回目の測定値はその θ の分布を反映しているためであると言える．

昭雄さんの測定値に関して求める確率は

$$P(Y \leq 128 \mid X = 132) = P\left(\frac{Y - 129}{\sqrt{63}} \leq \frac{128 - 129}{\sqrt{63}}\right) \approx P(Z \leq -0.126)$$
$$\approx 0.45$$

となる．

付 録

練習問題の略解

問 1.1

〔1〕 $X = \max(U, V) \leq x$ は U および V の両方が x 以下である事象に他ならないので，$G_1(x) = \Pr(U \leq x)\Pr(V \leq x) = x{\times}x = x^2$. $Y = \min(U, V) \leq y$ は U および V の両方が y 以上であることの余事象に対応することに注意すると，$G_2(y) = \Pr(Y \leq y) = 1 - (1 - y)^2$.

〔2〕 〔1〕の結果より，確率密度関数は累積分布関数の導関数であることから

$$g_1(x) = \frac{dG_1(x)}{dx} = 2x, \quad g_2(y) = \frac{dG_2(y)}{dy} = 2(1 - y).$$

〔3〕 X と Y の同時分布関数は $G(x, y) = y(2x - y)$ であることから $(y \leq x)$，その同時確率密度関数 $g(x, y)$ は

$$g(x, y) = \frac{\partial^2 G(x, y)}{\partial x \partial y} = 2.$$

〔4〕

$$E(XY) = 2 \int_0^1 \int_0^x xy\,dx\,dy = 2 \int_0^1 \frac{1}{2} x^3 dy = \left[\frac{y^4}{4} \right]_0^1 = \frac{1}{4}.$$

$$E(X) = 2 \int_0^1 x^2 dx = \frac{2}{3} \left[x^3 \right]_0^1 = \frac{2}{3}, \text{ 同様に } E(Y) = \frac{1}{3}.$$

$$E(X^2) = 2 \int_0^1 x^3 dx = \frac{2}{4} \left[x^4 \right]_0^1 = \frac{1}{2}, \text{ 同様に } E(Y^2) = \frac{1}{6}.$$

これより $V(X) = V(Y) = 1/18$, $C(X, Y) = 1/36$ となり X と Y の相関係数は $1/2$.

問 1.2

〔1〕 $y = 1/x$ より, $|dx/dy| = |-1/y^2| = 1/y^2$. また f_X は $x = 0$ について対称なので, $0 < x < \infty$ で考えると

$$f_Y(y) = \frac{1}{\pi \left(1 + \frac{1}{y^2}\right)} \frac{1}{y^2} = \frac{1}{\pi (1 + y^2)}.$$

〔2〕 (X, Y) の同時確率密度関数を $f_{X,Y}(x, y)$ とおくと,

$$f_{X,Y}(x, y) = \frac{1}{2\pi} \exp\left(-\frac{1}{2}(x^2 + y^2)\right).$$

$u = x, v = y/x$ と変数変換すれば, $x = u, y = uv$ のヤコビアンは

$$J = \begin{vmatrix} 1 & 0 \\ v & u \end{vmatrix} = u.$$

したがって, (U, V) の同時確率密度関数 $f_{U,V}(u, v)$

$$f_{U,V}(u, v) = \frac{|u|}{2\pi} \exp\left(-\frac{u^2}{2}(1 + v^2)\right)$$

を u について積分すれば

$$f_V(v) = \frac{1}{\pi} \left[-\frac{1}{v^2 + 1} \exp\left(-\frac{v^2 + 1}{2}u^2\right)\right]_0^\infty = \frac{1}{\pi(1 + v^2)}.$$

問 1.3

〔1〕 $U = F(Z)$ の累積分布関数が $0 < u < 1$ の範囲で $H(u) = u$ となることを示せばよい.

〔2〕 $g_1(x) = 3(1 - x)^2, g_2(x) = 6x(1 - x), g_3(x) = 3x^2.$

〔3〕 $E[X_1] = 0.25, E[X_2] = 0.5, E[X_3] = 0.75.$

問 2.1 4つの等式 $x(x - 1) \times {}_M\tilde{C}_x = M(M - 1) \times {}_{M-2}\tilde{C}_{x-2}$, ${}_{N-M}\tilde{C}_{n-x} = {}_{N-M}\tilde{C}_{(n-2)-(x-2)}$, ${}_N C_n = \dfrac{N(N - 1)}{n(n - 1)} \times {}_{N-2}C_{n-2}$, ${}_{N-2}C_{n-2} = \displaystyle\sum_{x=2}^{n} {}_{M-2}\tilde{C}_{x-2} \times {}_{N-M}\tilde{C}_{(n-2)-(x-2)}$ に着目すると,

$$E[X(X - 1)] = n(n - 1)\frac{M(M - 1)}{N(N - 1)}.$$

分散は $V[X] = E[X(X - 1)] + E[X] - (E[X])^2$ を用いて求める.

問 2.2　ポアソン分布 $\mathrm{Po}(\lambda)$ を λ についてガンマ分布 $\mathrm{Ga}(\alpha, \beta)$ で混合する．式 (2.2.5)を適用すると，

$$\int_0^\infty \exp(-\lambda)\frac{\lambda^x}{x!}\frac{\beta^\alpha}{\Gamma(\alpha)}\lambda^{\alpha-1}\exp(-\beta\lambda)\,d\lambda = \frac{\Gamma(x+\alpha)}{x!\Gamma(\alpha)}\frac{\beta^\alpha}{(\beta+1)^{x+\alpha}}.$$

ここで $\alpha = r$ および $\beta = p/(1-p)$ とする．

問 2.3　Y の累積分布関数は $P(Y \le y) = y$ である．また，$F^{-1}(Y) \le x \Leftrightarrow Y \le F(x)$ である．したがって，$P(X \le x) = P\big(F^{-1}(Y) \le x\big) = F(x)$.

問 2.4　次の変換を考える．

$$x_1 = \frac{y_1}{y_1+y_2+y_3}, \quad x_2 = \frac{y_2}{y_1+y_2+y_3}, \quad x_3 = y_1+y_2+y_3.$$

逆変換は $y_1 = x_1 x_3,\ y_2 = x_2 x_3,\ y_3 = x_3(1-x_1-x_2)$ であり，ヤコビアンは x_3^2 となる．(X_1, X_2, X_3) の同時確率密度関数は

$$f(x_1, x_2, x_3) = \frac{\beta^{\alpha_1+\alpha_2+\alpha_3}}{\Gamma(\alpha_1)\Gamma(\alpha_2)\Gamma(\alpha_3)}x_1^{\alpha_1-1}x_2^{\alpha_2-1}(1-x_1-x_2)^{\alpha_3-1}$$
$$\times\, x_3^{\alpha_1+\alpha_2+\alpha_3-1}\exp(-\beta x_3)$$

である．式 (2.2.5) を用いて x_3 について 0 から ∞ まで積分し，周辺確率密度関数を計算する．

問 2.5　$A = [I_q,\, O_{q,p-q}]$ のとき，

$$[I_q,\, O_{q,p-q}]\begin{bmatrix}\boldsymbol{\mu}_1 \\ \boldsymbol{\mu}_2\end{bmatrix} = \boldsymbol{\mu}_1, \quad [I_q,\, O_{q,p-q}]\begin{bmatrix}\Sigma_{11} & \Sigma_{12} \\ \Sigma_{21} & \Sigma_{22}\end{bmatrix}\begin{bmatrix}I_q \\ O_{p-q,q}\end{bmatrix} = \Sigma_{11}.$$

問 2.6　正規分布 $\mathrm{N}(0, 1/\theta)$ を θ についてガンマ分布 $\mathrm{Ga}(\alpha, \beta)$ で混合し，式 (2.2.5) を適用する．$\alpha = \beta = p/2$ とし，

$$\int_0^\infty \sqrt{\frac{\theta}{2\pi}}\exp\left(-\frac{\theta x^2}{2}\right)\frac{\beta^\alpha}{\Gamma(\alpha)}\theta^{\alpha-1}\exp(-\beta\theta)\,d\theta = \frac{\Gamma(\alpha+1/2)}{\sqrt{2\pi}\Gamma(\alpha)\beta^{1/2}}\left(1+\frac{x^2}{2\beta}\right)^{-(\alpha+1/2)}.$$

問 3.1

〔1〕　$y = \log(1+x)$ より $x = e^y - 1$ だから $dx/dy = e^y$．よって $g(y) = \theta(e^y)^{-(1+\theta)}e^y = \theta e^{-\theta y}$.

$$\mathrm{E}[Y] = \frac{1}{\theta}, \ \mathrm{E}[Y^2] = \int_0^\infty y^2\theta e^{-\theta y}dy = \frac{2}{\theta^2} \ \text{より} \ \mathrm{Var}[Y] = \frac{1}{\theta^2}.$$

〔2〕　省略

〔3〕　〔1〕より $T = \sum_{i=1}^{n} \log(X_i + 1)/n$ は $1/\theta$ に対する不偏推定量であり，その分散は $V[T] = 1/(n\theta^2)$ である．一方，$\tau = 1/\theta$ とおくと，$n = 1$ のとき $f(x;\tau) = \dfrac{1}{\tau}(1 + x)^{-(1+1/\tau)}$ となり，フィッシャー情報量は $\mathrm{E}[\partial \log f(x;\tau)/\partial \tau]^2 = 1/\tau^2 = \theta^2$ となる．一般の n の場合，3.6.2 項の公式より，T は分散の下限 $1/\mathrm{E}[\partial \log f(x;\tau)/\partial \tau]^2 = 1/n\theta^2$ を達成している．

問 3.2

〔1〕　パラメータ λ の指数分布の期待値は $1/\lambda$ であり，分散は $1/\lambda^2$ であるので，標本平均 $\bar{X}$ の期待値と分散は $\mathrm{E}[\bar{X}] = 1/\lambda$, $\mathrm{Var}[\bar{X}] = 1/(n\lambda^2)$.

〔2〕　対数尤度関数 $\ell_\lambda = \log L(\lambda) = n\log\lambda - \lambda t$ の微分により，最尤推定値は $\hat{\lambda} = n/t = 1/\bar{X}$.

〔3〕　n 個の観測値に基づくフィッシャー情報量は $i_n(\lambda) = -\mathrm{E}[\ell''(\lambda)] = n/\lambda^2$.

〔4〕　$\theta = 1/\lambda$ とおくと，$g(\theta) = 1/\theta, g'(\theta) = -1/\theta^2$ となり，デルタ法による漸近分散は，$\mathrm{Var}[1/\bar{X}] = \{g'(\theta)\}^2 \mathrm{Var}[\bar{X}] = (-1/\theta^2)^2 \times \dfrac{1}{n\lambda^2} = \dfrac{\lambda^2}{n}$

問 4.1

〔1〕　$\bar{X} \sim N(\mu, 4/n)$ より，$H_0 : \mu = 0$ のもとで $(\bar{X} - \mu)/(\sqrt{4/n}) = \sqrt{n}\bar{X}/2 \sim N(0,1)$. これより，$\Pr(\sqrt{n}\bar{X}/2 > 1.645) = 0.05$ で，有意水準 5% の検定の棄却域は $\sqrt{n}\bar{X}/2 > 1.645$，すなわち，$\bar{X} > 3.29/\sqrt{n}$.

〔2〕　対立仮説 H_1 のもとで $Z = (\bar{X} - \mu)/\sqrt{4/n} \sim N(0,1)$ より，検出力関数は

$$\beta(\mu) = \Pr(Z > 1.645 - \frac{\sqrt{n}}{2}\mu \mid \mu > 0)$$

となる．題意より，$\Pr(Z > 1.645 - (\sqrt{n}/2)\mu \mid \mu = 1) = \Pr(Z > 1.645 - \sqrt{n}/2) \geq 0.90$. ところで，$\Pr(Z > -1.28) = 0.90$ であるから，

$$1.645 - \frac{\sqrt{n}}{2} \leq -1.28 \ \Rightarrow \ n \geq 35.$$

問 4.2

〔1〕　正規分布の母分散は 1 であるので，標本平均 $\bar{x}$ の標準誤差は $1/\sqrt{n}$ である．信頼係数 $100\alpha\%$ の信頼区間は

$$(\bar{x} - z_{\alpha/2}/\sqrt{n}, \ \bar{x} + z_{\alpha/2}/\sqrt{n}).$$

〔2〕　一様最強力不偏検定の棄却域 C は $C = \{x; |\bar{x}| \geq z_{\alpha/2}/\sqrt{n}\}$.

〔3〕 上問 〔1〕 で $\bar{x}$ が信頼区間に含まれないことと上問 〔2〕 における棄却域に入ることが同値であることは容易に確かめられる.

問 5.1

〔1〕 (X, Y) の 2 変量正規分布から $X = x$ を与えた下での Y の条件付き期待値と分散は $\mathrm{E}[Y|x] = \rho_{xy} x$, $\mathrm{Var}[Y|x] = 1 - \rho_{xy}^2$ であるので, 回帰係数は $\beta_x = \rho_{xy}$ となる.

〔2〕 (X, Y, Z) の 3 変量正規分布から $X = x$ および $Z = z$ を与えた下での Y の条件付き期待値と分散を求めると

$$\mathrm{E}[Y|x, z] = \frac{\rho_{xy} - \rho_{yz}\rho_{xz}}{1 - \rho_{xz}^2} x + \frac{\rho_{yz} - \rho_{xy}\rho_{xz}}{1 - \rho_{xz}^2} z,$$

$$\mathrm{Var}[Y|x, z] = 1 - \frac{\rho_{xy}^2 - 2\rho_{yz}\rho_{xy}\rho_{xz} + \rho_{yz}^2}{1 - \rho_{xz}^2}$$

となり, 次を得る

$$\alpha_x = \frac{\rho_{xy} - \rho_{yz}\rho_{xz}}{1 - \rho_{xz}^2}, \quad \alpha_z = \frac{\rho_{yz} - \rho_{xy}\rho_{xz}}{1 - \rho_{xz}^2}.$$

〔3〕 関係式 $(\rho_{xy} - \rho_{yz}\rho_{xz})/(1 - \rho_{xz}^2) = \rho_{xy}$ より $\beta_x = \alpha_x$ となるための必要十分条件は $\rho_{yz} - \rho_{xy}\rho_{xz} = 0$ もしくは $\rho_{xz} = 0$ が成り立つこと.

〔4〕 関係式 $1 - \rho_{xy}^2 = 1 - (\rho_{xy}^2 - 2\rho_{yz}\rho_{xy}\rho_{xz} + \rho_{yz}^2)/(1 - \rho_{xz}^2)$ より $\mathrm{Var}[Y|x] = \mathrm{Var}[Y|x, z]$ となるための必要十分条件は $\rho_{xz}\rho_{xy} - \rho_{yz} = 0$.

問 5.2

〔1〕 2 標本 t 検定は, 2 つの正規分布の母平均の差に関する検定で, 分散は未知であるが等しいと仮定される. ここでの P 値は 0.172 と有意水準の 0.05 よりも大きいので, 両プログラム間の平均値に有意な差はない.

〔2〕 片方の群の累積分布関数を $F(x)$ としたとき, もう片方の群の累積分布関数が $F(x - \delta)$ と表され, 検定の帰無仮説は $H_0 : \delta = 0$ である. 母集団分布は正規分布でなくてもよい.

〔3〕 観測値を小さい順に並べ, 片方の群の順位和を求めるが, Exact な方法とは, 1 から 16 までの順位の中からランダムに 8 つを選んで順位和を計算し, その順位和が観測された順位和 (この場合は 88) 以上となる確率を求めるものである.

〔4〕 両群の観測値数を m および n としたとき, 順位和は $(m+n)(m+n+1)/2$. 第 2 群の観測値数の比率は $n/(m+n)$ で, 第 2 群の順位和の期待値は $n(m+n+1)/2$. ここでは, $m = n = 8$ より $8 \times 17/2 = 68$.

〔5〕 順位和は $w = 88$ であるので, 標準化して $z = (88 - 68)/\sqrt{90.67} \approx 2.10$ となり, 両側 P 値は 0.036. このデータの場合, 体重の減少量が正規分布との仮定は疑問で, ノンパラメトリックな検定のほうが妥当であり, 両プログラム間では有意な差があったと結論付けるのがよい.

問 6.1

〔1〕 重回帰モデル $Y_i = \beta_0 + \beta_1 x_{1i} + \beta_2 x_{2i} + \varepsilon_i$ $(i = 1, \ldots, n)$ に通常置かれる仮定は，(a) $\mathrm{E}[\varepsilon_i] = 0$, (b) $\mathrm{Var}[\varepsilon_i] = \sigma^2$ （等分散性），(c) $\mathrm{Cov}[\varepsilon_i, \varepsilon_j] = 0 (i \neq j)$ （無相関性，さらに強くは独立性），であり，統計的な推測のためには正規分布が仮定されることが多い．また，通常説明変数は変数でなく所与の値とされるが，調査データなどでは観測値となることも多い．その際には説明変数と誤差の間の独立性がきわめて重要な仮定となる．

〔2〕 「係数」は回帰モデルにおける定数項及び各変数の係数である．すなわち推定された回帰モデルは

$$y = -1.938 + 0.099x_1 + 0.194x_2$$

である．すなわち，Listening の点数が 10 点上がるごとに期末試験の点数 y は約 1 点上がり，Reading が 10 点上がるごとに y は約 2 点上がることになる．すなわち，Reading のほうが y に与える影響が 2 倍であることがわかる．この場合の定数項は -1.938 と負の数であるが，実質的な意味はない．

重相関係数は y の実際の値とモデルによる予測値との間の相関係数で，モデルの説明力を表している．決定係数は重相関係数の 2 乗で，目的変数 y の変動のうちモデルが説明する割合を示している．また，分散分析表における「有意 F」は目的変数 y に対しモデルの説明力が全然ないという仮説の検定における P 値であり，このデータでは 0.031 と小さいので，説明力はあることがわかる．しかしながら各変数の係数の P 値はそれぞれ 0.457 と 0.141 とあまり小さくはない．これは説明変数間の相関が高いときに観測される現象で，多重共線性と呼ばれるものである．

〔3〕 各単回帰分析の結果からも Listening および Reading の点数は期末試験の点数と強い関係があることがわかる．決定係数は変数の個数を増やすと必ず大きくなるので，〔2〕の重回帰分析のほうが〔3〕のそれぞれの単回帰分析の決定係数よりも大きい．

しかし，自由度調整済み決定係数を見ると，最も大きいのは Reading のみを用いた回帰モデルである．したがって Reading のみを用いたモデルが 3 つのうちでは最もよいとされそうであるが，英語の試験では必ず両方のテストが行われるのであるから，両方の変数を用いたモデルのほうがよいであろう．あるいは Total を用いた単回帰分析が最もよいかもしれない．

〔4〕 Listening と Reading に加え Total を説明変数に入れると，Total = Listening + Reading という線形関係があり，説明変数の分散共分散行列が特異となって逆行列が存在せず，推定値が求められない．

問 6.2

〔1〕 平均値は国語と英語が高い．標準偏差を見ると国語と数学が大きいので，これら 2 科目は他の科目に比べ点数のばらつきが大きいことがわかる．また，相関行列より，国語と社会，数学と理科の相関が高いことがわかる．また，すべての

相関は正であるので，どの科目に対しても高い点数を取る生徒やどの科目の点数も低い生徒がいることがわかる．

〔2〕 主成分分析は，元の多変量データのばらつきの情報を最もよく表現するようなデータの線形結合（主成分）を，各線形結合同士は無相関になるように作り，多変量データのもつ情報を少数個の主成分により表現しようとする手法である．一方，因子分析は，潜在因子を仮定し，データはそれら少数個の潜在因子の線形結合と，それらでは説明できない独自因子からなるとするものである．このように因子分析はモデルに基づく解析であるが，主成分分析はデータの要約が主で特にモデルを想定してはいない．

〔3〕 固有値を見ると第 1 固有値の寄与率は約 60% で，この主成分が大きな役割を果たしている．第 1 主成分の固有ベクトルはすべて正でほぼ同じ値となっているので，第 1 主成分は生徒の総合得点を表すものと解釈できる．第 2 主成分の寄与率は 24% 程で，その固有ベクトルを見るに，国語と社会が正で大きな値，数学と理科が負で大きな値，英語はその中間となっている．すなわち，第 2 主成分は（国語，社会）の組と（数学，理科）の組を分ける，いわゆる文系・理系を表すものとの解釈ができる．第 2 主成分までで全体の 85% の情報を担っているので，概ね第 2 主成分まで考え置けば十分である．

〔4〕 因子軸の回転では単純構造を目指す．単純構造とは，各因子における因子負荷量の絶対値が 0 または 1 に近いものをいう．このデータの場合は，因子軸を -45 度回転させることにより単純構造が得られる．その場合は，第 1 因子が理系，第 2 因子が文系を表していると解釈される．

問 6.3

〔1〕 $b^{(1)} = A_{x,1}/A_x = 5/10 = 0.5$, $a^{(1)} = \bar{y}^{(1)} - b^{(1)}\bar{x} = 1.1 - 0.5 \times 2 = 0.1$,
$b^{(2)} = A_{x,2}/A_x = 10/10 = 1.0$, $a^{(2)} = \bar{y}^{(2)} - b^{(2)}\bar{x} = 2.1 - 1.0 \times 2 = 0.1$,
$b^{(3)} = A_{x,3}/A_x = 20/10 = 2.0$, $a^{(3)} = \bar{y}^{(3)} - b^{(3)}\bar{x} = 4.1 - 2.0 \times 2 = 0.1$.

〔2〕 省略．

〔3〕 $R^{(1)2} = A_{x,1}^2/(A_x A_1) = 25/37$, $SSR^{(1)} = (1 - R^{(1)2})A_1 = \dfrac{12}{37} \times 3.7 = 1.2$,
同様に，$R^{(2)2} = 100/112$, $SSR^{(2)} = 1.2$, $R^{(3)2} = 400/412$, $SSR^{(3)} = 1.2$.

〔4〕 3 つの回帰のいずれの残差分散の推定値も $s^2 = 1.2/3 = 0.4$ であり，回帰係数の標準誤差は 3 つとも $\sqrt{s^2/A_x} = \sqrt{0.4/10} = 0.2$ と同じである．x からの y の予測の精度は x の分布と誤差分散のみの関数であるので，3 つの回帰式での予測精度は同じとなる．

〔5〕 一般に，サンプルサイズを n としたとき，$x = x_0$ における y の条件付き期待値 μ_0 の信頼区間は，$m_0 = a + bx_0$, $\alpha = t_{0.025}(n-2)s$ として，次で与えられる．

$$m_0 - \alpha\sqrt{\frac{1}{n} + \frac{(x_0 - \bar{x})^2}{\sum_{i=1}^{n}(x_i - \bar{x})^2}} < \mu_0 < m_0 + \alpha\sqrt{\frac{1}{n} + \frac{(x_0 - \bar{x})^2}{\sum_{i=1}^{n}(x_i - \bar{x})^2}}.$$

問 6.4

〔1〕 ポアソン分布は稀な事象の生起回数を表す確率分布である．サッカーのゴール数は稀な事象とみることができるのでその確率分布はポアソン分布で近似されると考えられる．

〔2〕 観測値の和は $t = 101$ で標本サイズは $n = 96$ であるので，標本平均は $\bar{x} = t/n = 101/96 \approx 1.052$ となる．ポアソン分布のパラメータ λ は分布の期待値であるので，その推定値は標本平均で与えられるとするのが自然である．またそれは，λ の最尤推定値でもある．

〔3〕 期待値が 5 以下となるセルを結合すると，カイ二乗統計量の値は 0.774 となり，P 値は 0.856 となる．

〔4〕 λ の信頼区間の構成にはいくつかの方法がある．ワルド型の信頼区間は

$$\frac{t}{n} \pm \frac{1.96\sqrt{t}}{n} = 1.052 \pm 0.205 = (0.847,\ 1.257)$$

となり，スコア型の信頼区間は，$z_{0.025} \approx 2$ とすると

$$\frac{t+2}{n} \pm \frac{2\sqrt{t+1}}{n} = 1.073 \pm 0.210 = (0.863,\ 1.283).$$

問 7.1

〔1〕 プールした分散は $s^2 = (19 \times 36.0 + 19 \times 40.0)/38 = 38.0$ であり，t 統計量の値は

$$t^* = \frac{33.3 - 30.4}{\sqrt{\left(\frac{1}{20} + \frac{1}{20}\right) \times 38.0}} = 1.488$$

となる．自由度 38 の t 分布の上側 2.5% 点は t 分布表より 2.02 であるので，$|t^*| < 2.02$ より有意水準 5% の両側検定で有意でない．

〔2〕 正しい検定法は「対応のある t 検定」である．検定統計量の値は

$$t^{**} = \frac{33.3 - 30.4}{\sqrt{22.87/19}} = 2.643$$

であり，$t_{0.025}(19) = 2.093$ なので，有意水準 5% で有意である．

〔3〕 この問題のように各個体から 2 回データを取るような場合を「対応のあるデータ」という．例えば，もともと脈拍が高い人は 2 回とも高い傾向にあるため，通常は処置前後の観測値間には正の相関がみられる．独立な t 検定と対応のある t 検定では，検定統計量の分子は同じであるが，分母が異なる．観測値の差の分散は，相関係数が正の場合には各分散の平均よりも小さくなるので，検定統計量の値は大きくなり，結果として帰無仮説は棄却されやすくなる．相関が弱い場合には，対応のある検定では自由度が小さくなるため棄却限界値が大きくなって検定は有意になりにくいが，サンプルサイズがある程度大きい場合には相関が弱くても対応のある検定のほうが有意差は得られやすい．

問 7.2

〔1〕 偏差値 t は $t = 10 \times (x - 45.41)/13.50 + 50 = 0.741x + 16.363$. $t = 60$ に対応する x は $x = (60 - 16.363)/0.741 = 58.889 \approx 59$.

〔2〕 P 値は 0.028 と 5% 有意であるので，入学時に比べが期末試験時には平均点が上がったように思われるが，下位クラスは入学時の点数が低い学生であることを考慮しなくてはいけない．いわゆる平均への回帰効果（下の〔4〕参照）により，何もしなくても 2 回目の平均値は 1 回目の平均値より高くなる．逆に上位クラスの平均値は，これも平均への回帰効果により低くなり，このデータでもそうなっている．したがって，平均への回帰を考慮した解析をしなくてはならず，ここでの P 値の 0.028 を鵜呑みにするわけにはいかない．

〔3〕 上位クラスの回帰式は $y = 28.169 + 0.475x$，下位クラスの回帰式は $y = 19.385 + 0.543x$．これらより，$x = 45.41$ における予測値は上位クラス：49.758，下位クラス：44.030 となる．平均値での予測値は上位クラスのほうが上という結果である．傾きが共通で切片のみが異なる回帰式を求めるにはダミー変数を

$$d = \begin{cases} 1 & \text{上位クラス} \\ 0 & \text{下位クラス} \end{cases}$$

として $y = a + cd + bx$ とした重回帰式を求めればよい．計算では，d および x の全体での平均値 $\bar{d}$, $\bar{x}$ を引いて $d_i^* = d_i - \bar{d}$, $x_i^* = x_i - \bar{x}$ とした

$$y_i = a^* + c^* d_i^* + b^* x_i^* \quad (i = 1, \ldots, n)$$

から推定値を求めればよい．

〔4〕 平均への回帰 (regression to the mean) とは，同じ測定項目で 2 回測定した場合，1 回目の測定で全体の平均値よりも大きな（小さな）個体の 2 回目の測定値は，2 回目の測定値全体の平均よりも大きい（小さい）ものの，1 回目ほどは大きく（小さく）ない，という現象である．この例のように 1 回目の測定値で場合分けしたような場合には，処置の効果が全くなくても 2 回目はあたかも処置があるように見え，ここでのデータでもそうなっている．また，2 回目の測定値のほうが 1 回目に比べばらつきが大きくなる．したがって，処置効果を評価する際には平均への回帰の効果を考慮し，それを超えてなお処置効果がみられるかどうかを評価しなくてはならない．

問 7.3

〔1〕 共分散を S_{LR} とすると，相関係数は $r = S_{LR}/(S_L S_R) = 4500/(80 \times 75) = 0.75$ と求められる．

〔2〕 差 $D = L - R$ の平均値は $M_D = M_L - M_R = 250 - 200 = 50$ となり，分散は $S_D^2 = S_L^2 + S_R^2 - 2S_{LR} = 3025$ であるので，標準偏差は $S_D = \sqrt{3025} = 55$ となる．

〔3〕 「独立標本による 2 標本 t 検定」を行う．プールした分散は $s^2 = 18295$ であり，検定統計量の値は $t^* = 0.875$ となる．自由度 60 の t 分布に基づく片側 P 値は 0.193 であるので有意水準 5% で統計的に有意でない．

〔4〕 統計的に検定するには，各学生の授業開始前後の英語の試験の点数に関する「対応のある t 検定」を行う．しかし，授業をしなくても上がるであろう点数 δ_0 を何らかの方法で調査し，検定の仮説を $H_0 : \delta = \delta_0$ vs. $H_1 : \delta > \delta_0$ とする必要がある．

問 7.4 この問題では，心理テストの点数が $X = x$ のときにケアを必要とする群 G_1 となる確率は

$$\Pr(G_1|X = x) = \frac{1}{3\exp(-0.2x + 12) + 1}$$

となる．

〔1〕 $\Pr(G_1|X = 60) = 0.25$.

〔2〕 $\Pr(G_1|X = 70) \approx 0.711$.

〔3〕 $\Pr(G_1|X = x) = 0.8$ より $x = -5\{\log(0.25/3) - 12\} = 72.42$ より 73 点以上である．

〔4〕 $\Pr(X < 50|G_1) = 0.02275$, $\Pr(X < 50|G_0) = 0.5$ であるので，ケアを必要とする比率は $(1 - 0.02275)/(3(1 - 0.5) + (1 - 0.02275)) = 0.394$ と，おおよそ 40% になる．

問 8.1

〔1〕 平均値は $m_A = 3.03$.

〔2〕 $p(0) = (1-p)^n$. 正 ($x \geq 1$ と条件がついた) の二項分布の確率関数は $p'(x) = p(x)/(1 - p(0))$ であるので，$x = k$ となる期待値 $e(k)$ はこの式に $n = 7$, $p = 3.03/7$ を代入すればよい．観測度数を $o(k)$ として，適合度のカイ二乗統計量は $Y = \sum_{k=1}^{7} (\{o(k) - e(k)\}^2)/(e(k))$ と求められるが，$k = 6$ および $k = 7$ の期待度数は小さいのでこれらのカテゴリーを併合してカイ二乗値を求める．自由度は，$6 - 1 - 1 = 4$ である．実際に計算すると以下のようになり，$Y = 8.016$ で P 値は 0.091 となる．

回数	1	2	3	4	5	6	7	計	平均値
人数	9	31	27	21	6	5	1	100	3.03
期待値	10.28	23.53	29.93	22.85	10.46	2.66	0.29	100	
カイ二乗	0.159	2.371	0.287	0.149	1.903	3.148		8.016	
						P 値		0.091	

〔3〕 平均値は $m_B = 3.56$.

〔4〕 B さんの調査法では，ジムに来る回数が多い人ほど捕捉率が高い (週に 7 回来る人は週に 1 度しか来ない人に比べ捕捉率が 7 倍となる)．したがって，来る回数

が多いと答える人の捕捉率が高いため m_B の平均値は大きな値となる. この過大評価を是正するには

$$N = \frac{3}{1} + \frac{21}{2} + \frac{27}{3} + \frac{28}{4} + \frac{10}{5} + \frac{9}{6} + \frac{2}{7} = 33.29$$

とし, $m'_B = 100/33.29 = 3.00$ とする.

問 8.2

〔1〕 変数選択の説明はここでは省略. 自由度調整済み決定係数, および係数推定値に関する P 値より, 3 変数すべてを取り込んだモデルが最もよいとの結論になる.

〔2〕 変数 x_2 と変数 x_1 の間の相関係数は -0.711 と大きいことから, 多重共線性により単相関のときの符号と回帰モデルにおける係数推定値の正負が逆になったものと解釈される.

〔3〕 単回帰モデルにおける回帰係数 4.958 は他の変数の影響を考えないときの値であり, 重回帰式における係数 16.312 は他の変数を考慮した場合の値である. 他の変量の値が同じであれば, 1 階の店のほうが 1 階以外の店よりも売り上げが平均 16 万円ほど多くなると解釈するのが妥当.

〔4〕 $y = \beta_0 + \beta_1 x_1 + \beta_2 x_2 + \beta_3 x_3 + \varepsilon$ および $y = \beta_0^* + \beta_1^* x_1 + \beta_3^* x_3$ に対し $x_2 = \gamma_0 + \gamma_1 x_1 + \nu$ (ν は x_1 と無相関な誤差項) とすると $\beta_0^* = \beta_0 + \beta_2 \gamma_0$, $\beta_1^* = \beta_1 + \beta_2 \gamma_1$ なる関係が導かれ, $\beta_2 \neq 0$ および $\gamma_1 \neq 0$ の場合には回帰係数に偏りが生じる.

〔5〕 推定された回帰式 $y = 170.904 - 9.162 x_1 - 6.371 x_2 + 16.312 x_3$ は, x_1 と x_2 が小さく x_3 が大きい場合に最大となるが, x_1 と x_2 の間の相関係数は -0.711 であり, それらが共に小さな値となるのは考えにくく, 回帰式による最大値の 178.05 は実際に可能な値の過大評価になっている.

問 8.3

〔1〕 $W = \sum_{i=1}^{n} p_{0i} q_{0i}$ として $w_i = p_{0i} q_{0i}/W$ とすればよい.

〔2〕 $V = \sum_{i=1}^{n} p_{ti} q_{ti}$ として $v_i = p_{ti} q_{ti}/V$ とすればよい.

〔3〕 $s_{xy} = \sum_{i=1}^{n} w_i x_i y_i - \bar{x}\bar{y}$, $\bar{x} = P_L$, $\bar{y} = Q_L$ を用いる.

〔4〕 m_t が 1 次式であれば $\sum_{k=-6}^{6} r_k m_{t+k} = m_t$ となる. $\sum_{k=-6}^{6} m_k s_{t+k}$ は s_t の周期性から, t によらず 0 と一定値となり, 季節性は除去される.

問 9.1 X_2 の単回帰係数を β_{yx_2}, X_1 と X_2 の重回帰係数をそれぞれ $\beta_{yx_1 \cdot x_2}$, $\beta_{yx_2 \cdot x_1}$ としたとき,

$$\begin{pmatrix} \beta_{yx_1 \cdot x_2} \\ \beta_{yx_2 \cdot x_1} \end{pmatrix} = \begin{pmatrix} \sigma_{x_1 x_1} & \sigma_{x_1 x_2} \\ \sigma_{x_2 x_1} & \sigma_{x_2 x_2} \end{pmatrix}^{-1} \begin{pmatrix} \sigma_{yx_1} \\ \sigma_{yx_2} \end{pmatrix}$$

と書ける. ただし, σ_{ab} は変数 a と b の共分散である. これより

$$\sigma_{yx_2} = \beta_{yx_2 \cdot x_1} \sigma_{x_2 x_2} + \beta_{yx_1 \cdot x_2} \sigma_{x_1 x_2}.$$

次に，X_1 を目的変数，X_2 を説明変数としたときの X_2 の単回帰係数を $\beta_{x_1 x_2}$ とし
たとき，上式の両辺を $\sigma_{x_2 x_2}$ で割ることにより

$$\beta_{y x_2} = \beta_{y x_2 \cdot x_1} + \beta_{y x_1 \cdot x_2} \beta_{x_1 x_2}.$$

ここで，題意より $-0.101 = 0.293 + 0.761 \beta_{x_1 x_2}$ であることから，$\beta_{x_1 x_2} = -0.512$
となり負．したがって，

$$\beta_{x_2 x_1} = \beta_{x_1 x_2} \frac{\sigma_{x_2 x_2}}{\sigma_{x_1 x_1}} = -0.512 \frac{\sigma_{x_2 x_2}}{\sigma_{x_1 x_1}} < 0$$

より，この工程では，A の含有量が多いときには加熱温度を下げ，含有量が少ないと
きには加熱温度を上げるような調整を行っていると推察される．

問 9.2

〔1〕　$\mathrm{Pr}(X > c | \theta) = \int_c^{\infty} \frac{1}{\theta} \exp[-x/\theta] dx = [-\exp[-x/\theta]]_c^{\infty} = \exp[-c/\theta]$

〔2〕　最尤推定値は $\hat{\theta} = \dfrac{1}{m} \left(\sum_{i=1}^{m} x_i + \sum_{i=m+1}^{n} c_i \right)$ となる．

〔3〕　試験所 1 および試験所 2 での故障時間および打ち切り時間の和はそれぞれ
$T_1 = 17,581$ および $T_2 = 15,208$ であり，全体の合計は $T = T_1 + T_2 = 32,789$
であるので各推定値は $\hat{\theta}_1 = 17,581/9 \approx 1,953$，$\hat{\theta}_2 = 15,208/7 \approx 2,173$，$\hat{\theta} = 32,789/16 \approx 2,049$ となる．

問 9.3

〔1〕　フィッシャーの 3 原則は，(1) 繰り返し (replication)，(2) 無作為化 (random-
ization)，(3) 局所管理 (local control) である．

〔2〕　主効果モデルは $Y = \beta_0 + \beta_A x_A + \beta_B x_B + \beta_C x_C + \varepsilon$ であり，各変数を
$x = -1$(第 1 水準)，$x = 1$(第 2 水準) とすると，主効果は $b_A = 6.0$，$b_B = 3.0$，
$b_C = -3.7$ となる．

〔3〕　ブロック因子を列番 7 に割り付けると，ブロック効果はどの主効果とも 2 因
子交互作用とも交絡しない．一方，ブロック因子を列番 6 に割り付けると，ブ
ロック因子は各因子の主効果とは交絡しないが，B と C の 2 因子交互作用と
は交絡する．

〔4〕　データの欠測により直交性は保たれなくなる．しかしデザイン行列を説明変数
とする回帰分析により各種効果の推定は可能となる．

問 10.1

〔1〕　Z を $N(0,1)$ に従う確率変数とすると，

$$\mathrm{Pr}(+|D) = \mathrm{Pr}(X > 15|D) = \mathrm{Pr}\left(Z > \frac{15-22}{5} \bigg| D \right) = 0.919.$$

〔2〕 同様に, $\Pr(-|N) = 0.841$.

〔3〕 各同時確率を計算すると下の表のようになる.

	D	N	計
+	0.046	0.151	0.197
-	0.004	0.799	0.803
計	0.05	0.95	1

よって, 陽性となる確率は

$$\Pr(+) = \Pr(+ \cap D) + \Pr(+ \cap N) = 0.046 + 0.151 = 0.197$$

であるので, 求める確率は, ベイズの定理により

$$p^* = \Pr(D|+) = \frac{\Pr(D \cap +)}{\Pr(+)} = \frac{0.046}{0.197} = 0.234.$$

〔4〕 $\Pr(+|D) = 0.99$ より $c = 22 - 2.326 \times 5 = 10.368$ とすればよい.

〔5〕 $\hat{p} = 20/100 = 0.2$ であり, p の近似的な 95% 信頼区間は $\hat{p} \pm z_{0.025}\sqrt{\hat{p}(1-\hat{p})/n} = (0.122, 0.278)$ となる. 信頼区間が仮説値 $p^* = 0.234$ を含むので, $H_0 : p = 0.234$ は有意水準 5% で棄却されない.

問 10.2

〔1〕 検定法としては, (a) 標本有効率の差に基づく検定, (b) 2×2 分割表における独立性のカイ二乗検定 (イェーツの補正なし), (c) 2×2 分割表における独立性のカイ二乗検定 (イェーツの補正あり), (d) 2×2 分割表におけるフィッシャーの直接確率法による検定などがある.

〔2〕 上問 〔1〕 で (a) および (b) の場合の必要な被験者数は $n = 97$ となる. (c) および (d) の場合は, $n = 107$ となる.

〔3〕 有害事象の出現率を p としたとき, 1 例以上観測される確率は $1 - (1-p)^n$ であるので, $1 - (1-p)^n \geq 0.95$ より $n \geq \log(0.05)/\log(1-p)$ を得る. ここで, $\log(0.05) \approx -3$, $\log(1-p) \approx -p$ であることより $n \geq 3/p$ を得る. $p = 1/1000$ とすると $n \geq 3000$ となる.

問 10.3

〔1〕 オッズ比は $(14 \times 28)/(32 \times 16) = 0.766$ であるので, 対数オッズ比は $\log(0.766) = -0.267$ であり, その標準誤差は

$$\sqrt{\frac{1}{16} + \frac{1}{14} + \frac{1}{28} + \frac{1}{32}} \approx 0.448.$$

〔2〕 ロジスティック回帰モデルは, $\text{logit}(p) = \log(p/(1-p)) = \beta_0 + \beta_1 x_1 + \beta_2 x_2 + \beta_3 x_3$ となり, β_j は対数オッズであるので, その推定値はそれぞれ

$\hat{\beta}_1 = \log(0.92) = -0.083, \hat{\beta}_2 = \log(0.85) = -0.163, \hat{\beta}_3 = \log(0.80) = -0.223$
となる. β_0 の推定値はここでの表からはわからない.

〔3〕　週 4 杯以上飲む群の人数が週 2 〜 3 杯飲む群より少なかったため.

〔4〕　コーヒーを飲む量が増えるとともに統計学的に有意にうつ病を抑えた.

〔5〕　できる. 週 2 〜 3 杯の群の 95% 信頼上限が 1 未満のため, 週 1 杯未満の群に
比べて統計学的有意にうつ病を抑えていた. 週 4 杯以上の群でも同様であった.
したがって週 2 〜 3 杯の群と週 4 杯以上の群を合わせても統計学的有意にうつ
病を抑えたと結論できる.

参考文献

ここではキーワード解説にとどめた7章〜10章についていくつかの参考文献をあげる．この他にも多くのすぐれた書籍がある．

第7章

- 足立浩平『多変量データ解析法』ナカニシヤ出版, 2006.
- Everitt, B. S., Howell, D. C., *Encyclopedia of Statistics in Behavioral Science. Volume 1-4*, Chichster, UK: John Wiley & Sons, 2005.
- Cooper, H., *APA Handbook of Research Methods in Psychology. Volume 1-3*, Washington DC: American Psychological Association, 2006.
- 南風原朝和, 市川伸一, 下山晴彦『心理学研究法入門』東京大学出版会, 2001.
- 星野崇宏『調査観察データの統計科学: 因果推論・選択バイアス・データ融合』岩波書店, 2009.
- 村木英治『項目反応理論（シリーズ行動計量の科学 8)』朝倉書店, 2011.
- 村山航, 妥当性: 概念の歴史的変遷と心理測定的観点からの考察, 教育心理学年報, 51, 118-130, 2012.

第8章

- 中村隆英, 新家健精, 美添泰人, 豊田敬『経済統計入門（第2版)』, 東京大学出版会, 1992.
- 山本拓『計量経済学』, 新世社, 1995.
- 浅野皙, 中村二朗, 『計量経済学　第2版』有斐閣, 2009.

第9章

- Hoang, P. (Ed.), *Handbook of Engineering Statistics*, Springer, 2006.
- Meeker, W. Q., Escobar, L. A., *Statistical Methods for Reliability Data*, Wiley, 1998.
- Hastie, T., Tibshirani, R., Friedman, J. H., *The Elements of Statistical Learning, Second edition*, Springer, 2009.

第10章

- 宮原英夫, 丹後俊郎（編）『医学統計学ハンドブック』朝倉書店, 1995.
- 山口拓洋『サンプルサイズの設計』健康医療評価研究機構, 2011.
- 丹後俊郎, 山岡和枝, 高木晴良『ロジスティック回帰分析』朝倉書店, 1996.
- Bland, M., *An Introduction to Medical Statistics, Third edition*, Oxford University Press, 2000.
- Rosner, B., *Fundamentals of Biostatistics, Seventh edition*, Brooks/Cole, 2010.

索　引

装丁（カバー・表紙）　高橋　敦 (LONGSCALE)

増訂版　日本統計学会公式認定　統計検定 1 級 対応
統計学

Printed in Japan
ⓒThe Japan Statistical Society　2013, 2023

2013 年 4 月 25 日　初　版 第 1 刷発行
2023 年 4 月 25 日　増訂版 第 1 刷発行
2024 年 6 月 10 日　増訂版 第 3 刷発行

編　集　日 本 統 計 学 会
発行所　東京図書株式会社
〒102-0072 東京都千代田区飯田橋 3-11-19
振替 00140-4-13803 電話 03(3288)9461
http://www.tokyo-tosho.co.jp

ISBN 978-4-489-02401-6
本書の印税はすべて一般財団法人 統計質保証推進協会を通じて統計教育に
役立てられます。